U0925106

西南民族大学优秀学术文库

西部地区

研究与发展的投入产出研究

刘晓红　著

中国农业出版社

图书在版编目（CIP）数据

西部地区研究与发展的投入产出研究 / 刘晓红著．
—北京：中国农业出版社，2018.5
ISBN 978-7-109-24107-7

Ⅰ.①西…　Ⅱ.①刘…　Ⅲ.①技术人才－人才政策－研究－中西部地区　Ⅳ.①G316

中国版本图书馆 CIP 数据核字（2018）第 097497 号

中国农业出版社出版
（北京市朝阳区麦子店街 18 号楼）
（邮政编码 100125）
责任编辑　孙鸣凤
文字编辑　潘洪洋

北京中兴印刷有限公司印刷　新华书店北京发行所发行
2018 年 5 月第 1 版　2018 年 5 月北京第 1 次印刷

开本：700mm×1000mm　1/16　印张：16
字数：270 千字
定价：48.00 元

前言

中共十九大报告提出“加快建设创新型国家”。研究与发展（Research and Development，R&D）作为三项主要科技活动之一，对促进国家科技进步和经济社会优质高效发展具有不可替代的决定性作用。R&D是以人才、资金和政策等为主要投入要素的社会创造活动。改革开放以来，特别是进入21世纪以来，国家持续加大R&D活动的经费投入，更加重视科技人才工作。2016年，我国共投入R&D经费15 676.7亿元，R&D经费投入强度（与国内生产总值之比）为2.11%，R&D人员全时工作量计算的人均经费为40.4万元。人才是R&D活动中唯一具有能动性的投入要素，正如“人才是第一资源”的要求，从根本上讲，R&D活动投入的最关键要素是人才资源。R&D人才是国家科技人才资源中最富有创新能力的群体，是推动国家科技进步和区域经济社会持续发展不可或缺的第一资源。按照2020年决胜全面建成小康社会的奋斗目标和更好实施新一轮西部大开发战略的现实要求，研究西部地区R&D活动的投入产出问题具有重要的理论意义和现实价值。

党和国家确立了“科教兴国”战略和“人才强国”战略。制订和实施了与这两个国家重要战略相配套的政策和规划：《中共中央国务院关于进一步加强人才工作的决定》（中发〔2003〕

16号）、《国家中长期科学和技术发展规划纲要（2006—2020年）》和《国家中长期人才发展规划（2010—2020年）》，《国务院关于大力推进大众创业万众创新若干政策措施的意见》（国发〔2015〕32号）和《“十三五”国家科技创新规划》，以及科技部、人力资源与社会保障部、教育部等七部门联合制订的《国家中长期科技人才发展规划（2010—2020年）》，科技部制订的《“十三五”国家科技人才发展规划》。提出我国R&D人员全时当量由2014年的371万人年，达到2020年的480万人年以上，我国科技人才队伍规模将进一步扩大。特别需要说明的是：中共十九大报告对基础研究和应用研究提出了更高的发展要求，提出要“培养造就一大批具有国际水平的战略科技人才、科技领军人才、青年科技人才和高水平创新团队”。这为我国提升新时代R&D活动质量和做好科技人才工作提出了新要求和新目标。

2000年，国家实施西部大开发战略，吹响了加快西部地区发展的历史号角。西部大开发区域范围包括西南地区五省（自治区、直辖市）、西北地区五省（自治区）和内蒙古自治区、广西壮族自治区12个省（自治区、直辖市）（本书简称为西部地区），以及湖北省恩施土家族苗族自治州、湖南省湘西土家族苗族自治州、吉林省延边朝鲜族自治州3个民族自治州。西部地区是我国自然资源富集区和重要的生态屏障，疆域辽阔，地广人稀，土地占全国总面积的78%，人口占全国总人口的28%。西部地区是我国经济社会发展相对滞后区域，2016年全国592个国家贫困县中，西部地区占375个，占比为63.3%，中部地区8省占比为36.7%。因此，西部地区存在扶贫攻坚和特殊且复杂的“三农”问题，是我国2020年决胜全面建成小康社会奋斗目标的重点难点区域。

党和国家大力支持西部地区又好又快发展和区域社会经济生态系统的协同治理。2010 年，中共中央决定实施新一轮西部大开发战略；中共十八大报告提出“优先推进西部大开发”；2016 年国务院公布了《西部大开发“十三五”规划》；中共十九大报告提出“强化举措推进西部大开发形成新格局”。在国家政策支持和全国各地区热忱帮助下，经西部地区各族干部职工和广大群众的不懈努力和奋斗，西部地区经济社会发展和生态环境保护取得了显著的历史成效。西部地区生产总值占全国的比重逐年提高，从 2010 年的 18.63％提高到了 2015 年的 20.07％。2016 年全国经济增速最快的前三位均为西部省份，分别为西藏、重庆和贵州，经济增速分别达到 11.5％、10.7％和 10.5％。根据《中国西部发展报告（2017）》[①] 预测：“十三五”期间，我国经济增速将呈现西部最快、中部次之、东部放慢、东北最弱的特征，预计到 2020 年，西部地区将实现地区生产总值超过 20 万亿元，人均地区生产总值突破 5.4 万元。

西部地区实现 2020 年决胜全面建成小康社会和更好实施新一轮西部大开发战略，人才和科教是关键。西部地区是国家精准扶贫、精准脱贫，以及决胜全面建成小康社会奋斗目标的重点难点区域。整体来讲，西部地区经济社会发展的历史欠账多，现实起点低，发展不平衡不充分的矛盾非常突出，科技和教育发展水平相对滞后。西部地区发展面临统筹民生改善、经济转型和生态保护三大任务的系统压力，面临人民日益增长的美好生活需要和区域不平衡不充分的发展之间的突出矛盾。因此，依靠科技进步和提高劳动者素质的发展是解决西部地区社会主要矛盾，是发挥资源富集区域后发优势的关键措施。西部地区

① 徐璋勇，任保华，西部蓝皮书：中国西部发展报告（2017）［M］．北京：社会科学文献出版社，2017.

在经历承接东部地区的产业转移，区域内一大批人才“孔雀东南飞”的人才流失压力之后，在国家精准扶贫、精准脱贫政策和新一轮西部大开发战略的有力支持下，经过区域内各族干部职工和广大群众的共同努力奋斗，经济社会获得了快速发展，R&D活动的资金投入不断加大，人才发展环境持续改善。基于此发展态势，西部地区会努力走上创新和绿色发展之路，实现全国同步小康的奋斗目标。

在经济全球化和全球信息化快速交织发展的当今时代，科学技术与经济社会发展融合日趋紧密，科技发展水平决定国家和区域的产业结构类型和核心竞争能力。科技人才是国家和区域科技创新最重要的动力源，是支撑科技进步和经济社会发展的核心资源要素。因此，R&D活动的投入产出问题事实上是与人才工作紧密结合在一起的。改革开放以来，西部地区经历了因为人才培养严重不足和人才过度流失双重压力所造成的人才数量、质量和结构等方面的绝对短板，同时面临了人才发展环境的改善明显落后于我国东部地区的相对短板。西部地区科技进步和人才工作同我国东部地区的差距被越拉越大，人才短板是影响西部地区R&D活动投入的关键要素。

善做善成是西部地区R&D活动和科技人才工作的关键。重点是进一步加大并优化R&D活动投入，以及更好发挥科技人才作用。正所谓“十年树木、百年树人”，遵守R&D活动和科技人才成长与发展的一般规律，尊重R&D人才的个性化成长和发展需要。因为R&D活动具有创新性和高风险性，所以R&D活动的成功与失败都具有重要价值，允许失败对R&D活动更加弥足珍贵。因为发挥科技人才作用不仅要求其有主观能动性，而且还有很强的环境依赖性，所以需要大力营造有利于科技人才成长与发展的良好氛围。由于科技人才作用和R&D活动的产出综合效益量化具有广泛的不确定性，加之我国人才投入的资金统计口径具有多样性和不完整性，因此西部地区 R&D 活动的投入产出是软科学和人才理论交叉研究的难点领域。本书按照我国 2020 年决胜全面建成小康社会的奋斗目标和更好实施新一轮西部大开发战略的要求，主要应用公开统计年鉴数据，通过研究西部地区 R&D 活动的投入概况、生产函数和产出比较等内容，提出西部地区 R&D 活动的多元投入关系和保障优化等建议。

本书在界定相关概念和阐述理论依据的基础上，分析西部地区 R&D 活动的投入概况；借鉴和拓展柯布—道格拉斯生产函数（C—D 生产函数），建立西部地区 R&D 活动的生产函数模型：以西部地区十二省（自治区、直辖市）科技产出的三种专利申请数作为 R&D 活动生产函数的产出变量，以 R&D 人员全时当量、国有单位人均工资、R&D 经费内部支出和工作生活环境投入等作为 R&D 活动生产函数的投入变量，建立 C—D 生产函数模型，应用 Excel 和 Eviews 8.0 开展回归分析，评价 2002—2013 年西部地区十二省（自治区、直辖市）R&D 活动的实际情况；通过纵向比较，分析西部地区内部主要科技成果的产出总量和产出效率；通过横向比较，分析西部地区与我国其他地区主要科技成果的产出总量和产出效率；根据人才资本理论和利益相关者理论，按照国家有关政策和“谁受益谁投资”“谁投资谁受益”的基本要求，探讨西部地区 R&D 活动的多元投入关系，提出建立多元投入要求；根据西部地区 R&D 活动的投入情况和 R&D 活动的生产函数分析，从转变发展理念和人才观念，重视人才激励和人才资本，加大资金投入和政策协调力度三方面，提出西部地区 R&D 活动的保障优化对策建议，以期起到抛砖引玉的作用，进一步引发社会各方力量关注和重视西部地区 R&D 活动的投入和科技人才工作的重要性，为提高西部地区 R&D 活动质量和科技人才队伍建设水平服务。

本书早期学术思想源于作者承担的国家软科学课题《西部地区科技人才投入机制及政策建议》（编号：2010GXS5D253）之子课题三“西部地区科技人才投入预测研究”。在此，特别感谢总课题负责人沈光明先生、总课题组王学义教授、杨柳教授、王永川先生等各位成员的合作指导和大力支持，感谢子课题三的主要参与者丁艳艳、张展华、燕爽等人在基础资料收集和数据处理方面的辛勤付出；特别感谢科学技术部给予总课题的立项支持！感谢为我们提供了开展相关研究的宝贵机会。

本书在创作过程中，获得四川省社会科学高水平研究团队《四川民族教育发展研究团队》（2018—2020 年）项目和西南民族大学中央高校基本科研业务费项目《新时代西部民族地区社会经济生态协同发展研究》（编号：2018SZD04）的资助，特此致谢！

限于作者水平，书中难免有错误之处，敬请读者批评指正。

目录

第一章

绪　论

经济全球化和全球信息化交织快速发展的当今时代，科学技术进步与经济社会优质高效发展融合日趋紧密。提升科学技术水平和更好发挥人才作用，对实现我国2020年决胜全面建成小康社会的奋斗目标，更好实施新一轮西部大开发战略的现实要求，促进西部地区又好又快发展都具有重大作用。根据西部地区研究与发展（Research and Development，R&D）活动的投入概况，重点研究西部地区R&D活动的资金和人才要素的投入产出问题，这对提升西部地区R&D活动质量和更好发挥科技人才作用有重要的理论意义和现实价值。

1.1　研究背景

西部地区是我国自然资源富集区和重要的生态屏障，疆域辽阔，地广人稀，土地占全国总面积的78%，人口占全国总人口28%。西部地区是我国经济社会发展相对滞后区域，是我国2020年决胜全面建成小康社会奋斗目标的重点难点区域。进一步促进西部地区又好又快发展成为我国区域发展与管理的重要课题。首先，全面贯彻习近平新时代中国特色社会主义思想和中共十九大精神，在西部大开发战略等国家重大政策支持下，进一步推进西部地区整体又好又快发展；其次，提升科学技术水平和更好发挥人才作用，进一步促进西部地区持续又好又快发展。

1.1.1　国家西部大开发战略

1988年，邓小平先生针对中国发展不平衡的问题，提出了“两个大局”

的战略构想[①]：一个大局是沿海地区加快对外开放，较快地先发展起来，中西部地区要顾全这个大局；另一个大局是当沿海地区发展到一定时期，要拿出更多的力量帮助中西部地区加快发展，东部沿海地区也要服从这个大局。

1978 年，中共十一届三中全会提出全党工作的着重点转移到社会主义现代化建设，确立了坚持以经济建设为中心和实施改革开放的国家政策。东部地区率先抓住了这次重大历史发展机遇，充分利用国家政策和国内国外两种资源，积极发挥区位优势，取得了举世瞩目的发展成就，积累了相应的资金、人才、技术和管理等经验。基于东部地区已经发展起来的背景，东部地区在继续发展壮大自己的同时，有愿望也有能力支持西部地区的发展；与此同时，西部地区有东部地区无法比拟的丰富自然资源和人力资源，尚未激活的巨大市场潜力，这也将为东部地区继续发展创造重要的资源和市场条件。

针对我国区域经济社会发展程度的差异情况，2000 年 10 月，中共十五届五中全会通过的《中共中央关于制定国民经济和社会发展第十个五年规划的建议》，开始落实“两个大局”战略的构想，把实施西部大开发、促进地区协调发展作为一项战略任务，标志着中共中央正式提出了西部大开发战略。2006 年 12 月，国务院常务会议审议并原则通过《西部大开发“十一五”规划》；2012 年 2 月，国务院批复同意了《西部大开发“十二五”规划》；2016 年 12 月国务院审议通过《西部大开发“十三五”规划》。

按照中央规划，西部大开发总体规划按 50 年划分为三个阶段：

> 第一阶段为奠定基础（2001—2010 年）：重点是调整结构，搞好基础设施、生态环境、科技教育等基础建设，建立和完善市场体制，培育特色产业增长点，使西部地区投资环境初步改善，生态和环境恶化得到初步遏制，经济运行步入良性循环，增长速度达到全国平均增长水平。
>
> 第二阶段为加速发展（2011—2030 年）：进入西部开发的冲刺阶段，巩固提高基础，培育特色产业，实施经济产业化、市场化、生态化和专业区域布局的全面升级，实现经济增长的跃进。
>
> 第三阶段为实现现代化（2031—2050 年）：在一部分率先发展地

① 中共中央文献编辑委员会，邓小平文选（第三卷）[M]. 北京：人民出版社，1993：277 - 278.

区增强实力，融入国内国际现代化经济体系自我发展的基础上，着力加快边远山区、落后农牧区开发，普遍提高西部人民的生产、生活水平，全面缩小与全国发展水平的差距。贯彻实施国家西部大开发战略，一方面要有国家层面的资金和优惠政策的支持，另一方面要有西部地区各族干部群众的自身努力和不懈奋斗。这两方面的共同聚焦点就是要有效提升西部地区 R&D 活动的人才投入水平，在西部地区形成由科技创新主导的具有内生性增长和可持续发展的核心能力。

党和国家高度关心和支持西部地区加快发展和改善民生工程。特别是经过西部大开发战略的首轮十年奠定基础阶段的加快发展，西部地区在重大基础设施建设、重要民生工程改善和主要生态环境保护等方面都取得了长足进步，建成一系列举世瞩目的标志性发展成果，如青藏铁路等铁路项目、西部机场项目、退耕还林还草工程、西部高校基础设施建设、“西电东送”和“西气东输”等。西部地区的发展从自身纵向比较来讲，成效非常显著。但是国内东部、中部和西部地区的横向比较来讲，在首轮西部大开发的十年里，我国东部地区的整体发展头部依然相对最好，西部地区和东部地区的发展差距呈现拉大趋势。

无论是从西部地区又好又快发展的内在需要，还是缩小西部地区与东部地区发展差距，逐步实现国内区域相对均衡发展的国家战略需要来讲，都应持续加大西部大开发的政策支持力度。2010 年，中共中央国务院决定实施新一轮西部大开发战略，2012 年，中共十八大报告提出了“优先推进西部大开发”，2017 年，中共十九大报告再次提出了“强化举措推进西部大开发形成新格局”的要求。现在临近西部大开发“加速发展”的中期阶段，西部地区面临繁重的精准扶贫和扶贫攻坚任务，是决胜 2020 年全面建成小康社会的重点难点区域。对此，西部地区需要进一步转向依靠科技进步和提升劳动者素质的发展模式，提高科技和人才对西部地区精准扶贫、精准脱贫和可持续发展的贡献率。

1.1.2 西部地区可持续发展

西部地区实现 2020 年决胜全面建成小康社会和更好实施新一轮西部大开发战略，人才和科教是关键。1995 年和 2002 年中共中央分别提出了“科教兴国”战略和“人才强国”战略，这充分说明了科技进步、教育水平和人才资源对国家发展和经济社会建设的重要性。2002年中共中央办公厅、国务院办公厅印发的《西部地区人才开发十年规划》，明确提出了“西部大开发，人才是关键”。

历史证明，科技和人才对西部地区的产业升级和经济转型有不可替代的决定性作用，对促进区域经济社会又好又快发展具有重要的支撑作用。科技和人才同教育都有紧密的内在联系和相互促进关系。教育是阻断西部地区，特别是西部民族地区贫困代际传递的根本措施。对此，需要进一步加强和改进对各类教育投入的保障，发挥教育、科技和人才对精准脱贫的重要贡献作用。

西部地区是我国经济社会发展相对滞后的区域，总体上就人才工作生活环境和经济待遇讲，相对于东部地区和中部地区都有明显差距，并且地区内部的差异化程度较大。西部地区的人际关系受传统人情社会和文化的影响依然较多，年轻人的成长成材机会相对较少。西部地区科技和教育的历史起点低，历史欠账多，发展不平衡不充分的矛盾突出，科教整体发展水平相对落后。因此，实施新一轮西部大开发战略，就人才而言，西部地区不仅面临人才数量的绝对短缺和人才流失问题，而且人才结构不合理的矛盾更为突出。

西部地区是我国自然资源富集的区域，提高西部地区自然资源的利用效率，对促进区域发展和实现国家战略都有重要的意义。提升西部地区R&D活动水平是充分利用自然资源的有效方式。西部地区R&D活动从本质上讲是一项有投入产出关系的社会活动，加大投入是提升西部地区R&D活动水平的前提和基础，其中R&D活动投入的主要资源就是人才、资金和环境。因此，吸引、用好、激励和留住以R&D人才为代表的科技人才，是更好实施新一轮西部大开发的关键要素。加强R&D人才队伍建设是西部地区科教工作和人才工作的重点，有助于促进区域发展与人才成长和科教发展形成良性关系。

我国实施社会主义市场经济体制改革以来，西部地区不仅存在R&D人才开发投入总量不足的问题，而且严重影响人才开发投入效果的体制机制障碍问题也更加显现。西部地区既面临R&D人才的存量不足，又面临人才过度流失导致人才增量为负的严峻考验，人才相对不足和过度流失问题明显削弱了西部地区科技进步和经济社会发展的核心能力。在国家西部大开发战略等重大政策支持下，西部地区R&D人才工作获得了难得的历史性发展机遇，在经济快速发展和社会长足进步的基础上，为推进加大R&D人才开发投入和更好发挥R&D人才作用，奠定了必要的物质基础和有利于尊重人才的社会基础。

基于上述背景，本书重点研究西部地区 R&D 活动的投入概况、现实问题、生产函数、产出评价和保障优化建议等内容，为新时代促进西部地区 R&D 活动和人才工作达到更高水平提供理论支持。

1.2 研究意义

西部地区是我国经济社会发展相对滞后的区域，是 2020 年决胜全面建成小康社会奋斗目标的“短板”区域。西部地区科技活动和人才工作的历史起点低，历史欠账多，发展不平衡不充分的矛盾非常突出，科技活动和人才工作的整体发展水平相对落后。通过研究西部地区 R&D 活动的投入产出问题，提升西部地区科技水平和更好发挥科技人才作用，是“立足现实需要”和“着眼长远发展”的两全之策。

1.2.1 促进西部地区发展的紧迫现实需要

本书基于实现 2020 年决胜全面建成小康社会，更好实施新一轮西部大开发战略的要求，促进西部地区又好又快发展的紧迫现实需要。

新时代西部地区面临统筹民生改善、经济转型和生态保护等三大任务的机遇与挑战，面临人民日益增长的美好生活需要和区域不平衡不充分的发展之间的矛盾将更加突出。依靠科技进步和提高劳动者素质的发展是解决西部地区社会主要矛盾，发挥资源富集区域后劲优势的关键措施之一。以 R&D 人才为主要代表的科技人才，是西部地区科技创新的重要动力，是支撑西部地区科技进步和经济社会发展的核心资源要素。

西部地区 2020 年决胜全面建成小康社会和又好又快发展，对提升 R&D 活动的投入产出效率水平提出了紧迫而重要的现实需要。具体来说：

一是西部地区要转变过去以资源过度消耗和环境破坏为代价的粗放型发展方式。对此，西部地区要加快转变围绕自然资源而形成的主要产业结构。产业结构转型能否成功，关键是要依靠以 R&D 活动和人才为主要代表的科技进步和人才作用。

二是有效缩小西部地区同东部地区和中部地区发展差距的需要，为实现 2020 年决胜全面建成小康社会的奋斗目标，应协调西部地区同东部地区和中部地区的全面均衡发展。对此，西部地区既要依靠国家政策支持，还要凭借自身努力和不懈奋斗，通过提升区域科学技术发展水平，通过优化 R&D 活动及人才投入，促进提高劳动者综合素质，尽快补上西部地区发展的“两块短板”。

三是西部大开发战略不仅要解决经济发展相对滞后的问题，而且更重要的是促进区域社会全面健康发展。实现西部地区经济社会可持续发展，关键是大力提升劳动者的综合素质，为人的全面发展提供公平公正公开的平台，其中 R&D 人才投入具有示范和引领作用。

科技人才在西部地区 R&D 活动中具有特殊地位和重要作用。提升科技人才水平能够有效促进 R&D 活动的提质增效。进一步加大和优化西部地区 R&D 活动的投入，重点难点就是建立 R&D 人才投入的长效机制，着力解决 R&D 人才投入总量不足、资金来源单一、资源投入渠道不畅、资源投入结构不合理和人才发展环境相对滞后等关键问题；R&D 人才投入的建设目标就是培养和造就一大批热爱西部、扎根西部和奉献西部的高素质科技人才队伍。具体要求就是加大培养本土科技人才，更好发挥科技人才对促进科技进步和提高劳动者素质的综合作用，进一步提高科技人才的各种待遇，优化科技人才的成长、培养和使用等主要环境，编制好科技人才的发展规划，为更好实施新一轮西部大开发战略，实现区域协调发展提供人才支持和智力保障。

1.2.2 贯彻国家科技和人才战略的需要

本书结合西部地区实际情况，全面贯彻国家“科教兴国”战略和“人才强国”战略精神，以及国家科技和人才领域的中长期规划和重大决策部署。

20 世纪 90 年代以来，中共中央国务院更加重视科学技术和人才工作对促进国家发展的重要作用。1995 年，中共中央国务院发布了《关于加速科学技术进步的决定》，提出实施“科教兴国”发展战略；2002 年，根据我国加入 WTO 后面临的经济全球化和综合国力竞争的新形势，中共中央国务院印发了《2002—2005 年全国人才队伍建设规划纲要》，首次提出实施“人才强国”战略；2003 年 12 月，中共中央首次召开了中央人才工作会议，印发了《中共中央国务院关于进一步加强人才工作的决定》，强调实施“人才强国”战略是党和国家一项重大而紧迫的任务；2006 年，实施了《国家中长期科学和技术发展规划纲要（2006—2020 年）》；2007 年，中共十七大报告提出了“人才强国战略作为发展中国特色社会主义的三大基本战略之一”；

2010年，中共中央国务院颁布了《国家中长期人才发展规划纲要（2010—2020年）》和《国家中长期教育发展和改革规划纲要（2010—2020年）》，与之相配套的还有科技部制订的《国家中长期科技人才发展规划（2010—2020年）》；2012年，中共十八大报告提出“实施创新驱动发展战略”和“加快确立人才优先发展战略布局”；2016年，中共中央印发了《关于深化人才发展体制机制改革的意见》；2017年，中共十九大报告提出了“着力加快建设实体经济、科技创新、现代金融、人力资源协同发展的产业体系”等要求。

结合西部地区实际情况，全面贯彻落实“科教兴国”和“人才强国”战略，以及科技发展和人才中长期发展规划精神和重大决策部署，要求进一步加强和优化西部地区R&D活动和人才投入，培养和造就一大批既有创新精神，又有民族情怀并扎根西部地区的科技人才，为更好发挥科技人才作用创造事业平台，着力改善其工作生活环境。

对此，在国家政策和财政的支持下，一是需要研究地方政府加大支持R&D活动的财政措施，持续加大R&D经费内部支出的财政投入，以及建立更加有利于调动企业投入R&D活动的政策措施，发挥政府在引导R&D活动投入，尤其是R&D人才投入的积极作用；二是需要研究加快形成多元化、多层次和多渠道的R&D活动的人才和资金投入体系，促进人人都可成为人才，以及建立R&D经费支出投入逐步增长的实现机制，实现2020年全社会研发经费占国内生产总值2.5%以上的目标。①

1.2.3 提升西部地区长远发展核心能力的需要

本书基于科技进步和人才是西部地区长远发展核心能力的观点，从我国东部地区和西部地区经济发展严重不均衡，提升西部地区经济发展的内生增长能力，逐步过渡到未来相对均衡发展，提出进一步加强科技进步和人才工作的需要。

科技进步和人才是当今世界最重要的核心竞争力，也是一个国家和区域发展的核心资源。对于国家、区域或具体用人单位而言，无论其地域大小和组织规模，谁拥有高素质的人才群体，谁拥有丰富的人才资本，并能高水平地经营人才资本，谁就会在越来越激烈的世界竞争中率先抢占制高点，最终获得竞争的主动权。

---

① 郭铁成，孔欣欣，中国正在进入科技人力资源红利期［J］. 红旗文稿，2013（6）.

加强对西部地区 R&D 活动的人才投入研究，对全面贯彻中共十九大精神，加快西部地区人才资源向人才资本转化，促进西部地区经济增长方式从“粗放型”“环境代价型”向“集约型”“环境友好型”转型，推动西部地区社会全面进步，更好实施新一轮西部大开发战略，实现西部地区经济社会可持续发展有非常重要的战略意义。

从全国范围看，我国科技成果产出与产业化都呈现出“东重西轻”的特点。相对于东部地区来讲，西部地区科技产出的产业化比例低，且产出化能力相对较弱；西部地区产业发展的创新比例低，且自主创新能力相对不足。究其原因，主要有 R&D 活动的投入和管理两方面的因素：

一是西部地区 R&D 活动的经费总量、结构和来源等投入方面的原因，主要是：西部地区 R&D 活动的经费投入总量不足，地区内部经费投入呈现两极化；西部地区 R&D 活动对基础研究、应用研究和试验发展等结构的选择性投入不够，对人才和项目的投入比例结构不合理，人才投入重点不突出，对拔尖类科技人才、重点优势产业科技人才、人才创新团队的资助力度不够；比较我国西部地区和东部地区 R&D 活动投入来源，得知西部地区公共财政投入比例高于东部地区，但是企业投入的情况则恰恰相反，这说明西部地区 R&D 活动投入的市场主体活力没有被激发出来。

二是与西部地区 R&D 活动密切相关的人才规划、引导和保障等管理方面的原因，主要是：既有所有人才规划都会面临的较大不确定性，又有西部地区 R&D 人才规划特有的人才基础和规划基础都相对薄弱的难点；未能结合西部地区 R&D 人才开发的实际需求，没有形成政府引导 R&D 人才的多元投入机制；西部地区缺少领军 R&D 人才，保障 R&D 人才的工作和生活基础设施薄弱，R&D 人才投入及服务的刚性约束不够等。

1.2.4 优化西部地区科技人才发展环境的需要

本书主要基于科技人才是 R&D 活动的各投入要素中唯一具有能动性和环境依赖性的特点，结合西部地区实际情况，重点提出优化科技人才发展环境的需要。

随着科技日新月异的快速发展，全社会持续提升对科技人才作用的认识。支持 R&D 活动和优化 R&D 人才发展环境，正逐步成为全社会对促进西部地区又好又快发展有效途径的重要共识。西部地区 R&D 人才的流动性取决于诸多因素，从国家法律法规角度讲，有鼓励人才通过全社会流动实现合理配置的导向性。事实上，西部地区经济社会发展与 R&D 人才投入常常面临“经济总量低—社会观念落后—R&D 人才投入少—R&D 活动产出水平低—经济总量更低—社会观念更落后”的“恶性循环”。

西部地区 R&D 人才流动呈向东南地区“一边倒”的流动方式，极大地降低了西部地区内生性增长和可持续发展的核心能力。对此，首先需要有国家政策的支持方能扭转人才流动困境，其次需要西部地区加大 R&D 人才的有效投入，优化 R&D 人才发展环境，提升 R&D 活动产出水平，力促西部地区经济社会发展与 R&D 人才投入的“良性循环”，最终形成 R&D 人才的东部地区、中部地区和西部地区的“总体均衡流动”。

人才环境是实现人才流动“良性循环”的“打基础、管长远”之策，它不仅可以在一定程度上弥补西部地区 R&D 活动在人才数量和人才资金等方面投入的相对不足，而且是用好和激励 R&D 人才，有“事半功倍”效果的投入。因此，需要进一步优化西部地区 R&D 人才环境建设。从 R&D 人才投入主体讲，就有政府、用人单位、人才本身和中介机构等，组成多元化的投入主体，同时也有多元化的价值观，协调多元化的价值观是一项有难度的工作。

从 R&D 人才发展的影响讲，从微观上看，一个人能否成为市场需要的科技人才、是否达到期对个人能力的期望，一个企业是否能得到所需要的科技人才，都对个人和企业有着重大的影响；而从宏观来看，一个产业、一个地区能否开发产业和地区所需要的人才资本，其对人才的投入是否起到预期的作用，对一个地区的发展有着至关重要的影响。

改善 R&D 人才发展环境是一项复杂的系统工程，主要涉及三方面的内容：首先，在国家法律法规的硬性要求下，地方经济社会发展理念和 R&D 人才观念如何全面准确地执行国家政策；其次，针对 R&D 人才的服务，如何将发挥市场在资源配置中的决定作用和更好发挥政府作用相结合；第三是改进 R&D 人才投入与考核方式。

综上所述，按照 2020 年决胜全面建成小康社会的奋斗目标，这将极大地提升西部地区整体发展水平，特别是显著改善西部贫困民族地区的生产生活质量，取得新的历史性成就。西部地区将改变传统的“靠天吃饭”和“靠山吃饭”的生产生活方式，全面转向依靠科技进步和更好发挥人才作用，实现产业更加优化和发展方式更加合理，形成具有内生性增长和可持续发展的生产方式。基于此，西部地区直接或间接从事 R&D 活动的人才（简称

R&D人才），是西部地区科技进步和创新最直接的推动者，已经成为西部地区社会经济发展最重要的资源。因此，综合分析西部地区R&D活动的投入现状、问题、需求和对策，成为西部地区制定科技发展规划的重要基础，是西部地区实现经济社会可持续发展的关键所在。

1.3 研究内容

随着经济全球化和全球信息化的快速发展，西部地区R&D活动的投入遇到了老问题和新难题，其中老问题主要是历史信息短缺，新难题有科技进步速度越来越快、新的商业模式不断涌现、人才效益和人才流动越来越不确定等。

本书主要服务于2020年决胜全面建成小康社会的奋斗目标和更好实施新一轮西部大开发战略的要求，促进西部地区经济社会又好又快发展，提升R&D活动投入的有效性，建立西部地区R&D活动的生产函数和产出比较，分析西部地区R&D活动的有效性，为构建R&D活动投入长效机制奠定基础。具体讲，本书的主要内容是：

一是阐述相关概念和理论依据，界定研究所涉及的基本概念，梳理研究所采用的主要理论。

二是西部地区R&D活动的投入概况，根据中国科技统计年鉴和西部地区十二省（自治区、直辖市）科技统计年鉴等数据，整理得到西部地区R&D活动投入的历史成效和主要作法，分析西部地区R&D活动投入面临的主要问题。

三是西部地区R&D活动的生产函数，主要借鉴和拓展柯布—道格拉斯生产函数（C—D生产函数），建立西部地区R&D活动的C—D生产函数模型：以西部地区十二个省（自治区、直辖市）科技产出的三种专利申请数作为R&D活动生产函数的产出变量，以R&D人才数、国有单位平均工资、地方财政科技拨款和R&D经费内部支出等作为R&D活动生产函数的投入变量，建立C—D生产函数模型，应用Excel和Eviews开展回归分析，评价2002年至2013年西部地区十二省（自治区、直辖市）R&D活动的主要影响因素。

四是通过纵向比较和横向比较，分别分析西部地区内部与我国其他地区的主要科技成果的产出总量和产出效率。

五是根据人才资本和利益相关者理论，按照“谁受益谁投资”和“谁投资谁受益”的基本要求，探讨西部地区R&D活动的多元投入关系，提出建立多元投入要求。

六是根据西部地区R&D活动的投入情况和R&D活动的生产函数分析，从转变发展理念和人才观念，重视人才激励和人才资本，加大资金投入和政策协调力度等三方面，提出西部地区R&D活动保障优化的对策建议，为西部地区更好发挥人才作用和提高R&D活动产出服务。

1.4 国内外研究现状

1912年，美国籍奥地利政治经济学家约瑟夫·熊彼特（Joseph Alois Schumpeter，1883—1950），发表了《经济发展理论》一书，提出了“创新”及其在经济发展中的作用，创立了新的经济发展理论，即经济发展是创新的结果。[①] 20世纪50年代，欧美等发达国家相继开展了科技统计理论与应用工作[②]。1963年，世界经济与合作组织（Organization for Economic Co-operation and Development，OECD）正式出版《为调查研究与发展（R&D）活动所推荐的标准规范》，这是国际上最早推出的针对R&D统计调查的标准和规范。1978年和1979年，联合国教育、科学及文化组织（United Nations Educational，Scientific and Cultural Organization，UNESCO）分别于提出《科技统计国际标准化建议案》和《科技活动统计手册》。随后，国内外学术界对R&D活动开展了深入研究和广泛应用，取得了丰硕的理论成果。在实际应用方面，多国政府制订了R&D政策促进科技进步和经济社会发展[③]，企业通过R&D活动显著改善经营绩效[④]。2005年以前，国内外对R&D活动的研究主要集中在R&D投资项目评价、R&D国际化和R&D与市场结构的关系等方面[⑤]，近十年来，国内外对R&D的

---

① 托马斯·麦克劳，创新的先知：约瑟夫·熊彼特传［M］. 北京：中信出版社，2010.

② 郑垂勇，潘江，岳金桂，科技统计和科技统计指标体系综述［J］. 河海大学科技情报，1990（1）：109-113.

③ 任国良，蔡宏波，郭界秀，政府R&D政策评价研究的实证沿革与最新进展——综述与评价［J］. 世界经济文汇，2013（6）：55-88.

④ 董平，徐欣，企业R&D：一个文献综述［J］. 东岳论丛，2012（3）：159-163.

⑤ 郑飚飚，郑渝，国内外R&D研究综述［J］. 科技管理研究，2006（3）：251-253.

研究热点扩展到R&D的知识溢出[①]和R&D的社会网络[②]等方面。

1.4.1 国外研究现状

R&D活动是一种重要的创新表现。国外对R&D活动的系统研究，可溯源于熊彼特的新经济发展理论。按照本书的相关性和有关文献综述，主要梳理国外R&D活动研究的以下两方面文献：一是关于R&D活动的重要性研究，二是关于R&D活动的投资影响与投资决策研究。

1.4.1.1 关于R&D活动的重要性研究——从新古典增长理论到内生增长理论

索罗（Solow，1956）在假定资本和有效劳动规模报酬不变的情况下，建立一个具有要素替代的生产函数模型，以美国1909—1949年的经济增长数据为样本，分析了资本增量、劳动增量和科技进步对经济增长的贡献率，分别为11.1%、37.9%和51%，开创了新古典增长理论[③]。

由于影响经济增长关系的复杂性和要素计量的不确定性，舒尔茨（Theodore W. Schultz，1961）和爱德华·丹尼森（Edward F. Denison）分别认为对美国经济增长的贡献比例为人力资本增量占30%～50%和教育发展占23%。

库兹涅茨（Simon Kuznets，1966；1971）通过对西方主要工业化国家50～100年的经验数据分析，得出结果：技术进步对经济发展的贡献率高达86.7%。

保罗·罗默（Paul Romer，1986）建立了具有内生技术变化的内生增长模型，强调了知识的外溢效应[④]。

20世纪90年代以来，随着知识经济的兴起和人力资本的作用更加突显，极大地推动了内生增长理论的研究和应用。内生增长理论认为长期经济增长最重要的生产要素是后工业化时代“知识”的生产过程及由此而产生的技术创新、人力资本积累和知识溢出等。

---

① 古丽莎，关于R&D溢出效应的文献综述［J］. 时代经贸，2016（15）：80－83.

② 王文寅，菅宇环，社会网络、资源整合及技术创新的关系：一个文献综述［J］. 经济问题，2013（11）：39－43.

③ Solow，Robert M A，Contribution to the Theory of Economic Growth［J］. Quarterly Journal of Economics，1956，70（1）.

④ Romer，Paul M，Increasing Returns and Long Run Growth［J］. Journal of Political Economy，1986，94（4）.

米歇尔·弗兰迪茨（Michael Fritsch，2001）认为知识生产函数为比较不同创新系统的活动绩效评价提供了新方法。

莱迪亚（Lydia Greunz，2004）、理查德和山姆（Richard，Sam，2001）分别对欧洲 1989—1996 年和 1991—1999 年的数据分析，研究结果表明：欧洲在获得知识源支撑的前提下，R&D 过程是卓有成效的；美国的区域劳动力才干指数、科学家与工程师投入数量和社会结构多样性与专利产出是正相关的。

布莱斯泰特和吉明（Branstetter，Yoshiaki，2004）以专利授权作为产出变量，比较研究了美国和日本在制造业的 R&D 投入，研究结果表明：1991—1999 年间，美国私人部门的 R&D 资本投入增长约 50%，而美国的专利产出和对专利技术应用投资项目的分别增长约 100%和 250%；同期，日本的 R&D 投入增长仅 10%，对应的日本专利被引用次数自 1994 年以来大幅下降。

考尔和霍尔普曼（Coe，Helpman，1995）通过对 1971—1990 年 22 个国家的面板数据分析，认为知识累积在国家层面全要素生产率增长中有显著作用。

亚瑟和佛兰德瑞克（Yasser，Frederick，2005）对 1948—1997 年美国经济发展的数据分析，认为美国的科技进步主要源于原有知识的溢出效应和 R&D 人员的投入。

格罗斯曼和霍尔普曼（Grossman，Helpman，1991）认为：企业发现和创造新知识后，复制和拷贝的边际成本趋近于零，所以有更强愿意投入 R&D 活动，从而获得超额收益[①]。

阿罗拉等（Arora 等，1994）研究了美国的生物技术公司，发现 R&D 合作对其成功作用具有显著性。

丹尼斯等（Denis 等，2004）对 1960—2002 年美国和欧盟的数据进行分析，研究结果表明：劳动生产率的变化受管理水平、资本市场、产品市场一体化、知识投入以及年龄结构等五方面的因素影响。

大卫·马雷克（David Marek，2013）研究了捷克在欧盟支持下 R&D 研究中心的发展，提出了 R&D 研究为区域经济发展服务的目标，分析了研

① Grossman G，E Helpman，Quality Ladders in the Theory of Growth [J]. Review of Economic Studies，1991，58 (1) .

究资金对中心 R&D 人员流动的影响和合同研究与外国赠款的重要性。

1.4.1.2 R&D 投资影响与投资决策研究——以企业为主体的 R&D 投资评价理论

（1）研究 R&D 投资同行业与政策的关系，顺彼得（Schumpeter，1950）认为集中度高的行业有更多的 R&D 投入。蒂莫西（C. Timothy Koeller，1995）认为大企业与小企业的创新对经济和技术条件的反应不同，行业的高密集度与小企业的创新产出呈负相关关系。

德扬和亚历山德（Dejan Ravšelj，Aleksander Aristovnik，2017）使用 OLS 回归，分析了斯洛文尼亚公司 2014 年 407 家公司的独特数据集，实证结果表明，政府研发补贴对企业绩效有正向影响，并确认内聚性和统计区域对 R&D 的补贴对企业绩效的影响具有调节作用。

（2）研究 R&D 投资同企业规模的关系，沃利（Worley，1961）认为企业规模扩大会加速 R&D 投入，大规模企业有更多的 R&D 投资。泽特（Soete，1979）发现员工超过 5 000 人的企业其 R&D 经费与其销售额有显著正相关性。科恩和克莱珀（Cohen，Klepper，1992）则认为企业规模与某种无法观察的随机过程共同决定了 R&D 强度及费用。马克·罗杰斯（Mark Rogers，2002）的研究表明，公司 R&D 强度与其业务集中度正相关，并与产业集中程度呈负相关关系。然而，李昌扬（Chang-YangLee，2002）的研究却发现：技术竞争力是主要决定企业 R&D 强度的因子，且企业规模作为间接变量通过技术竞争力与 R&D 强度发生联系。普拉克·米什拉（Pulak Mishra，2010）结合印度制药公司的研究发现，研发支出与企业的市场规模、资本密集度、出口导向和过去盈利能力存在直接的差异，而与市场份额、销售努力和进口强度成反比。

（3）研究 R&D 投资同企业绩效与市场需求的关系，曼斯菲尔德（Mansfield，1965）和霍尔（Hall，1993）利用美国微观统计数据，从多角度确认企业 R&D 投入与企业绩效呈正相关关系。李昌扬（Chang-Yang Lee，2003）认为决定公司 R&D 的因素有需求和技术，其中消费者偏好有显著正向影响，先前技术知识的积累与当前 R&D 强度呈负相关关系。撒拉德和张盈奇（Sharad C. Asthana，Yinqi Zhang，2006）提出在较弱的竞争环境中，R&D 收益持续性的积极作用大于 R&D 项目风险带来的消极作用。达尔齐尔（Dalziel，2011）等研究发现董事会的人力和社会资本显著影响企业 R&D 投入决策。

（4）研究 R&D 投资的国际化案例，帕特尔（Patel，1996）对 13 个国家的 569 家大型制造业跨国公司的 R&D 机构的研究表明：这些 R&D 机构绝大部分位于母国附近，说明地理距离仍是影响跨国公司海外 R&D 区位选择的因素。克劳斯·布罗克（Klaus Brock，1998）在总结以往学者对组织职能研究的基础上，将 R&D 国际化的组织形式分为三种类型：星形或中心-边缘形、多区域能力中心和全球互连型。泽德维茨（Zedtwitz，1999）将 R&D 国际化的组织形式分为五种类型：本土集中型、地区集中型、多中心分散型、中央研究院型和整合型。卡福莱和巴克利（Kafouros，Buckley，2008）利用英国 R&D 调查和企业财务数据，对英国制造业国际化、创新能力（R&D 投入强度）和创新绩效关系进行了研究，发现国际化通过影响企业创新能力最终影响企业创新的绩效。卡塔娑娜·科姿拉（Katarzyna Koziol-Nadolna，2013）分析了波兰 IT 企业 R&D 国际化的案例，提出了影响企业 R&D 国际化的主要因素。雅格布·卡迪等（Jakub Kadal 等，2013）通过研究意大利制造业上市公司数据，提出股权集中度高可以促进经营者考虑有利于公司发展的决策，从而越发支持研 R&D 投入。潘慧（Hui Pan，2016）探讨了日本公司在泰国子公司的 R&D 国际化的案例，提出为了克服新兴市场的环境障碍和不足，应转移母公司的资源和核心技术能力的策略。

（5）研究企业 R&D 投资项目决策。20 世纪 50 年代，国外开始研究 R&D 的投资项目评价。郑飏飏和郑渝（2006）将国外 R&D 投资按照项目评价划分为 3 个阶段：1980 年前，R&D 投资决策——事件阶段，主要有古典模型、投资组合模型和项目评价技术等；1980—1990 年，R&D 投资决策——过程阶段，主要应用组织决策方法评价 R&D 投资。20 世纪 90 年代以来为 R&D 投资综合评价阶段，主要用战略绩效评价方法、绩效评价系统和实物期权评价方法等评价 R&D 投资。就 R&D 投资综合评价阶段而言，牛顿和皮尔逊（Newton，Pearson，1994）提倡用期权定价理论评价 R&D 项目。林特和彭宁斯（Lint，Pennings，1998）认为将期权定价方法用于评价 R&D 项目面临项目价值的波动性等突出问题。弗拉维尔（Flavell，1998）提出评价 R&D 项目的非财务框架。菲茨杰拉德等（Fitzgerald 等，1999）认为混合期权计价双实物期权方法更适应于评价 R&D 项目。博伦（Bollen，1999）提出了基于产品生命周期的 R&D 项目期权评价框架。杰森等（Janszen 等，1998）将系统动力学等仿真方法被引入 R&D 网络的研究；

考恩等（Cowan 等，2006）研究 R&D 合作的动力，建议用基于主体的网络模型来研究主体之间频繁的相互作用。

1.4.2 国内研究现状

国内对 R&D 活动的研究虽然起步相对较晚，但是研究学者多、研究涉及面广泛，结合中国区域经济发展和企业竞争能力的研究成果丰硕。同理，根据本书的相关性和有关文献综述，重点归纳以下四方面研究现状：一是关于 R&D 活动的重要性研究；二是关于 R&D 活动的投资影响研究；三是关于生产函数在科技投入产出中的应用；四是关于西部地区 R&D 活动的研究。

1.4.2.1 关于 R&D 活动的重要性研究——证明促进我国产业转型和经济增长

姚洋（1998）研究了我国企业 R&D 活动效率，其运用随机前沿生产函数，以 1995 年中国工业普查数据的 12 个行业中 14 670 家企业为样本，分析了我国工业企业技术效率内部效应与外部效应的影响，认为集体企业、私营企业、国外三资企业和港澳台三资企业的技术效率分别比国有企业高 22%、57%、39% 和 34%。姚洋、章奇（2001）考察了 41 个行业中 37 769 家样本企业，结果表明，集体、私营、国外三资企业的技术效率分别比国有企业高 13%～15%、42%～46% 和 9%～11%，从而得出集体、私营和国外三资企业的激励和约束、监督机制结构有利于企业提高技术效率。

闫冰、冯根福（2005）利用随机前沿生产函数考察了从 1998 年到 2002 年 5 年期间的中国工业 37 个行业的 R&D 效率问题，主要结论是：中国工业 R&D 总体效率水平严重低下，具有很大的提升空间；中国工业各行业之间 R&D 效率差别明显，说明工业内部的许多行业 R&D 效率有很大的提升空间。①

傅强、靳娜（2009）基于随机前沿生产函数，利用 1998—2007 年中国 29 个省市共 290 个观测数据，通过引入人力资本和 R&D 投资两个参数，分析人力资本和 R&D 投资对生产力的直接影响和通过提高技术吸收能力对技术效率的间接影响，结果表明：人力资本在诠释地区间效率差异中扮演着极

① 闫冰，冯根福，基于随机前沿生产函数的中国工业 R&D 效率分析［J］. 当代经济科学，2005（6）：14－18，108.

其重要的角色，它不仅直接影响生产力的提高，而且还通过提高技术吸收能力间接影响技术效率；R&D 投资对技术效率有重要影响，而对生产力的直接影响并不强。①

李习保（2010）认为如果没有国内 R&D 投入，单单依靠进口外国技术并不有利于中国国有企业的技术创新。

白俊红（2011）采用 1998—2007 年中国大中型工业企业分行业数据，应用静态和动态面板数据模型考察了政府 R&D 资助对企业技术创新的影响，并从政府偏好的角度分析了政策效果的影响因素。

陈钰芬和李金昌（2011）运用 2003 年浙江省规模以上工业企业的行业截面数据和 2006—2008 年行业面板数据，检验了浙江省财政 R&D 投入对民间 R&D 投入的激励效应，发现在样本期内，政府财政科技投入对企业 R&D 支出有明显促进作用，其中轻工业企业的资助率高于重工业企业，轻工业 R&D 资助所产生的杠杆效应大于重工业企业。

吕寒（2011）和杜群阳等（2011）对于我国相关区域、企业及跨国公司存在的制约因素的分析以及应对跨国公司 R&D 投资的对策，正日益成为有效利用跨国公司 R&D 投资进而提高区域创新能力的关键。

曹贤忠、曾刚、邹琳（2015）从投入产出效率视角测度了长三角城市群 R&D 资源的投入产出效率，结果表明：长三角城市群研发资源的投入产出效率总体较低，但呈上升趋势：2000 年、2005 年、2010 年以及 2012 年长三角城市群研发资源投入产出的综合效率分别为 0.591、0.622、0.669 和 0.784，均不足最优效率的 80%

赖一飞等（2016）分析了我国中部六省 R&D 活动的投入产出效率，研究结果表明：中部六省 R&D 活动效率之间存在着较大差异，湖北省处于领先地位，安徽省和江西省次之，河南省、湖南省和山西省 R&D 活动效率最低。

刘朔涛（2016）从 R&D 经费投入和财政科技支出研究与河南省区域创新发展的关系，评价河南省现行科技创新体制与财税体制在河南省区域创新发展中的作用。

谢兰云和王维国（2016）以 R&D 强度和 R&D 经费中企业经费所占

① 傅强，靳娜，基于随机前沿生产函数的我国主要省市人力资本与 R&D 投资效率实证检验［J］. 技术经济，2009，28（6）：5－10.

比例作为门槛变量，对我国 1985—2013 年科技创新投入产出之间的关系进行了研究，结果显示：在样本期内，我国科技创新体系的产出机制发生了转变，它们之间存在着两个门槛，即 R&D 强度的门槛值分别为 0.661%和 1.325%，R&D 经费中企业经费所占比例的门槛值分别为 29%和 67%。

1.4.2.2 R&D 投资影响研究——基于企业发展的视角

金玲娣和陈国宏（2001）认为企业规模通过 3 个因素影响 R&D 的能力：技术力量、资金保障和 R&D 活动本身的规模经济性。同时，企业规模通过 3 个因素影响企业 R&D 的倾向：市场垄断度、组织结构和产品配套程度。

柴俊武和万迪昉（2003）认为企业规模与企业 R&D 投入强度呈倒 U 形曲线关系，特别是企业被评为高新技术企业对 R&D 投入强度有正面的影响。

郭席四（2003）通过分析跨国公司在华 R&D 的动机、形式与特点，得出跨国公司 R&D 投资对中国经济的影响正面居多。

王任飞（2005）分析了可能对企业 R&D 支出产生影响的 10 种内部因素，分别是企业规模、盈利能力、出口导向、公司战略、人力资源、资本结构、资本强度、产权制度、经验累积和是否为上市公司；实际验证得出：企业规模、盈利能力都与企业 R&D 支出正相关，而出口导向则与企业 R&D 投入负相关，对其他变量作者未作量化和实证检验。

安同良等（2006）研究表明，行业和所有者特征是影响中国制造企业 R&D 支出和创新活动的重要因素，其中行业特征是影响我国现阶段制造业 R&D 的最主要因素。

我国学者的研究中，还以我国上市公司为样本，根据上市公司年报中披露的信息分析 R&D 与绩效的关系：梁莱歆等（2005）认为 R&D 产出具有滞后性、对盈利能力作用显著；程宏伟等（2006）以 R&D 强度为解释变量、以主营业务利润率、资产利润率等为被解释变量，得出 R&D 投入与业绩正相关，影响逐年减弱的结论；王玉春等（2008）以 R&D 费用、人员、R&D 强度等为解释变量，以盈利能力、发展能力为被解释变量，研究结论为 R&D 具有滞后性和累积效果，R&D 对盈利能力作用明显；张济建等（2009）以研发强度为解释变量，以主营业务利润率、总资产主营业务利润率为被解释变量，研究结论为 R&D 投入与业绩正相关，但是没有滞后影响。

谢凤华等（2008）和马富萍、郭晓川（2010）认为，决策团队成员的教育水平异质性与企业的 R&D 投入之间具有显著的影响关系，董事会受教育水平的异质性程度越高，积极的研发决策越有可能被决定。刘胜强、刘星（2010）研究发现随着第一大股东持股比例的增加，R&D 投资并非始终保持某种趋势，而是先减少后增加。

葛磊和吴晓晓在罗默（Romer，1990）和琼斯（Jones，1995）的研究基础之上，研究了我国大中型工业企业知识生产函数及影响因素，R&D 人员和 R&D 经费所对应的系数分别为－0.122 和 0.345，发现我国大中型工业企业的知识生产函数更符合琼斯类型，即知识生产不存在规模效应。我国知识生产中研发投资规模越大，知识增长速度并不一定越快①。

陶裕春和申昱（2014）应用生产函数，选取了 2003—2012 年的宏观数据，结合国有大中型工业企业的科技创新对生产函数进行修正。

邵传林和邵姝静（2016）研究了制度环境与金融发展对企业 R&D 投产的影响，结果发现：制度环境的逐步改善与金融发展的日益完善有助于促进企业扩大 R&D 投资。

国内学者还运用社会网络方法进行了 R&D 活动的相关研究，重点集中在创新扩散效应，如黄玮强等（2007）利用随机网络分析创新扩散的成功决定因素；张晓军（2009）分析社会关系网络密度对创新的扩散影响；李平等（2010）指出从政府科技的投入总量来看，当前中国政府科技资助强度依然太低，与发达国家相比差距悬殊。

1.4.2.3 关于生产函数在科技投入产出中的应用

张成龙等用多变量的 C—D 生产函数分析了中国玉米的投入产出关系，根据《中国统计年鉴》1981—2006 年的数据，以有效播种面积、单位播种面积的费用（包括化肥、农家肥、农业机械、排灌、农药以及劳动力投入）要素作为要素投入，分析影响玉米生产的主要因素。建立了玉米的生产函数模型。结果表明：有效播种面积和化肥投入费用是玉米增产最主要的贡献因素，而技术进步等其他因素目前贡献率比较小。②

雷玲等运用 C—D 生产函数模型测算陕西省农业科技进步贡献率，以陕

① 葛磊，吴晓晓，我国大中型工业企业知识生产函数及影响因素分析［J］．中国市场，2013（48）：35－37，93．

② 张成龙，柴沁虎，张阿玲，韩维建，中国玉米生产的产出函数分析［J］．清华大学学报：自然科学版，2009，49（12）：2028－2031．

西省农业物资消耗、耕地面积和农业劳动力为要素投入，以陕西省农业总产值为产出要素，运用《陕西统计年鉴》2001—2007 年的数据，测算得出此时间段陕西省的农业科技进步贡献率为 49.6%。①

孟庆军、许莲艳基于 C—D 生函数，用中国高新技术产业 1999—2012 年的相关数据，采用滞后变量模型和回归分析的方法，实证分析了我国高新技术产业科技投入与产出之间的关系。其主要结论是：从总体上看，科技投入在短期内极大地促进了高新技术产业的发展；从长期来看，科技投入的短促性非常明显，当滞后期为 4 年或 4 年以上时，科技投入这一生产要素已不具有显著性。②

戚尔鹏、叶鹰用生产函数比较分析了中国、美国和日本等科技投入产出的关系，提出在国家层面以 R&D 支出和科研人员全时当量代表科技投入，分别以高被引论文和三方专利代表科技产出，其实证研究结果表明：C—D、CES 和 VES 生产函数均能较好地揭示科技投入与论文产出之间的关联，但是对科技投入与专利产出数据的解释能力相对较弱。③

1.4.2.4 关于西部地区 R&D 活动的研究

通过中国知网（CNK）的高级检索，分别以主题和篇名为“R&D”和“西部地区”进行检索，截至 2017 年 12 月，全网共有 11 篇文献，其中硕士论文 1 篇，期刊论文 10 篇。从时间讲，2004 年、2008 年、2009 年、2012 年、2014 年、2015 年和 2017 年各 1 篇，2011 年和 2013 年各 2 篇。从内容讲，有 4 篇关于西部地区 R&D 投入产出评价的文献，有 3 篇分别关于云南、广西和内蒙古自治区等地区 R&D 投入案例，有 2 篇为比较我国东部、中部和西部地区 R&D 投资效率的文献，有 2 篇关于西部地区企业 R&D 投资效率的文献。除“西部地区”之外，还有一些针对西部地区的一个省（自治区、直辖市）的科技投入与产出之间关系方面的文献。

现有文献从不同视角、采用不同研究方法，对 R&D 活动进行了多视角、多方面的系统研究，特别是围绕 R&D 的重要性、产学研合作机理和

① 雷玲，张召华，王礼力，陕西省农业科技进步贡献率的测算与分析：基于 C—D 生产函数[J]. 技术经济，2011，30 (5)：59 - 63.

② 孟庆军，许莲艳，基于 C—D 函数的高新技术产业科技投入产出效率分析 [J]. 河北工业科技，2015，32 (1)：17 - 21.

③ 戚尔鹏，叶鹰，用生产函数分析科技投入产出关联的初步研究 [J]. 科学学研究，2017，35 (12)：1841 - 1847.

R&D 投资影响等开展广泛深入探索，取得了许多重要研究成果，也为本书提供了研究思路和理论基础。

相对于西部地区 R&D 活动对促进西部地区又好又快发展的重要性而言，现有研究西部地区 R&D 活动的视角、内容和成果都还明显不足，没有形成系统化的 R&D 活动投入产出理论体系，对西部地区 R&D 人才的投入规律研究还不够深入和系统化，不能满足西部地区现实发展对人才理论的需求。因此，系统地研究西部地区 R&D 活动投入，不仅有利于提升 R&D 活动的科技产出，而且有利于在全社会进一步形成“尊重科技，尊重人才”的良好发展环境。

1.5 研究思路与研究方法

本书全面贯彻习近平新时代中国特色社会主义思想和中共十九大精神，从西部地区 R&D 活动投入产出的实际情况和发展需要出发，选择相对应的研究方法，主要分析西部地区 R&D 活动的投入产出关系，探讨提高投入产出的有效性和更好发挥科技人才的重要作用。

1.5.1 研究思路

本书的主要研究思路是：按照 2020 年决胜全面建成小康社会奋斗目标和更好实施新一轮西部大开发战略的要求，结合促进科技进步和提高劳动者的科学综合素质对西部地区又好又快发展的紧迫而重要的现实需要，以国家相关规划精神和政策要求为基本指导，以人才资本理论和利益相关者理论等为主要理论依据，在梳理分析西部地区 R&D 活动投入历史概况的基础上，通过研究西部地区 R&D 活动的生产关系和产出比较，提出西部地区 R&D 活动的多元投入关系，为优化西部地区 R&D 活动保障提出对策建议。

具体的研究思路如图 1-1 所示。

1.5.2 研究方法

本书以西部地区 12 省（自治区、直辖市）R&D 活动的整体投入产出为研究对象，总体上符合质性研究的基本范式要求。为提高研究的科学性和有效性，采用多元回归预测和计算模拟等定量研究方法。总之，本书综合运

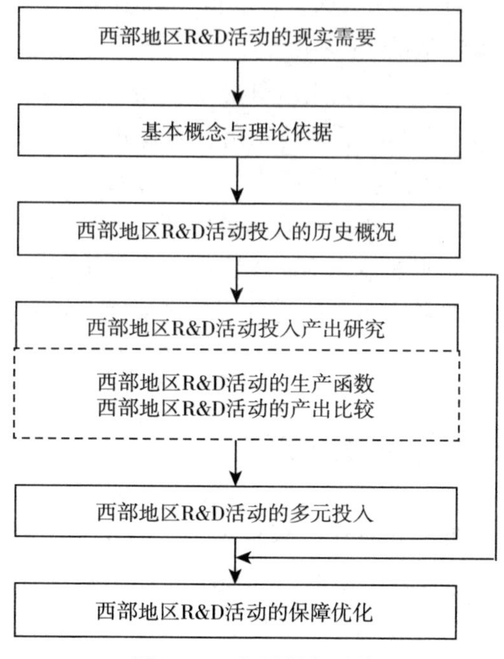

图 1－1　主要研究思路

用质性研究和定量研究方法，具体有：

（1）文献法与调查问卷、访谈法相结合。主要采用文献法获取研究所需要的概念、理论、模型、文献和部分数据等资料。采取调查问卷和访谈法获取研究所需要的一手资料，特别是在实施国家软科学课题的研究过程中，课题组针对成都和绵阳等地的科技型企业和科技人才开展了问卷调查和访谈，进一步了解了用人单位和科技人才对人才投入的实际需求。这些工作为研究西部地区 R&D 活动的投入产出关系，特别是研究 R&D 人才的多元投入和 R&D 活动的保障优化提供了现实问题和现实需要。

（2）演绎、归纳和专家咨询法相结合。主要采用演绎法和归纳法提出研究背景与研究意义，建立研究所需要的基本概念和理论基础。采用演绎法和专家咨询法建立西部地区 R&D 活动的生产函数模型。采用归纳法分析比较西部地区 R&D 活动的产出情况。

（3）规范研究和经验研究相结合。主要采用多元回归和计算机模拟等规范研究方法，研究西部地区 R&D 活动的生产函数回归结果。采用综合评价、案例分析和实际比较等经验研究方法，研究西部地区 R&D 活动保障优化的对策建议。

第二章

基本概念与理论基础

“十年树木，百年树人”，人才培养是一个漫长且复杂的过程。R&D活动是以经费和人才作为主要投入要素的高风险、高收益的知识创造和应用创新活动，其投入产出的时间及效益量化具有明显的不确定性。加之我国R&D人才投入统计口径的多样性和不完整性，西部地区R&D活动的投入产出是软科学和人才理论交叉研究的重点难点。本书首先厘清相关基本概念、梳理主要理论依据，这是有效开展西部地区R&D活动投入产出研究的重要前提和内在逻辑要求。

2.1 基本概念

从本书的内容讲，所涉及的基本概念主要有研究与发展、研究与发展人才、人才投入和人才资本等。在梳理和借鉴现有概念的基础上，综合界定对上述概念的理解和认识。

2.1.1 研究与发展

研究与发展（Research and Development，R&D），是国际上公认和通行的关于科学技术领域的重要统计指标。现有科技活动主要包括研究与发展、研究与发展成果应用以及科技服务等。

关于研究与发展的概念，国内外学术界依然还有分歧。首先，研究与发展在不同国家或地区有不同的表示方法[①]，如美国称之为研究与实验（Research and Experiment，R&E），加拿大则称之为科学研究与实验发展

① 苏启林，研究与开发税收激励政策的国际比较及其启示［J］. 外国经济与管理，2003（4）：39-44.

(Science Research and Experimental Development，SR&ED)，中国称之为研究与开发（R&D)。

其次，对研究与发展内涵的理解也有多样性：

1964 年，经济合作与发展组织（OECD）对研究与发展提出了相对权威的解释，即“所有用以增加科学和技术知识的有目的的活动。它包括大学、企业、公共研究机构以及非营利机构所进行的所有科学技术研究活动（如基础科学、战略基础研究、应用研究、试验与开发)。”这一概念被世界大部分国家或地区所采用。

1978 年，联合国教科文组织（UNESCO）提出研究与开发就是指在科学技术领域，为增加知识总量（包括人类文化和社会知识的总量)，以及运用这些知识去创造新的应用所进行的系统的创造性的活动，主要包括基础研究、应用研究和试验发展三类活动①。

2000 年，基于 OECD 相关概念，我国组织开展了第一次全国 R&D 资源清查，为国家制定科技发展规划提供了重要基础信息。2009 年，经国务院批准，国家统计局、科技部、国家发展改革委、教育部、财政部、国防科工局六部门联合开展了第二次全国 R&D 资源清查，具体包括 R&D 活动人员数量、素质及其工作量情况，R&D 经费支出、用途及来源情况，研发用仪器设备等固定资产拥有情况，各类研发机构的基本情况，R&D 项目（课题）的研究类型、组织方式及社会经济目标等情况，专利等自主知识产权的拥有及使用情况，技术引进、消化吸收和技术改造情况，政府给予研发活动的税收减免情况等多方面内容。

本书采用科技部公布的《中国科技统计年鉴》作为主要数据来源，同时采用国家统计局公布的《中国统计年鉴》和国家专利事务管理局公布的《专利统计年报》数据，对于研究与发展的概念，遵照科技部的统计数据口径。同时，从人才和人才开发角度，把从事研究与发展活动人员称之为研究与发展人才（简称 R&D 人才)。

按照国际惯例和我国科技发展的相关规划精神，政府重点资助 R&D 活动中的基础研究，企业 R&D 活动中应用研究和试验发展的主体。这里简要分析企业 R&D 活动的高风险性及其对策问题：

首先，R&D 活动中的投入产出关系决定了 R&D 投入能够得到多少知

① 戴钧陶，关于科学技术的活动分类［J]. 科学管理研究，1986（3)：29－30.

识产出的回报[①]。纳尔逊（Nelson，1959）和艾瑞（Arrow，1962）研究发现，知识产权具有正的外部效应，企业先进的技术与产品很容易被其竞争者模仿，导致企业不能获得R&D投资所产生的全部收益，一部分收益被企业的竞争者攫取。外部性问题的存在使得企业担心研发投资收益被竞争者掠夺，不愿意进行风险大、投入高、周期长的R&D活动，长此以往，将会削弱一国的科技竞争力与综合国力，使其在激烈的国际竞争中失去科技优势。

其次，许多研究表明，商业银行的信贷资金是企业R&D活动的主要资金来源，债务融资一般须利用抵押品来获得。由于R&D成果大多为专利、论文和技术等无形资产，具有较为显著的正外部效应与专用性，很难成为合格的抵押品；加之，无形资产的价值评价体系尚未成熟，使其评估结果的客观性与可信度大打折扣，且无形资产的价值缺乏稳定性，未来可能存在贬值的危险。银行出于对利益的权衡，不太愿意为风险较大的R&D活动产品提供信贷支持，也就是说商业银行的“惜贷”行为阻碍了企业R&D活动的进一步发展。

最后，由于R&D活动集基础性、探索性与创造性于一体，所以能否取得预期成果的风险比较大。一般来讲，R&D活动难以得到市场化的前期支持，而没有市场化的R&D活动又缺少实际应用价值，终归只是理论研究。创新的高风险也构成了企业R&D活动的障碍，对于资金短缺、风险承受能力弱的企业尤为不利。虽然R&D活动对企业发展的重要作用已被广泛接纳，但由于创新具有投入高、风险高、不确定性大、溢出性强等特征，使得单个企业难以承受创新所带来的巨大风险和投入。林洲钰和林汉川（2013）通过实证分析研究表明，政府质量对企业的R&D活动具有显著的正向促进作用，政府通过提高自身的质量能够显著提高企业的R&D活动投资水平。

因此，加强政府对R&D活动的引导和支持，以及企业之间R&D活动的深度合作就显得越来越重要。

2.1.2　研究与发展人才

研究与发展人才属于科技人才，即科技活动领域中的人才资源范畴，是以研究与发展活动为主要工作任务的科技人才，包括直接和间接从事R&D

① 葛磊，吴晓晓，我国大中型工业企业知识生产函数及影响因素分析［J］. 中国市场，2013(48)：35－37，93.

活动的人才。

首先，探讨人才资源的概念。人才资源是在人力资源群体当中，在质量（包括能力、贡献和持续性等）属性方面具有更高标准的群体。1956年美国管理学大师德鲁克（Druck）在《管理的实践》一书中，首次提出了人力资源的概念，整合了之前对劳动者划分为蓝领和白领的分类结果，提出只要是能够为社会创造一定价值的劳动者，都属于人力资源的范畴。

由此可知，人力资源包含在劳动者群体当中，是在质量属性方面属于具有相对更高标准的群体。人力资源是指蕴藏在人身上的社会财富的创造力，包括人的体力、知识和技能。

因此，人才资源、人力资源和劳动者之间既有联系又有区别，从联系的角度讲，这三者的直接载体都是人本身；从区别的角度讲，劳动者可以讲就是普通人，但是人才资源和人力资源不能讲就是普通人，而且是指蕴藏在人身上的社会财富的创造力，其次就是这两者的创造力在程度上讲是有差异的，整体上讲是人才资源的创造力大于人力资源的创造力。

2003年，中共中央国务院印发了《关于进一步加强人才工作的决定》，提出了“树立科学的人才观”，具体讲就是：

> 人才存在于人民群众之中。只要具有一定的知识或技能，能够进行创造性劳动，为推进社会主义物质文明、政治文明、精神文明建设，在建设中国特色社会主义伟大事业中作出积极贡献，都是党和国家需要的人才。要坚持德才兼备原则，把品德、知识、能力和业绩作为衡量人才的主要标准，不唯学历、不唯职称、不唯资历、不唯身份，不拘一格选人才。鼓励人人都作贡献，人人都能成才。

其次，梳理科技人才的概念。按照学术界关于科技人才的定义和《国家中长期科学和技术发展规划纲要（2006—2020年）》的要求，进一步梳理和界定科技人才的概念。学术界和实践工作部门仍未建立社会普遍认可的内涵和外延。

《人才学辞典》定义为：科技人才是科学人才和技术人才的简称，是指具有创造力、探索精神的，并且能够为科技发展做出贡献的人①。

---

① 刘茂才，人才学词典［M］. 成都：四川社会科学院出版社，1987.

《科技人才素质测评理论与应用》的定义是：科技人才是拥有一定的知识和技能，并且能够在社会发展中做出贡献的人[①]。

《国家中长期科学和技术发展规划纲要（2006—2020 年）》的界定是：科技人才不仅是有知识、有技能的人，而且是能够从事创造性的活动，并且做出积极贡献的人[②]。

总体上来说，对科技人才的定义可归结为四种：

（1）认为科技人才是具有杰出才能的人；

（2）认为科技人才是具有高学历的科技人员；

（3）认为科技人才是具备专业素质，并有相应的技术职称的人员；

（4）认为科技人才是能够从事于创造性的活动，并且能够为社会做出较大的贡献的人。

从科技人才的本质特点讲，主要认为科技人才是具备专业知识和专业技能，能够从事创造性活动，并且能够为社会做出贡献的人。

科技人才的内涵具有一定的历史和社会属性，其要求随着时代的不同和社会的发展而改变。

本书按照《国家中长期科技人才发展规划（2010—2020 年）》的标准，将科技人才定义为：具备专业知识和专业素质，能够从事于创造性的活动，并对科学技术事业及经济社会发展做出贡献的劳动者，主要包括从事科学研究、工程设计与技术开发、技术服务等工作的科技活动人员。

再次，讨论 R&D 人才与 R&D 活动人员之间的联系和区别：

第一，从共性角度讲，都要求符合科技人才概念中关于“本身具备一定的专业知识和专业素质”，以及“做出贡献的劳动者”；

第二，从劳动或贡献的差异性角度讲，主要是“创造性”的程度，显然 R&D 人才要求具有“创造性”，但是对 R&D 活动人员来讲可无此要求；

第三，基于人才的动态性，人员和人才有双向发展的可能性，当然，人们更希望的人员向人才方向发展，而不是向相反方向发展。

综上所述，本书提出用 R&D 人才代替 R&D 活动人员的概念，就是希望增加“创造性”和鼓励更多人员向人才方向发展，从概念外延讲包括直接或间接从事 R&D 活动的人才。

---

① 汪群，汪应洛，科技人才素质测评理论与应用［M］. 北京：科学出版社，1999.

② 中共中央国务院关于进一步加强人才工作的决定［N］. 人民日报，2004-01-01（01）.

最后，关于R&D人才的统计指标，本书采用中国科技统计年鉴中的R&D人员全时当量指标。R&D人员全时当量是用于比较科技人力投入的国际通用指标，是指R&D全时人员（全年从事R&D活动累积工作时间占全部工作时间的90%及以上人员）工作量与非全时人员按实际工作时间折算的工作量之和。

2.1.3 人才投入

人才投入是指不同投资主体针对人才资源的形成、使用、维持和成长等各个环节的资源要素和感情要素的使用与消耗，是实现人才开发的前提和保障，人才开发是发挥人才资源潜能和作用的重要手段。

20世纪90年代，国内外专家学者对人才开发的观点大致有四种①：

（1）认为人才开发就是智力开发，也就是提高能力的活动；

（2）认为人才开发就是提高创造才能、激发劳动积极性的活动；

（3）认为人才开发是扩大人才数量、提高人才质量、调动人才工作积极性的活动；

（4）认为人才开发是扩大人才数量、提高人才质量、调动人才活力、优化人才结构和调适人才环境的活动。

现在关于人才开发，综合起来讲就是指为了能够合理地利用人才、配置人才、实现人才价值和激发人才潜能，通过多种有效方式发掘和培养人才这种特殊资源本身蕴藏的巨大潜力，以及发挥具有主观能动性和环境依赖性的更大作用的管理过程。

人才投入有投入多主体、对象多领域和产出结果有不确定性等显著特点：

人才投入多主体主要包括人才本身、政府、学校、用人单位和社会等；

人才投入对象多领域主要是针对人才资源的形成、使用、维持和成长的领域有教育与培训、医疗卫生保健、劳动力迁移、社会保障和工作本身等；

人才投入的产出结果有不确定性，主要因为人才资源的形成、使用、维持和成长等各环节是由多因素复杂关系决定的，在每个环节无法分解每种投入资源要素对实际产出的具体贡献，以及人才本身的能动性和人才适应环境带来的对投入产出结果的影响。对此，通过采用分析减少人才投入所导致产

① 王通讯，怎样制定人才开发战略［J］. 中国人才，1992（2）.

出减少的角度，研究人才投入的必要性。简单地讲，就是人才投入不一定会产生短期的明显产出，但是没有人才投入就会显著减少未来的长期产出。

R&D人才投入在产出结果有不确定性方面的表现更加明显，正如前面分析企业R&D活动的高风险性及其对策问题，人才投入是R&D活动的关键环节和最重要的投资领域。因为R&D活动的高风险性和人才投入产出的不确定性，导致R&D人才投入的产出评价更加困难。从国内外R&D活动的历史经验和人才开发理论角度讲，如果不持续增加R&D人才投入，就会减少R&D活动未来的长期产出。

2.1.4　人才资本

总的来讲，人才资本就是以人才为中心的资本概念。

资本，从概念起源来讲首先是经济学中的一个基本概念，简言之就是人类创造物质和精神财富的各种社会经济资源的总称。

资本具有历史和社会属性，在不同历史阶段和不同社会环境人们赋予其不同的内涵。

亚当·斯密在《国富论》(1776年)[①] 中阐述了创造一个国家财富的两个主要因素：劳动者的劳动态度、知识和技能，以及该国从事有用劳动的人口占总人口的比例。亚当·斯密最早系统地提出了人力资本概念中最重要的内涵。

马克思在《资本论》(1867年)[②] 中系统地研究了资本主义的“资本”概念及其赚钱过程，认为资本体现了资本家对工人的剥削关系，把资本赚钱过程分为生产、流通和分配等三部分。

1906年，美国经济学家费雪发表《资本的性质与收入》[③] 一文，首次提出了人力资本的概念，并将其纳入经济分析的理论框架之中，人力资本逐步成为理论研究和实践应用的重要概念。

20世纪80年代以来，随着以知识为基础的经济（the knowledge-based on economy）逐步建立和兴起，人才作用更加突显，与之相对应的是，在人力资源概念的基础上提出了人才资源，从人力资本延伸出了人才资本的概念。

---

① 亚当·斯密，国民财富的性质和原因的研究［M］．北京：商务印书馆，2011.

② 卡尔·马克思，资本论［M］．北京：北京联合出版公司，2013.

③ 欧文·费雪，资本和收入的性质［M］．北京：商务印书馆，2017.

现有文献对人力资本测量[①]和应用[②]等都有研究，就其定义主要有：

(1) 从内容上定义人力资本。例如，西奥多·舒尔茨（Theodore Schultz）认为人力资本是经济增长的原动力，知识、能力、健康等人力资本的提高对经济的增长贡献率远超过物质等条件数量的增加效应。很多学者都认同并以此为据，将人力资本定义为以劳动者为载体的知识、技能和健康等的总和。

(2) 从形成的角度定义人力资本。例如，加里·贝克尔（Gary S. Becker）认为对人力资源、改变未来消费能力的投资形成人力资本投资，从而人力资本是通过人力投资形成的资本。因此，部分学者把人力资本定义为一种在教育、职业培训等方面的投资所形成的资本。

(3) 从生产力形态定义人力资本。在特定历史阶段人力资本具有不同的边际报酬变化生产力特征，由此可将人力资本区分为异质型人力资本和同质型人力资本。前者是边际报酬递增生产力形态的人力资本，后者是边际报酬递减生产力形态的人力资本。

(4) 从人力和资本两个方面出发来定义人力资本。例如，国内学者兰邦华认为人力资本是以人为载体的价值存量，它通过相关行为主体的费用投入来获得，并能够实现价值增值。

人才资本是人力资本的延伸和拓展，继承了人力资本的主要内涵，是人才经过有意识、长时间和高成本的投资所形成，通过不同主体投资而形成、投入到生产过程中、对组织和社会具有推动作用的知识、能力及潜力等综合素质的总称。

2.2 理论依据

关于R&D活动的系统研究溯源主要是约瑟夫·熊彼特提出的“创新”概念和理论，至今虽只有近100年的历史，但是已经建立了多种理论观点，其应用领域和影响力不断扩大。本书主要基于人才资本理论、利益相关理论和借鉴柯布—道格拉斯生产函数等建立研究的理论依据。

---

① 刘俐妤，人力资本测量方法文献综述［J］. 经济研究导刊，2013（12）：118-121，159.

② 汪秀，田喜洲，人力资本和产业结构互动关系研究综述［J］. 重庆工商大学学报：社会科学版，2012（2）：28-34.

2.2.1　人才资本理论

总体来讲，人才资本理论是关于人才资本的形成、使用和分配的理论。正如从人力资源到人才资源、从人力资本到人才资本一样，人才资本理论也是人力资本理论发展到一定阶段后的延续和拓展。

马克思认为劳动是创造社会财富的主要源泉，人类的具体劳动创造商品的使用价值，抽象劳动创造商品的价值，并且把人的劳动分为复杂劳动和简单劳动，前者具有较高的价值，是多倍的简单劳动。马克思关于劳动的许多理论观点是人力资本理论的重要思想基础。

20 世纪 60 年代起，美国经济学家舒尔茨和贝克尔分别从人力投资和人力收益两个不同的视角创立了人力资本理论（HCM-Human Capital Management）①，开辟了关于人类生产能力的崭新思路。该理论认为物质资本指物质产品上的资本，包括厂房、机器、设备、原材料、土地、货币和其他有价证券等；而人力资本则是体现在人身上的资本，即对生产者进行教育、职业培训等支出及其在接受教育时的机会成本等的总和，表现为蕴含于人身上的各种生产知识、劳动与管理技能以及健康素质的存量总和。

人力资本投资对经济发展有显著影响。人力资源投资的地域差异主要是取决于地区的经济增长速度。20 世纪后期以来，丹尼森、罗默、卢卡斯等人深入研究了人力资本与经济增长关系②，其中丹尼森解释了人力资本在经济增长中的贡献率，罗默创建了一个知识溢出模型，即与实际的经济增长速度基本相似的理论框架；而卢卡斯以人力资本的原理阐述了经济持续增长的原因，他定义的经济增长的模型是以人力资本为独立因素包含其中，以微观的方法进行分析，以舒尔茨的人力资本和索洛的技术进步概念相结合，转化为具体的“专业化的人力资本”，即经济增长的原动力。从他们的研究中可以看出，经济增长关键点就在于人力的资本，因此应大量投入人力资本来减少我国西部与东、中部的发展差距。

按照马克思和恩格斯关于“资本”赚钱过程的基本解释，类似地提出对人才资本的活动过程理论，即人才资本的形成关系、人才资本的特殊作用和人才资本的效益分配三方面的内容和要求。

---

①　段钢，人力资本理论研究综述［J］．中国人才，2003（5）：26－29.

②　薛进军，“新增长理论”述评［J］．经济研究，1993（2）：73－80，44.

人才资本理论的主要特点有：

第一，人才资本的形成关系，人才资本要依托于人才而存在，虽然人才形成受一定的遗传因素影响，但是其掌握的知识、技术及能力等人才的关键要素，主要是在一定的环境中通过人才本身的后天习得，经过多方努力培养而形成，并非与生俱来就知道或掌握。人才在不同阶段有不同的投资人，如幼年时期的投资人主要是父母及其家庭成员；接受不同教育阶段时期的投资人则主要分别是家庭、学校（公立学校的经费来源主要为公共财政，因此主要投资人为地方政府或中央政府；私立学校的经费来源主要为社会组织投资，因此主要投资人为社会组织）；工作阶段的投资人主要有所在单位和人才本人，共同承担岗前培训或技能培训等人才资本形成的投资。人才所掌握的知识、技术和能力需要积累，积累到能够创造符合所在单位或社会认可的价值水平时，才有可能成为人才资本。

第二，人才资本的特殊作用，人才资本不是指人或人才的本身，而是指人才所掌握的知识、技术和能力等质量要素，达到具备为所在单位或社会创造认可的价值水平；同时，人才成为资本需要有一定的社会环境和工作条件的支持，能够对其所在单位或社会发展贡献更大的未来收益，因此，人才资本的特殊作用主要表现为能动性和环境依赖性，以及产出效果的显著性。

第三，人才资本的效益分配，人才资本在创造价值之后，面临如何分配效益的问题。显然，按照分配理论来讲，多方投资人都应有适合的收益分配权益。关键是如何确定不同投资人的投资比例和相应的效益分配权。其中，人才本身应该具有相对更大的投入和分配权。

2.2.2 利益相关者理论

1963 年，美国斯坦福大学的研究小组首次定义了利益相关者的概念[①]。20 世纪 60 年代，英国、美国的公司在其变革治理过程中逐步发展起了利益相关者理论。随着公司经营更多体现“利益相关者理论”思想的德国、日本以及东南亚国家和地区经济迅速崛起，20 世纪 80 年代后，该理论在世界范围的影响和应用范围被迅速扩大。

利益相关者理论是一种相对立于传统“股东至上”的新型公司治理观。“股东至上”的公司治理观，将公司定位于股东或资本所有者实现其权益主

① 付俊文，赵红，利益相关者理论综述［J］．首都经济贸易大学学报，2006（2）：16－21.

张的手段，并将公司的剩余控制权和剩余索取权都完全赋予公司的非人力资本的提供者，认为公司管理者、雇员、顾客、供应商都只是因为有助于股东获得更大的利润而根据契约或法律享有对组织的权益主张。反思“股东至上”的公司治理观点主要源于研究公司利润的实际情况：对 20 世纪英国、美国、德国和日本四个国家的公司财务表现的研究结果表明，奉行“股东至上”主义的英国和美国公司的财务表现，并不比更多关注非股东公司利益相关者利益的日本和德国更好；由于英美公司经理人员始终处于维持公司股票价格，提高红利发放等短期目标的压力之下，所以无暇顾及公司的长远发展，导致公司的长期表现甚至比日本和德国公司更差。

随着社会的发展与进步，法律知识的普及和大众的维权意识也随之增强，人们越来越重视用法律手段维护自身的合法权益。从管理学的角度讲，这也就是人们越来越多地接受了利益相关者理论，即不同类型的组织在决策时，不能仅考虑其股东或少数人的利益，还应该考虑不同群体或更多人的利益。事实上，利益相关者理论已经广泛应用于各行各业的组织决策与利益分配活动之中。

西部地区 R&D 活动的投入可以而且应该以利益相关者理论作为理论依据。这是因为西部地区 R&D 活动不仅涉及科技人才个体或用人单位这两个微观主体，而且还会涉及政府、社会和其他团体等利益相关者。按照关于利益相关者概念外延的从大到小的观点，符合 Freeman（1984）、Wood 和 Jones（1995）提出的“凡是能够影响组织目标的实现或者被组织目标的实现过程所影响的个人或团体都是组织的利益相关者”的观点，符合 Carroll（1993）提出的“凡是和组织有联系（或者依存于组织、或者为组织所依存、或者与组织相互依存）的个人或团体均为组织的利益相关者”的观点，还符合 Clarkson（1994；1995）提出的“只有在组织中下了‘赌注’，或者对组织有权益要求，或者承担了组织经营风险的个人或团体才是组织的利益相关者”的观点。总之，西部地区 R&D 活动的投入不能离开特定的组织环境而生存和发展，所以就离不开利益相关者的支持。

从总体上讲，我国东部地区、中部地区和西部地区的经济社会发展已经形成了非常明显的差异性和非均衡性；从区域内部讲，经济社会发展的结构呈现出复杂性和水平上呈现出两极化，影响科技和人才发挥作用的因素变得更加相对不确定。因此，统筹我国东部地区、中部地区和西部地区的经济社会发展本身就是一个复杂的利益相关者关系问题。加快西部地区又好又快发展，着力缩小西部地区与东部地区和中部地区之间的发展差距，则需要国家重大政策和大量财政的支持。基于此，需要进一步协调东部地区、中部地区和西部地区发展的利益关系，通过国家差异化政策和区域差异化发展速度，西部地区短期内在经济社会发展总体“补短板”的基础上，长期则需要通过提升科技进步和更好发挥人才作用，实现 2020 年决胜全面建成小康社会和我国区域经济社会可持续发展。

2.2.3 柯布—道格拉斯生产函数

柯布—道格拉斯生产函数①，简称 C—D 生产函数，是一种广泛应用于反映经济和社会活动的投入产出关系的研究工具，在管理学与计量经济学等研究与应用中具有重要地位。C—D 生产函数最初是美国数学家柯布（C. W. Cobb）和经济学家保罗·道格拉斯（Paul H. Douglas）共同探讨投入和产出的关系时所创造。他们通过引入了技术资源这一因素，对一般生产函数做出了有效改进。

C—D 生产函数如式 2-1 所示：

$$Y=A(t)L^{\alpha}K^{\beta}\mu \tag{2-1}$$

其中：

Y 是工业总产值；

$A(t)$ 是综合技术水平；

L 是投入的劳动力数（单位是万人、千人或个人）；

K 是投入的资本，一般指固定资产净值（单位是亿元、千万元或万元，但必须与劳动力数的单位相对应，如劳动力的单位是个人，那固定资产净值的单位就用万元，并以此类推）；

α 是劳动力产出的弹性系数；

β 是资本产出的弹性系数；

μ 表示随机干扰的影响，$\mu \leqslant 1$。

根据式 2-1 所示模型可知：决定工业系统发展水平的主要因素是投入的劳动力数、固定资产和综合技术水平（包括经营管理水平、劳动力素质、引进先进技术等）。

---

① 董晓花，王欣，陈利，柯布—道格拉斯生产函数理论研究综述［J］. 生产力研究，2008（3）：148-150.

根据 α 和 β 的组合情况，它有三种类型：

（1）$\alpha+\beta>1$，称为递增报酬型，表明按技术用扩大生产规模来增加产出是有利的。

（2）$\alpha+\beta<1$，称为递减报酬型，表明按技术用扩大生产规模来增加产出是得不偿失的。

（3）$\alpha+\beta=1$，称为不变报酬型，表明生产效率并不会随着生产规模的扩大而提高，只有提高技术水平，才会提高经济效益。

虽然一些学者对 C—D 生产函数提出了一些质疑和争议①，但是仍然不影响其作为数量经济和技术经济分析的一种重要工具。通过对柯布-道格拉斯生产函数进行系列改进之后②，已经成功广泛应用于不同领域，如应用于研究经济增长方式、粮食产量变化、劳动报酬分配、技术创新效率、政策效果评价、产业规模报酬、建筑业生产能力、种植业生产和科技投入产出等领域的因素关系及产出效益评价等。

2.3　研究原则

由于 R&D 活动具有投入与产出的双重复杂性和不确定性，所以目前仍难以准确地解释投入的有效性和产出的准确性。为了在一定条件下实现相对有效地描述和研究西部地区 R&D 活动的投入产出量化关系，应建立相关的研究原则和与之相对应的研究假设。

2.3.1　客观性原则

从经济特征讲，西部地区 R&D 是一项具有客观性的投入产出活动。按照 R&D 的基本概念，R&D 是在科学技术领域，以促进人类知识增长及运用知识创造新的应用为主要目的创新活动，从概念的外延讲主要包括基础研究、应用研究和试验开发等。因此，R&D 活动的投入就是指在一定时期内为促进人类知识增长及运用知识创造新的应用的各种生产要素的组合。

研究西部地区 R&D 活动投入遵循客观性原则，即在研究过程中按照实

① 胡桂华，论数理经济模型有别于计量经济模型：从关于柯布—道格拉斯生产函数的一个争论谈起［J］．统计与信息论坛，2009，24（7）：3－8.

② 金伟娜，张卓涵，1993—2008 年广东省经济增长的要素贡献分析：基于新柯布—道格拉斯生产函数［J］．现代工业经济和信息化，2012（8）：19－22.

事求是要求，尽量客观地阐述西部地区 R&D 活动投入概况，研究 R&D 活动的生产函数，主要研究数据采用国家统计局公布的中国统计年鉴，科技部公布的中国科技统计年鉴等公开数据，尽量用数据提出问题和分析问题，为理论研究和对策研究提供客观事实。

2.3.2 连续性原则

从时间范畴讲，西部地区 R&D 是一项具有连续性的投入产出活动。R&D 活动和人才投入都是随时间产生而且具有不可逆性。因为未来是今天的延续和发展，所以形成了 R&D 活动和人才投入的过去、现在和将来三者之间的关系。其中，过去和现在做出的决策，或多或少会影响未来的结果；过去和现在发展变化的规律可以延伸到未来，过去和现在已有的某些规律将在未来一段时期内继续存在。通过对预测对象发展变化规律的识别，确定适当模型后，再根据连续性原则，类推预测对象的发展规律。

研究西部地区 R&D 活动投入遵循连续性原则，即在研究过程中按照时间连续性要求，在充分肯定首轮西部大开发战略实施以来，西部地区 R&D 人才投入取得重要历史成就的前提下，从 2020 年决胜全面建成小康社会和更好实施新一轮西部大开发战略的要求，促进西部地区又好又快发展的角度，提出西部地区 R&D 活动投入和科技人才工作面临的新形势和新问题。

2.3.3 宏观性原则

从社会属性讲，西部地区 R&D 是一项有宏观特点的投入产出活动。R&D 活动的生产函数与产出效益评价遵循整体的宏观性原则。因为 R&D 活动投入是一项系统工程，按照系统的特点，系统不仅由多个要素组成，而且包括多个子系统，要素之间和系统之间都会相互影响和互相作用，从而增加了把握 R&D 活动投入内在规律的难度。需要避免研究过程中因顾此失彼而产生的片面性，减少对研究对象和内容的主观失误，从而提高研究结果的相对准确性和相对有效性。

本书从区域发展与管理的角度，以西部地区 12 省（自治区、直辖市）区域整体的 R&D 活动投入产出为主要研究对象，即从宏观上把握对西部地区 R&D 活动投入的内在规律的认识，由于所采取的研究角度和相关统计数据的缺失，所以不讨论具体的用人单位或个人的 R&D 活动或人才投入问题。

2.3.4　反馈性原则

从管理控制讲，西部地区 R&D 活动是一项具有反馈性的投入产出活动。R&D 活动的生活函数的建立遵循反馈性原则。为了提高 R&D 活动生产函数的有效性和 R&D 活动投入研究的针对性，发挥预测结果和对策建议在实际工作中的作用，利用计算机模拟预测结果进行反馈控制，调整 R&D 活动生产函数的投入变量类型和产出变量取值的时滞性结果。

研究西部地区 R&D 活动投入遵循反馈性原则，即在研究过程中调整 R&D 活动在投入产出要素中的计量方法，确定影响西部地区 R&D 活动的投入要素有 R&D 人才数量、R&D 经费支出、国有单位平均工资、地方科技财政拨款和人才保障支出等；确定西部地区 R&D 活动的主要产出变量为三种专利申请数据；对于产出变量的时滞性结果可能具有不一致性，因此，分别设立无时滞性和一年时滞性，比较这两种情况的回归效果。

2.4　研究假设

R&D 活动与经济增长之间有着密切的联系，二者相互影响和相互促进。一方面，经济增长为 R&D 活动提供更多的人才和资金支持；另一方面，R&D 活动的专利等科技产出又是经济增长的主要原动力。基于此，本书对西部地区 R&D 活动投入研究提出以下基本假设：

2.4.1　研究范围

本书以西部地区 12 省（自治区、直辖市）的 R&D 活动为主要研究范围。

（1）地域研究范围：按照国家西部大开发战略的区域范围，西部地区包括 12 省（自治区、直辖市）和 3 个民族自治州，因为在国家和地方统计年鉴数据中，尚无 3 个民族自治州的相对完整的研究数据，加之 3 个民族自治州作为西部地区的研究对象而言是偏小的，所以本书不涉及 3 个民族自治州的 R&D 活动。

（2）R&D 活动研究范围：按照 R&D 的基本概念，R&D 活动本身具有多样性和复杂性，不同学科和不同类型的 R&D 活动具有非常大的差异性。从软科学角度讲，本书不涉及 R&D 活动本身的具体内容，仅从宏观角度研究 R&D 活动的投入与产出关系。

（3）时间研究范围：本书的主要客观数据有三大来源，分别是国家统计局公布的《中国统计年鉴》、科技部公布的《中国科技统计年鉴》和国家知识产权局公布的《专利统计年报》。对本书的历史成效、主要问题和生产函数研究涉及的数据时间约定如下：一是关于历史成效和生产函数的时间，西部地区 R&D 活动投入的历史成效和生产函数主要反映首轮西部大开发产生的效果，因此采取 2002—2013 年《中国统计年鉴》和《中国科技统计年鉴》的数据，考虑专利产出可能有 1～2 年的时滞影响，采用 2002—2015 年《中国专利统计年报》数据。二是关于现状分析，面板数据的统计截止时间为 2017 年年报（2016 年底数据）。虽然统计年鉴在不断地更新，但是根据西部地区 R&D 活动及 R&D 人才投入本身的连续性，年鉴更新在一定时期内不会对本书的主要问题和结论产生重大影响。

2.4.2 研究模型假设

从现有文献的研究成果和 R&D 活动的性质来讲，本书假定西部地区 R&D 活动的投入产出关系符合 C—D 生产函数的基本模型。

（1）R&D 活动的投入变量：借鉴微观经济学中关于生产函数的短期和长期的相反概念，其中微观经济学中的短期生产函数是至少有一种生产要素不会发生变化的情形，长期生产函数是所有生产要素都会发生变化的情形。本书设西部地区 R&D 活动的投入变量分为短期变量和长期变量，其中短期变量是每年变化的变量，主要有 R&D 人才数量、国有单位平均工资、R&D 经费内部支出、地方财政科技拨款和人才基本开发投入等；投入长期变量是不会随着每年变化的变量，如 R&D 活动的软硬环境和人们的价值观念等。本书建立的 C—D 生产函数人力和资本投入变量主要是 R&D 活动的短期投入变量，即分别是 R&D 人才数量和人才资金，统称为 R&D 人才投入。R&D 活动的长期投入变量则体现为 C—D 生产函数的技术进步系数。R&D 活动的科技产出包括专利、论文和高科技产业等。

（2）R&D 人才数量：采用《中国科技统计年鉴》、西部地区省（自治区、直辖市）科技统计年鉴公布的 R&D 人员全时当量作为 R&D 人才数量的评价指标。

（3）国有单位平均工资待遇：依据我国统计年鉴的数据，与工资待遇最直接相关的统计表是“城镇单位就业人员平均工资和指数”，但是没有针对

R&D人才工资待遇的统计数据。基于“城镇单位就业人员平均工资和指数”统计表的“平均工资”关于“国有单位”“城镇集体单位”和“其他单位”的分类，因为西部地区绝大部分R&D人才都在国有单位，所以用“国有单位平均工资”作为相应工资待遇的统计指标。

（4）R&D经费内部支出和地方财政科技拨款：采用《中国科技统计年鉴》对应项目的数据。

（5）R&D人才开发基本投入：支出经费包括教育支出、医疗卫生支出和社会保障支出等，以《中国统计年鉴》、西部地区省（自治区、直辖市）统计年鉴公布的职工总数、工资总额、医疗支出、社会保障支出等为基数，按照我国有关法律法规确定的标准，按照R&D人员全时当量占总职业的比例进行核算。

（6）R&D活动的科技产出变量：采用《中国科技统计年鉴》、西部地区省（自治区、直辖市）科技统计年鉴公布的3种专利申请数量作为西部地区R&D活动的科技产出变量的评价指标。

2.4.3 研究建议假设

本书主要基于历史样板数据研究西部地区R&D活动的投入产出问题，约定西部地区R&D活动的投入主体和保障优化的研究假设：

（1）R&D活动的多元投入假设：根据我国建立社会主义市场经济体制和《国家中长期人才发展规划纲要（2010—2020年）》提出的“多元人才投入机制”的有关要求，市场成为配置资源的重要手段，假设西部地区R&D活动投入主体的政府、人才个体、用人单位和社会等形成多元投入关系。

（2）R&D活动的保障优化假设：根据R&D活动产出的多样性和复杂性，假设西部地区R&D活动的保障条件需要优化，重点是从更好发挥人才和人才资本的作用，加大人才开发和R&D经费支出的投入，增强政策执行的协调性和实际效能。

第三章

西部地区 R&D 活动的投入概况

有效投入人才和资金等资源要素是 R&D 活动取得更高成效的基本前提和物质基础。系统地归纳和分析西部地区 R&D 活动投入的基本情况，是开展研究必不可少的前期环节，也是优化西部地区 R&D 活动保障的现实基础。总体来讲，随着西部地区经济快速增长和社会发展长足进步，西部地区 R&D 活动的人才和经费投入都取得了重大的历史成效，探索出了许多行之有效的做法和经验。按照 2020 年决胜全面建成小康社会的奋斗目标和更好实施新一轮西部大开发战略的要求，与促进西部地区又好又快发展的紧迫现实需要相比，西部地区 R&D 活动的人才和经费投入还面临诸多问题。

3.1 历史成效

2000 年，从国家实施西部大开发战略以来，在国家重大政策支持和全国各地区的热忱帮助下，经西部地区各族干部职工和广大群众的不懈努力和奋斗，2002—2013 年西部地区 R&D 活动在人才和资金投入方面取得了重大的历史成效。

3.1.1 R&D 人员全时当量逐年增长

根据中国科技统计年鉴资料，整理汇总得到西部地区 12 省（自治区、直辖市）2002—2013 年 R&D 人员全时当量（表 3 - 1）。

从表 3 - 1 得知，2013 年，西部地区 12 省（自治区、直辖市）合计 R&D 人员全时当量为 441 200 人・年，2002 年为 188 797 人・年，12 年间西部地区 12 省（自治区、直辖市）合计 R&D 人员全时当量增长效果显著。从 2013 年 R&D 人员全时当量排名来讲，四川省、陕西省和重庆市位列前三位，分别为 109 700 人・年、93 500 人・年和 52 600 人・年；西藏自治

表 3-1　2002—2013 年西部地区 R&D 人员全时当量数

单位：人·年

地区	2002 年	2003 年	2004 年	2005 年	2006 年	2007 年	2008 年	2009 年	2010 年	2011 年	2012 年	2013 年
内蒙古	9 410	10 610	11 970	13 500	14 750	15 370	18 260	21 680	24 770	27 600	31 800	37 300
广西	11 880	13 620	15 610	17 950	18 940	20 140	23 240	29 860	33 990	40 140	41 300	40 700
重庆	19 070	20 760	22 600	24 620	26 830	31 560	34 420	35 010	37 080	40 700	46 100	52 600
四川	59 230	61 530	63 920	66 380	68 580	78 850	86 740	85 920	83 800	82 490	98 000	109 700
贵州	7 670	8 320	9 030	9 780	10 740	11 360	11 460	13 090	15 090	15 890	18 700	23 900
云南	11 360	12 410	13 550	14 800	16 030	17 820	19 750	21 110	22 550	25 090	27 800	28 500
西藏	350	420	500	600	1 010	680	640	1 330	1 260	1 080	1 200	1 200
陕西	45 790	48 290	50 920	53 660	59 460	65 070	64 750	68 040	73 220	73 500	82 400	93 500
甘肃	14 870	15 490	16 130	16 800	16 700	18 770	20 120	21 160	21 660	21 330	24 300	25 000
青海	1 710	1 960	2 260	2 590	2 610	2 910	2 500	4 600	4 860	5 010	5 200	4 800
宁夏	2 850	3 190	3 570	4 050	4 410	5 560	5 150	6 920	6 380	7 360	8 100	8 200
新疆	4 600	5 290	6 090	6 990	7 410	8 860	8 810	12 660	14 380	15 450	15 700	15 800
西部地区	188 790	201 890	216 150	231 720	247 470	276 950	295 840	321 380	339 040	355 640	400 600	441 200

资料来源：《中国科技统计年鉴》，http：//www. stats. gov. cn/ztjc/ztsj/kjndsj/。

区、青海省 和宁夏回族自治区位列后三位，分别为 1 200 人·年、4 800 人·年和 8 200 人·年。

设以 2002 年为基数（100），分别计算西部地区 12 省（自治区、直辖市）R&D 人员全时当量的环比发展速度，结果如表 3-2 所示。

表 3-2　2002—2013 年西部地区 R&D 全时当量数的环比发展速度

单位：%

地区	2002 年	2003 年	2004 年	2005 年	2006 年	2007 年	2008 年	2009 年	2010 年	2011 年	2012 年	2013 年
内蒙古	100	112.75	112.82	112.78	109.26	104.20	118.80	118.73	114.25	111.43	115.22	117.30
广西	100	114.65	114.61	114.99	105.52	106.34	115.39	128.49	113.83	118.09	102.89	98.55
重庆	100	108.86	108.86	108.94	108.98	117.63	109.06	101.71	105.91	109.76	113.27	114.10
四川	100	103.88	103.88	103.85	103.31	114.98	110.01	99.05	97.53	98.44	118.80	111.94

（续）

地区	2002年	2003年	2004年	2005年	2006年	2007年	2008年	2009年	2010年	2011年	2012年	2013年
贵州	100	108.47	108.53	108.31	109.82	105.77	100.88	114.22	115.28	105.30	117.68	127.81
云南	100	109.24	109.19	109.23	108.31	111.17	110.83	106.89	106.82	111.26	110.80	102.52
西藏	100	120.00	119.05	120.00	168.33	67.33	94.12	207.81	94.74	85.71	111.11	100.00
陕西	100	105.46	105.45	105.38	110.81	109.43	99.51	105.08	107.61	100.38	112.11	113.47
甘肃	100	104.17	104.13	104.15	99.40	112.40	107.19	105.17	102.36	98.48	113.92	102.88
青海	100	114.62	115.31	114.60	100.77	111.49	85.91	184.00	105.65	103.09	103.79	92.31
宁夏	100	111.93	111.91	113.45	108.89	126.08	92.63	134.37	92.20	115.36	110.05	101.23
新疆	100	115.00	115.12	114.78	106.01	119.57	99.44	143.70	113.59	107.44	101.62	100.64
西部地区	100	106.94	107.06	107.20	106.80	111.91	106.82	108.63	105.50	104.90	112.64	110.13

从表3-2计算得知，2013年西部地区12省（自治区、直辖市）合计R&D人员全时当量比2002年的环比发展速度为233.7%，2002—2013年平均的环比发展速度为108.05%。就区域内部讲，2002—2013年平均的环比发展速度位列前三位的分别是西藏自治区、内蒙古自治区和新疆维吾尔自治区，分别为117.11%、113.41%和112.45%；2002—2013年平均的环比发展速度位列后三位的分别是甘肃省、四川省和陕西省，分别为104.93%、105.97%和106.79%。

3.1.2 R&D人员全时当量结构优化

根据中国科技统计年鉴资料，整理汇总得到西部地区12省（自治区、直辖市）2009—2011年西部地区R&D全时当量结构（表3-3）。

表3-3 2009—2011年西部地区R&D全时当量结构

单位：人，人·年

地区	2009年			2010年			2011年		
	R&D人才	全时人才	全时当量	R&D人才	全时人才	全时当量	R&D人才	全时人才	全时当量
内蒙古	31 380	18 320	21 680	32 870	19 540	24 770	36 230	22 500	27 600
广西	45 050	23 660	29 860	52 480	27 760	33 990	61 190	30 130	40 140
重庆	53 360	31 620	35 010	58 890	34 610	37 080	65 290	39 750	40 700
四川	125 090	72 920	85 920	130 400	75 550	83 800	134 130	76 720	82 490

（续）

地区	2009 年			2010 年			2011 年		
	R&D 人才	全时人才	全时当量	R&D 人才	全时人才	全时当量	R&D 人才	全时人才	全时当量
贵州	19 980	10 950	13 090	23 430	12 370	15 090	24 880	12 640	15 890
云南	36 880	18 950	21 110	37 780	18 590	22 550	43 590	21 580	25 090
西藏	1 920	1 180	1 330	1 620	1 110	1 260	1 860	810	1 080
陕西	93 580	64 630	68 040	98 700	68 390	73 220	100 590	68 350	73 500
甘肃	29 490	15 570	21 160	31 300	17 590	21 660	31 820	17 570	21 330
青海	7 510	3 510	4 600	7 640	3 640	4 860	7 520	4 420	5 010
宁夏	10 720	5 770	6 920	10 370	5 340	6 380	12 010	6 430	7 360
新疆	20 250	9 930	12 660	21 070	9 970	14 380	23 900	11 490	15 450
西部地区	475 200	276 990	321 380	506 550	294 450	339 040	542 960	312 380	355 640

从表 3－3 可知，2011 年，西部地区 12 省（自治区、直辖市）合计 R&D 人员全时当量为 355 640 人·年，2009 年为 321 380 人·年，3 年间西部地区 12 省（自治区、直辖市）合计 R&D 人员全时当量呈增长趋势。

根据表 3－3 数据，分别计算得到西部地区 12 省（自治区、直辖市）全时人才占 R&D 人才和 R&D 全时当量的比例（表 3－4）。

表 3－4 全时人才占 R&D 人才和 R&D 全时当量的比例

单位：%

地区	2009 年		2010 年		2011 年	
	R&D 人才	全时当量	R&D 人员	全时当量	全时人员	全时当量
内蒙古	58.38	84.50	59.43	78.87	62.11	81.52
广西	52.51	79.22	52.89	81.67	49.24	75.05
重庆	59.25	90.31	58.77	93.33	60.88	97.66
四川	58.29	84.87	57.94	90.16	57.20	93.01
贵州	54.79	83.64	52.80	81.98	50.82	79.55
云南	51.38	89.75	49.21	82.45	49.51	86.00
西藏	61.80	89.02	68.54	88.02	43.56	74.81
陕西	69.07	94.99	69.29	93.41	67.95	92.99
甘肃	52.79	73.57	56.18	81.19	55.21	82.35
青海	46.68	76.22	47.56	74.79	58.78	88.16

（续）

地区	2009年		2010年		2011年	
	R&D人才	全时当量	R&D人员	全时当量	全时人员	全时当量
宁夏	53.84	83.42	51.50	83.71	53.58	87.40
新疆	49.02	78.43	47.33	69.33	48.09	74.39
西部地区	58.29	86.19	58.13	86.85	57.53	87.84

从表3-4得知，2009—2011年，西部地区12省（自治区、直辖市）合计R&D全时人才占R&D全时当量的比例分别为86.19%、86.85%和87.84%，全时人才占R&D人员全时当量呈上升趋势。

3.1.3 R&D人才学历不断提高

根据《中国科技统计年鉴》资料，整理汇总得到西部地区12省（自治区、直辖市）2009—2011年R&D人员的学历结构（表3-5）。

表3-5 2009—2011年西部地区R&D人才学历

单位：人

地区	2009年				2010年				2011年			
	R&D人才	博士	硕士	本科	R&D人才	博士	硕士	本科	R&D人才	博士	硕士	本科
内蒙古	31 380	1 060	4 090	10 510	32 870	1 350	4 760	12 150	36 230	1 570	5 240	13 030
广西	45 050	2 790	8 560	13 940	52 480	2 840	10 150	16 690	61 190	3 700	11 490	20 250
重庆	53 360	2 960	8 580	15 200	58 890	3 970	9 640	18 950	65 290	4 430	10 270	21 120
四川	125 090	6 370	19 360	42 560	130 400	7 110	20 220	46 670	134 130	7 850	22 500	53 030
贵州	19 980	1 020	2 740	8 210	23 430	1 260	3 040	8 260	24 880	1 490	4 220	9 530
云南	36 880	2 570	6 520	12 230	37 780	2 740	6 800	12 760	43 590	2 990	7 440	15 190
西藏	1 920	110	400	920	1 620	90	370	760	1 860	1 200	560	760
陕西	93 580	5 170	14 260	28 890	98 700	5 730	15 900	32 230	100 590	6 410	17 640	34 530
甘肃	29 490	2 070	3 950	10 300	31 300	2 110	5 090	11 870	31 820	2 370	5 500	12 540
青海	7 510	270	680	2 600	7 640	290	740	2 370	7 520	310	750	2 490
宁夏	10 720	330	1 120	3 650	10 370	360	1 260	3 770	12 010	470	1 420	4 840
新疆	20 250	810	3 200	7 220	21 070	1 070	4 140	7 300	23 900	1 360	5 020	8 230
西部地区	475 200	25 520	73 450	156 240	506 550	28 910	82 100	173 770	542 960	33 060	92 060	195 540

从表 3－5 得知，2011 年，西部地区 12 省（自治区、直辖市）合计 R&D 人才中有博士和硕士学位的为 33 060 人和 92 060 人，2009 年为 25 520人和 73 450 人，3 年间西部地区 12 省（自治区、直辖市）合计 R&D 人才的学历提升有效果。从 2011 年 R&D 人才博士学位数量排名来讲，四川省、陕西省和重庆市位列前三位，分别为 7 850 人、6 410 人和 4 430 人；西藏自治区、青海省和宁夏回族自治区位列后三位，分别为 120 人、310 人和 470 人。

根据表 3－5 数据，分别计算得到西部地区 12 省（自治区、直辖市）R&D 人才的学历比例，结果如表 3－6 所示。

表 3－6　2009—2011 年西部地区 R&D 人才的学历比例

单位：%

地区	2009 年			2010 年			2011 年		
	博士	硕士	本科	博士	硕士	本科	博士	硕士	本科
内蒙古	3.37	13.02	33.50	4.12	14.49	36.96	4.32	14.48	35.98
广西	6.18	19.01	30.95	5.41	19.34	31.80	6.05	18.79	33.10
重庆	5.55	16.08	28.48	6.75	16.36	32.18	6.79	15.73	32.34
四川	5.09	15.48	34.03	5.45	15.50	35.79	5.85	16.77	39.54
贵州	5.12	13.71	41.09	5.36	12.97	35.26	6.00	16.96	38.30
云南	6.96	17.68	33.17	7.25	17.99	33.76	6.85	17.08	34.85
西藏	5.58	20.98	48.12	5.69	22.74	47.16	6.31	30.40	41.13
陕西	5.52	15.24	30.88	5.81	16.11	32.65	6.37	17.54	34.33
甘肃	7.01	13.38	34.92	6.75	16.26	37.91	7.46	17.28	39.40
青海	3.58	9.07	34.67	3.73	9.71	30.97	4.15	10.03	33.15
宁夏	3.09	10.45	34.04	3.42	12.14	36.35	3.88	11.83	40.30
新疆	4.01	15.78	35.65	5.07	19.65	34.67	5.70	21.00	34.43
西部地区	5.37	15.46	32.88	5.71	16.21	34.30	6.09	16.96	36.01

从表 3－6 得知，2009—2011 年，西部地区 12 省（自治区、直辖市）合计 R&D 人才中有博士学位的分别为 5.37%、5.71%和 6.09%，有硕士学位的分别为 15.46%、16.21%和 16.96%，R&D 人才有博士和硕士学位的比例呈上升趋势。

3.1.4 R&D 经费支出逐年增加

根据中国科技统计年鉴资料，整理汇总得到西部地区 12 省（自治区、直辖市）2002—2013 年 R&D 人员全时当量（表 3-7）。

表 3-7 2002—2013 年西部地区 R&D 经费支出

单位：千万元

地区	2002 年	2003 年	2004 年	2005 年	2006 年	2007 年	2008 年	2009 年	2010 年	2011 年	2012 年	2013 年
内蒙古	48	64	78	117	165	242	339	521	637	852	1 015	1 172
广西	90	112	119	146	182	220	328	472	629	810	972	1 077
重庆	126	174	237	320	369	470	602	795	1 003	1 284	1 598	1 765
四川	619	794	780	966	1 078	1 391	1 603	2 145	2 643	2 941	3 509	4 000
贵州	61	79	87	110	145	137	189	264	300	363	417	472
云南	98	110	125	213	209	259	310	372	442	561	688	798
西藏	5	3	4	3	5	7	12	14	15	12	18	23
陕西	607	680	835	924	1 014	1 217	1 433	1 895	2 175	2 494	2 872	3 427
甘肃	110	128	144	196	240	257	318	373	419	485	605	669
青海	21	24	30	30	33	38	39	76	99	126	131	138
宁夏	20	24	31	32	50	75	75	104	115	153	182	209
新疆	35	38	60	64	85	100	160	218	267	330	397	455
西部地区	1 840	2 230	2 530	3 121	3 575	4 413	5 408	7 249	8 744	10 411	12 404	14 205

从表 3-7 得知，2013 年，西部地区 12 省（自治区、直辖市）合计 R&D 经费支出 14 205 千万元，2002 年为 1 840 千万元，12 年间西部地区 12 省（自治区、直辖市）合计 R&D 经费支出增长效果显著。从 2013 年 R&D 经费支出排名来讲，四川省、陕西省和重庆市位列前三位，分别为 4 000千万元、3 427 千万元和 1 765 千万元；西藏自治区、青海省和宁夏回族自治区位列后三位，分别为 23 千万元、138 千万元和 209 千万元。

设以 2002 年为基数（100），分别计算得到西部地区 12 省（自治区、直辖市）R&D 经费支出的环比发展速度，结果如表 3－8 所示。

表 3－8　2002—2013 年西部地区 R&D 经费支出的环比发展速度

单位：%

地区	2002 年	2003 年	2004 年	2005 年	2006 年	2007 年	2008 年	2009 年	2010 年	2011 年	2012 年	2013 年
内蒙古	100	133.33	121.88	150.00	141.03	146.67	140.08	153.69	122.26	133.75	119.13	115.47
广西	100	124.44	106.25	122.69	124.66	120.88	149.09	143.90	133.26	128.78	120.00	110.80
重庆	100	138.10	136.21	135.02	115.31	127.37	128.09	132.06	126.16	128.02	124.45	110.45
四川	100	128.27	98.24	123.85	111.59	129.04	115.24	133.81	123.22	111.28	119.31	113.99
贵州	100	129.51	110.13	126.44	131.82	94.48	137.96	139.68	113.64	121.00	114.88	113.19
云南	100	112.24	113.64	170.40	98.12	123.92	119.69	120.00	118.82	126.92	122.64	115.99
西藏	100	60.00	133.33	75.00	166.67	140.00	171.43	116.67	107.14	80.00	150.00	127.78
陕西	100	112.03	122.79	110.66	109.74	120.02	117.75	132.24	114.78	114.67	115.16	119.32
甘肃	100	116.36	112.50	136.11	122.45	107.08	123.74	117.30	112.33	115.75	124.74	110.58
青海	100	114.29	125.00	100.00	110.00	115.15	102.63	194.87	130.26	127.27	103.97	105.34
宁夏	100	120.00	129.17	103.23	156.25	150.00	100.00	138.67	110.58	133.04	118.95	114.84
新疆	100	108.57	157.89	106.67	132.81	117.65	160.00	136.25	122.48	123.60	120.30	114.61
西部地区	100	121.20	113.45	123.36	114.55	123.44	122.55	134.04	120.62	119.06	119.14	114.52

从表 3－8 计算得知，2013 年西部地区 12 省（自治区、直辖市）合计 R&D 经费支出比 2002 年的环比发展速度为 772%，2002—2013 年平均的环比发展速度为 120.54%。就区域内部讲，2002—2013 年平均的环比发展速度位列前三位的分别是内蒙古自治区、重庆市和新疆维吾尔自治区，分别为 134.30%、127.39%和 127.35%；2002—2013 年平均的环比发展速度位列后三位的分别是陕西省、甘肃省和四川省，分别为 117.19%、118.09%和 118.89%。

3.1.5　地方财政科技支出持续加大

根据《中国科技统计年鉴》资料，整理汇总得到西部地区 12 省（自治区、直辖市）2002—2013 年地方财政科技支出（表 3－9）。

表 3－9　2002—2013 年西部地区地方财政科技支出

单位：千万元

地区	2002 年	2003 年	2004 年	2005 年	2006 年	2007 年	2008 年	2009 年	2010 年	2011 年	2012 年	2013 年
内蒙古	45.7	51.3	50.4	70.2	78.9	92.2	153.6	180.7	213.9	282.1	276.1	316.4
广西	60.5	88.7	68.1	78.2	92.7	131.9	162.1	180.7	216.6	282.5	428.1	543.6
重庆	35.8	36.9	49.9	59.9	74.9	110.5	151.3	155.5	179	250.4	298.4	386.5
四川	88.5	100.7	108	127	145.7	207.8	258.2	286.4	347.1	457.5	594	695.1
贵州	39.2	43.1	50.6	77.6	76.3	99.8	129.9	142.7	166.6	216.8	289.8	342.7
云南	89.8	91.7	84.4	105.2	113.8	130.6	176.7	189.9	214.3	283	326.7	425.9
西藏	9.1	6.1	6.9	8.5	9	19.3	29	26.9	27.1	33.8	50.9	41.7
陕西	44	48.2	52.8	67.8	102.6	133	171.4	208.4	252.5	290.1	349.4	380.2
甘肃	26.6	24.6	33.4	37.9	43.9	73.1	94.7	101.8	108.9	132.2	161.9	197.6
青海	9.4	11.2	10.2	13.2	14.7	25.2	39.7	47.8	40.8	37.6	71.8	83.9
宁夏	13.7	13.4	15.3	20.3	19.5	47.9	43.3	44	59.7	78.7	96.1	106.9
新疆	36.4	41.5	44.9	62.1	73.5	128.4	148.4	161.4	201.9	264.3	330.1	398.5
西部地区	498.7	557.4	575	727.9	845.5	1 199.7	1 558.3	1 726.2	2 028.4	2 609	3 273.3	3 919

从表 3－9 得知，2013 年，西部地区 12 省（自治区、直辖市）合计地方财政科技支出 3 919 千万元，2002 年为 498.7 千万元，12 年间西部地区 12 省（自治区、直辖市）合计地方财政科技支出增长效果显著。从 2013 年地方财政科技支出排名来讲，四川省、广西壮族自治区和云南省位列前三位，分别为 695.1 千万元、543.6 千万元和 425.9 千万元；西藏自治区、青海省和宁夏回族自治区位列后三位，分别为 41.7 千万元、83.9 千万元和 106.9 千万元。

设以 2002 年为基数（100），分别计算西部地区 12 省（自治区、直辖市）地方财政支出的环比发展速度，结果如表 3－10 所示。

表 3－10　2002—2013 年西部地区地方财政科技支出的环比发展速度

单位：%

地区	2002 年	2003 年	2004 年	2005 年	2006 年	2007 年	2008 年	2009 年	2010 年	2011 年	2012 年	2013 年
内蒙古	100	112.25	98.25	139.29	112.39	116.86	166.59	117.64	118.37	131.88	97.87	114.60
广西	100	146.61	76.78	114.83	118.54	142.29	122.90	111.47	119.87	130.42	151.54	126.98
重庆	100	103.07	135.23	120.04	125.04	147.53	136.92	102.78	115.11	139.89	119.17	129.52

（续）

地区	2002年	2003年	2004年	2005年	2006年	2007年	2008年	2009年	2010年	2011年	2012年	2013年
四川	100	113.79	107.25	117.59	114.72	142.62	124.25	110.92	121.19	131.81	129.84	117.02
贵州	100	109.95	117.40	153.36	98.32	130.80	130.16	109.85	116.75	130.13	133.67	118.25
云南	100	102.12	92.04	124.64	108.17	114.76	135.30	107.47	112.85	132.06	115.44	130.36
西藏	100	67.03	113.11	123.19	105.88	214.44	150.26	92.76	100.74	124.72	150.59	81.93
陕西	100	109.55	109.54	128.41	151.33	129.63	128.87	121.59	121.16	114.89	120.44	108.82
甘肃	100	92.48	135.77	113.47	115.83	166.51	129.55	107.50	106.97	121.40	122.47	122.05
青海	100	119.15	91.07	129.41	111.36	171.43	157.54	120.40	85.36	92.16	190.96	116.85
宁夏	100	97.81	114.18	132.68	96.06	245.64	90.40	101.62	135.68	131.83	122.11	111.24
新疆	100	114.01	108.19	138.31	118.36	174.69	115.58	108.76	125.09	130.91	124.90	120.72
西部地区	100	111.77	103.14	126.61	116.16	141.89	129.89	110.77	117.51	128.62	125.46	119.73

从表 3-10 计算得知，2013 年西部地区 12 省（自治区、直辖市）合计地方财政科技支出比 2002 年的环比发展速度为 785.8%，2002—2013 年平均的环比发展速度为 119.73%。就区域内部讲，2002—2013 年平均的环比发展速度位列前三位的分别是青海省、新疆维吾尔自治区和宁夏回族自治区，分别为 125.97%、125.41%和 125.39%；2002—2013 年平均的环比发展速度位列后三位的分别是云南省、西藏自治区和内蒙古自治区，分别为 115.93%、120.42%和 120.55%。

3.2 主要做法与启示

西部地区 R&D 活动的人才和资金这两个主要投入要素取得了重大的历史成效，这反映了我国社会主义制度和社会主义市场经济体制在开展有组织大规模 R&D 活动的政治优势和经济优势，体现了中央政策支持和发挥地方主体积极性的重要性，形成了若干行之有效的好作法和好经验，为下一步提升西部地区 R&D 活动的投入质量提供了重要启示。

3.2.1 西部大开发的重大政策支持

2000 年 10 月 9—11 日，中共十五届五中全会通过的《中共中央关于制定国民经济和社会发展第十个五年计划的建议》，把实施西部大开发、促进地区协调发展作为一项战略任务，标志着西部大开发正式成为了国家战略。2000 年 10 月 26 日，国务院印发了《关于实施西部大开发若干政策措施的通知》（国发〔2000〕33 号），为贯彻落实中共中央提出的“西部大开发战略”，体现国家对西部地区的重点支持，国务院制定了实施西部大开发（2001 年至 2010 年）的若干政策措施。

国发〔2000〕33 号文件是第一个专门系统性地针对实施西部大开发的政策措施的文件。其中，在制定政策的原则中明确指出：“实施西部大开发是一项宏大的系统工程和艰巨的历史任务，既要有紧迫感，又要充分做好长期艰苦奋斗的思想准备”。在重点任务和战略目标中提出：“发展科技教育和文化卫生事业”。

国发〔2000〕33 号文件在第五部分专门制定了“吸引人才和发展科技教育的政策”，明确提出了吸引和用好人才、发挥科技主导作用、增加教育投入和加强文化卫生建设四方面的政策措施，其中，与西部地区 R&D 活动的人才和资金投入要素密切相关的政策措施有：

（一）吸引和用好人才。制定有利于西部地区吸引人才、留住人才、鼓励人才创业的政策。随着工资改革，建立艰苦边远地区津贴，提高西部地区机关和事业单位人员的工资水平，逐步使其达到或高于全国平均水平。依托西部开发的重点任务、重大建设项目及重要研究课题，提供良好的工作和生活条件，吸引国内外专门人才投身于西部开发。

（二）发挥科技主导作用。加大各类科技计划经费向西部地区的倾斜支持力度，逐步提高科技资金用于西部地区的数额。围绕西部开发的重点任务，加强科技能力建设，组织对关键共性技术的攻关，加快重大技术成果的推广应用和产业化步伐。支持军转民技术产业化的发展。支持西部地区科研机构、高校加强有特色的应用研究和基础研究。深化科技体制改革，加快从事应用研究的科研机构向企业转化，加强产学研联合，推动科技与经济的紧密结合。允许并提高西部地区企业在销售额中提取开发经费的比例。加大科技型中小企业创新基金对西部地区具备条件项目的支持力度。对科技人员在西部地区兴办科技型企业，简化工商登记，提高股权、期权和知识产权入股比例的上限。

2001 年 3 月，经第九届全国人大四次会议审议通过的《中华人民共和国国民经济和社会发展第十个五年计划纲要》，首次在国家关于国民经济与社会发展的五年规划中提出了“推进西部大开发”，之后在国家关于国民经济和社会发展的“十一五”规划、“十二五”规划和“十三五”规划中都有相应的内容和要求。

国民经济和社会发展的“十五”规划对“推进西部大开发”的要求是：

> 西部大开发要从实际出发，积极进取、量力而行，统筹规划、科学论证，突出重点、分步实施。力争用五到十年时间，使西部地区基础设施和生态环境建设有突破性进展，科技、教育有较大发展。要开拓新思路，采用新机制，着力改善投资环境，扩大对内对外开放，大力发展多种所有制经济，积极吸引社会资金和外资参与西部开发和建设。
>
> 加快水利、交通、通信、电网及城市基础设施建设，突出抓好西电东送、西气东输、节水和开发水资源等一批具有战略意义的重点工程。加强生态建设和环境保护，保护天然林资源，因地制宜实施坡耕地退耕还林还草，推进防沙治沙和草原保护，注意发挥生态的自我修复能力。巩固和加强西部地区的农业基础。发展有特色的农牧业、绿色食品、旅游、中草药及生物制药等，推进水电、石油天然气、有色金属、钾盐、磷矿等优势资源合理开发和深度加工，加快资源优势向经济优势的转化。坚持科教先行，重点发展义务教育，大力发展职业教育，积极发展高等教育，做好人才培养、使用和引进的工作。推广应用高新技术和先进适用技术，有重点地发展高新技术产业。依托亚欧大陆桥、长江水道、西南出海通道等交通干线及中心城市，以线串点，以点带面，实行重点开发，促进西陇海兰新线经济带、长江上游经济带和南（宁）贵（阳）昆（明）经济区的形成，提高城镇化水平。国家实行重点支持西部大开发的政策措施，增加对西部地区的财政转移支付和建设资金投入，并在对外开放、税收、土地、资源、人才等方面采取优惠政策。
>
> 依据民族区域自治法，支持民族自治地区落实自治权。加大支持力度，加快少数民族和民族地区经济与社会全面发展，重点支持少数民族地区的扶贫开发、牧区建设、民族特需用品生产、民族教

育和民族文化事业发展。注意支持人口较少的少数民族的发展。促进西部边疆地区与周边国家和地区开展经济技术与贸易合作，逐步形成优势互补、互惠互利的国际区域合作新格局。

国民经济和社会发展的“十一五”规划对“推进西部大开发”的要求是：

西部地区要加快改革开放步伐，通过国家支持、自身努力和区域合作，增强自我发展能力。坚持以线串点，以点带面，依托中心城市和交通干线，实行重点开发。加强基础设施建设，建设出境、跨区铁路和西煤东运新通道，建成“五纵七横”西部路段和八条省际公路，建设电源基地和西电东送工程。巩固和发展退耕还林成果，继续推进退牧还草、天然林保护等生态工程，加强植被保护，加大荒漠化和石漠化治理力度，加强重点区域水污染防治。加强青藏高原生态安全屏障保护和建设。支持资源优势转化为产业优势，大力发展特色产业，加强清洁能源、优势矿产资源开发及加工，支持发展先进制造业、高技术产业及其他有优势的产业。加强和改善公共服务，优先发展义务教育和职业教育，改善农村医疗卫生条件，推进人才开发和科技创新。建设和完善边境口岸设施，加强与毗邻国家的经济技术合作，发展边境贸易。落实和深化西部大开发政策，加大政策扶持和财政转移支付力度，推动建立长期稳定的西部开发资金渠道。

国民经济和社会发展的“十二五”规划关于“推进新一轮西部大开发”的要求是：

坚持把深入实施西部大开发战略放在区域发展总体战略优先位置，给予特殊政策支持。加强基础设施建设，扩大铁路、公路、民航、水运网络，建设一批骨干水利工程和重点水利枢纽，加快推进油气管道和主要输电通道及联网工程。加强生态环境保护，强化地质灾害防治，推进重点生态功能区建设，继续实施重点生态工程，构筑国家生态安全屏障。发挥资源优势，实施以市场为导向的优势资源转化战略，在资源富集地区布局一批资源开发及深加工项目，建设国家重要能源、战略资源接续地和产业集聚区，发展特色农业、旅游等优势产业。大力发展科技教育，增强自我发展能力。支持汶川等灾区发展。坚持以线串点、以点带面，推进重庆、成都、西安区域战略合作，推动呼包鄂榆、广西北部湾、成渝、黔中、滇中、藏中南、关中—天水、兰州—西宁、宁夏沿黄、天山北坡等经济区加快发展，培育新的经济增长极。

国民经济和社会发展的“十三五”规划对“深入推进西部大开发”的要求是：

把深入实施西部大开发战略放在优先位置，更好发挥“一带一路”建设对西部大开发的带动作用。加快内外联通通道和区域性枢纽建设，进一步提高基础设施水平，明显改善落后边远地区对外通行条件。大力发展绿色农产品加工、文化旅游等特色优势产业。设立一批国家级产业转移示范区，发展产业集群。依托资源环境承载力较强地区，提高资源就地加工转化比重。加强水资源科学开发和高效利用。强化生态环境保护，提升生态安全屏障功能。健全长期稳定资金渠道，继续加大转移支付和政府投资力度。加快基本公共服务均等化。加大门户城市开放力度，提升开放型经济水平。

国务院分别批复实施了《西部大开发“十五”规划》《西部大开发“十一五”规划》《西部大开发“十二五”规划》和《西部大开发“十三五”规划》等专项规划，都提出了“加快发展科技教育”的内容，明确要求：“西部地区科技教育的发展，要着眼于科技与经济的紧密结合和国民素质的普遍提高，为西部大开发提供增长的动力和技术、人才保障。”

2010 年，中共中央国务院印发了《关于深入实施西部大开发战略的若干意见》（中发〔2010〕11 号），制定了新一轮西部大开发战略的主要政策支持意见，再次明确提出了“强化科技创新，加强人才开发”的重要意见，进一步指出：“科技和人才是西部大开发的支撑和关键。要坚定不移地实施科教兴国战略和人才强国战略，着力促进科技进步，提升自主创新能力，加大人才开发力度。”其中，关于发展科学技术和人才开发的具体意见如下：

大力发展科学技术。优化科技资源配置，构建以企业为主体、市场为导向、产学研相结合的技术创新体系。布局建立一批国家工程研究中心、国家工程实验室，强化国家地方联合创新平台建设，支持企业技术中心发展。加强新技术研发，着力突破优势资源开发利用、传统产业改造的关键技术，加快科技成果向现实生产力转化。支持西安统筹科技资源改革示范基地、关中—天水创新型区域、绵阳科技城发展，推进创新型区域和创新型城市建设。发展军民两用技术，积极推进军民两用技术双向转移。加强气候变化、生态环境、冰川冻土、生物质资源等具有西部特点的基础科学研究。加强知识产权创造、应用、保护和管理。大力普及现代科学技术知识，提高广大群众科技素质。

加快人才资源开发。科学合理地使用好现有人才，形成有利于各类人才脱颖而出、充分施展才能的选人用人机制。加大各类人才培养力度，着力培养重点领域急需紧缺人才和少数民族人才。扩大干部交流规模，提高交流层次，加大重要部门、关键岗位和党政主要负责人交流力度，继续做好中央和国家机关、经济发达地区与西部地区干部双向交流工作。鼓励和吸引各类人才到西部地区建功立业。大力引进国外智力。实施边远贫困地区、边疆民族地区和革命老区人才支持计划。继续实施东部城市对口支持西部地区人才培训、公务员对口培训以及博士服务团、“西部之光”访问学者、西部地区管理人才创新培训等重点人才开发工程。扩大中国西部开发远程学习网覆盖范围。

中共中央国务院对西部大开发的高度重视和亲切关怀，以及国家重大优惠政策的支持，这些都是西部地区 R&D 活动的人才和资金投入取得巨大成效的重要作法和关键经验，希望今后国家继续加大对西部大开发的重要政策和财政支持，促进全国区域协调发展，实现西部地区与全国同步决胜建成小康社会的奋斗目标。

3.2.2 国家的人才与科技政策支持

西部地区各省（自治区、直辖市）结合区域人才与科技领域的实际情况和发展需要，全面贯彻中共中央国务院关于人才和科技领域的相关规划精神和文件要求。

首轮西部大开发战略实施以来，国家关于国民经济和社会发展“十五”规划、“十一五”规划、“十二五”规划和“十三五”规划中除了有关于“西部大开发”的内容和要求外，对实施“创新驱动”“科教兴国”和“人才强国”“人才优先发展”等方面的规划内容和要求，也是西部地区 R&D 活动的重要政策依据。

特别是国民经济和社会发展“十三五”规划关于“实施创新驱动发展战略”，这为西部地区未来 R&D 活动的发展指明了方向和提供了重要的政策依据。

首先，强化科技创新引领作用，提出：

> 发挥科技创新在全面创新中的引领作用，加强基础研究，强化原始创新、集成创新和引进消化吸收再创新，着力增强自主创新能力，为经济社会发展提供持久动力。

其次，深入推进大众创业万众创新，提出：

> 把大众创业万众创新融入发展各领域各环节，鼓励各类主体开发新技术、新产品、新业态、新模式，打造发展新引擎。

再次，构建激励创新的体制机制，提出：

> 破除束缚创新和成果转化的制度障碍，优化创新政策供给，形成创新活力竞相迸发、创新成果高效转化、创新价值充分体现的体制机制。

最后，实施人才优先发展战略，提出：

> 把人才作为支撑发展的第一资源，加快推进人才发展体制和政策创新，构建有国际竞争力的人才制度优势，提高人才质量，优化人才结构，加快建设人才强国。

中共中央、国务院关于人才和科技领域的主要规划有：

(1) 中共中央、国务院印发《国家中长期人才发展规划纲要（2010—2020年）》的通知（中发〔2010〕6号）；

(2) 国务院印发《国家中长期科学和技术发展规划纲要（2006—2020年）》的通知（国发〔2005〕44号）；

(3) 中共中央、国务院印发《国家创新驱动发展战略纲要》的通知（中发〔2016〕4号）；

(4) 国务院关于印发《“十三五”国家科技创新规划》的通知（国发〔2016〕43号）。

按照《国家中长期人才发展规划纲要（2010—2020年）》规划要求，科技部、人力资源和社会保障部、教育部、中国科学院、中国工程院、国家自然科学基金委员会和中国科协等七部门制定了《国家中长期科技人才发展规划（2010—2020年）》(国科发政〔2011〕353号)。

按照《国家创新驱动发展战略纲要》和《“十三五”国家科技创新规划》的要求，科技部印发《“十三五”国家科技人才发展规划》（国科发政〔2017〕86号）的通知。

中共中央国务院关于人才和科技领域的重要文件有：

(1) 中共中央国务院《关于进一步加强人才工作的决定》(中发〔2003〕16号)；

(2) 国务院关于实施《国家中长期科学和技术发展规划纲要（2006—2020年）》若干配套政策的通知（国发〔2006〕6号）；

(3) 中共中央国务院《关于深化科技体制改革加快国家创新体系建设的意见》(中发〔2012〕6号)；

(4) 中共中央《关于深化人才发展体制机制改革的意见》(中发〔2016〕9号)；

(5) 国务院《关于大力推进大众创业万众创新若干政策措施的意见》(国发〔2015〕32号文件)；

(6) 国务院《实施〈中华人民共和国促进科技成果转化法〉若干规定》(国发〔2016〕16号)。

西部地区各省（自治区、直辖市）在中共中央国务院关于人才和科技领域主要规划和重要文件的指导下，都分别制定了本省（自治区、直辖市）的实施意见或方案，为西部地区R&D活动的人才和资金投入提供了具体的政策措施。

3.2.3　西部地区 R&D 经费投入措施

经费投入对于西部地区 R&D 活动有重要的直接推动作用，是改善地方科研环境和更好发挥科技人才作用的前提和保障。2000 年首轮西部大开发以来，西部地区 R&D 经费支出和地方财政科技支出都有了显著增长，政府财政资金的引导作用逐步加大，吸引了更多社会资金投入科技创新创业，持续增长的经费投入体系正在不断探索建立之中。

根据《国家中长期科学和技术发展规划纲要（2006—2020 年）》《国家中长期人才发展规划纲要（2010—2020 年）》和《国家中长期科技人才发展规划（2010—2020 年）》《国家中长期科学和技术发展规划纲要（2006—2020 年）》《国家“十一五”科学和技术发展规划》《国家“十二五”科学和技术发展规划》的要求，西部地区十二省（自治区、直辖市）为增加 R&D 活动经费投入分别提供了制度保障。

3.2.3.1　四川省

《四川省中长期科学和技术发展规划纲要（2006—2020 年）》在“对策措施”部分提出“加大科技投入力度，提高投入效益”，指出：

> 科技投入是科技创新、科技持续发展的重要前提和根本保障，今天的科技投入，就是对未来竞争力的投资。从增强自主创新能力和核心竞争力出发，建立符合四川实际、合理高效的科技投入体系，推动科技投入由“政府主导型”向“政府与企业并重，社会广泛参与”的多元化科技投入体系转变，形成政府引导、企业主体、金融机构及其他社会力量参与的多元化科技投入格局。大幅度增加对科技的投入，为完成本纲要提出的各项重大任务提供必要保障。通过多方面努力，使我省 R&D 投入占 GDP 的比例逐年提高，到 2010 年达到 2%，到 2020 年达到 2.5%。
>
> （1）完善激励科技投入政策法规
>
> 实施激励企业技术创新的财税政策，形成多角度、多渠道、多环节的优惠政策体系，鼓励企业增加研究开发投入，增强技术创新能力。实施促进技术创新、加速科技成果转化等税收优惠政策，鼓励和支持企业开发新产品、新工艺和新技术。实施促进高新技术企

业发展的税收优惠政策。实施促进自主创新的政府采购政策，为企业采购高新技术设备提供政策支持。制定促进创业风险投资健康发展的政策法规，引导、规范科技创业风险投资。要利用金融、政府采购等政策调控作用，引导、鼓励、推动企业增加科技投入，吸引社会资金参与科技开发投入。

（2）加大财政对科技投入力度

按照《中华人民共和国科学技术进步法》的要求，依法落实财政对科技的投入。财政对科技的投入要稳定增长，逐步提高政府财政科技投入占全省国内生产总值的比例，发挥政府在投入中的引导作用，通过财政直接投入、税收优惠等多种财政投入方式，增强政府投入调动全社会科技资源配置的能力。根据经济社会发展和推动科技进步的需要，适时加大科技投入占公共财政支出中的比重，保证财政用于科技经费的增长幅度明显高于财政经常性收入的增长幅度。统筹安排规划实施所需经费，建立兼顾基本计划和重大专项的政府科技投入机制。省、市（州）设立重大科技专项资金，支持重大科技专项和重点科技工程的实施。

（3）鼓励企业成为科技投入的主体

明确企业在市场中的主体地位，面对经济全球化、市场一体化，企业要成为技术创新的主体、研究开发投入的主体、成果转化和产业化的主体。鼓励企业自主创新，支持企业以市场为导向，确立创新战略、品牌战略、技术标准战略目标，投资开发拥有自主知识产权的主导产品、关键技术，通过掌握一批具有自主知识产权的核心技术和自主品牌，把握市场竞争主动权，提高核心竞争力。鼓励企业投资参与国家和省的重大科技攻关，支持企业在关键、共性、重大与成套技术方面开展自主创新，突破产业发展的关键技术瓶颈，抢占产业和技术发展制高点。

（4）促进社会资金投入科技

鼓励金融机构加大对科技产业的投入，拓宽科技产业的融资渠道，努力促进民间资金对科技的投入。建立和完善创业风险投资机制，培育科技创新风险投资主体，鼓励企业、金融机构、个人、外商等各类投资者参与风险投资。鼓励有条件的高科技企业在资本市场融资，为高科技中小企业上市提供便利条件，为高科技创业风险投资企业跨境资金运作创造宽松金融政策环境。探索以政府财政资金为引导，政策性金融、商业性金融资金投入为主的多元投入方式，促进更多资本进入创业风险投资市场。鼓励金融机构对我省重大科技产业化项目、科技成果转化项目等给予优惠信贷支持，建立健全鼓励中小企业技术创新的知识产权信用担保制度和其他信用担保制度，为中小企业融资创造良好条件。搭建多种形式的科技金融合作平台，引导各类金融机构和民间资金参与科技开发。鼓励金融机构改善和加强对高新技术企业，特别是对科技型中小企业的金融服务。鼓励保险公司加大产品和服务创新力度，为科技创新提供全面的风险保障。

（5）优化投入结构，提高投入效率

优化投入结构，加大对重大关键共性技术研究、基础研究、社会公益性研究、前沿技术研究和科学技术普及的稳定支持。合理安排科研机构（基地）正常运转经费、科研项目经费、科技基础条件经费等的比例。通过科学合理的制度安排和综合运用各种管理手段，优化配置政府科技资源，使有限的投入产生最大的效益。加强制度建设和顶层设计，完善科技投入的管理模式，强调发挥政府的集中引导协调作用。建立和完善适应科学研究规律和科技工作特点的科技经费管理制度，提高财政资金使用的规范性、安全性和有效性，提高科研计划管理的公开性、透明度和公正性；建立财政科技经费支出绩效评价体系，建立健全相应的评估和监督管理机制。充分发挥市场配置资源的基础性作用，提高科技投入效率。

3.2.3.2　贵州省

《贵州省中长期科学和技术发展规划纲要（2006—2020 年）》在“保障措施”部分提出“加大科技投入，创造科技发展的良好条件”的措施，具体为：

切实落实《中华人民共和国科学技术进步法》、《中华人民共和国科学普及法》和《贵州省科学技术资金投入管理条例》，确保各级财政用于科学技术的经费的增长幅度明显高于同级财政经常性收入的增长幅度。各级财政每年安排的应用技术研究与开发资金（原

> 科技三项费）占同级财政年度预算经常性支出的比例为：省级财政2%以上，州（市、地）级财政1%以上，县（市、区）财政0.5%以上；调整财政科技投入结构，减少交叉重复，新增的科技投入集中管理；充分调动各方面积极因素，按渠道不变的原则，鼓励和要求在现有其它财政投入资金中，划出一定比例，用于技术引进、消化吸收、成果转化及科技人才团队建设；调整计划体系结构，改革计划管理方式，设立科技重大专项，围绕重点，集中投入、持续投入，增加财政对公益性技术、共性技术、集成技术和关键技术研发的投入，加强对科技基础设施建设、知识产权创造及保护、科学普及、基层科技工作等方面的投入。

中共贵州省委、贵州省人民政府《关于加强人才培养引进加快科技创新的指导意见》（黔党发〔2013〕12号）中提出了15个方面的重要措施，其中关于“进一步加大财政投入”明确要求：

> 落实好省、市、县三级财政分别按不低于每年公共财政预算收入（不包含非税收入）的3%设立人才发展专项资金的规定；采取争取国家财政支持和省级财政拨款引导，省有关专项资金按一定比例投入，国内外机构、企业和个人赞助或募捐等办法，建立贵州省人才发展基金，重点资助全省重大工程和重大项目建设的人才开发。省、市、县三级财政科技投入的年均增幅继续高于同级财政经常性收入增幅，省级应用技术研究与开发资金继续保持20%以上的年均增幅，至2015年达到8亿元以上。落实好从现有省级财政安排到省发展改革、教育、经济和信息化、交通运输、农业、住房城乡建设、环境保护、水利、旅游等部门的相关资金中，拿出3%～5%的比例，用于技术引进、消化吸收、成果转化及创新平台建设的规定。积极申请国家参股设立战略性新兴产业创业投资基金，省级可通过省创业投资基金、省科技风险投资资金以及省有关专项资金给予相应参股支持。

3.2.3.3 云南省

《云南省中长期科学和技术发展规划纲要（2006—2020年）》在“若干

重要政策和措施”部分，提出“加大科技投入力度，建立多元化、多渠道的全社会科技投入体系”和“调整和优化科技经费投入结构”措施时，提出：

> 增强政府投入调动全社会科技资源配置的能力，政府财政投入主要用于支持市场机制不能有效解决的重大关键共性技术研究、社会公益研究、基础研究和前沿技术研究等科技活动，并引导企业和社会的科技投入。加强对基础研究、前沿技术研究、社会公益研究以及公共科技基础条件和科学技术普及的支持。合理安排科研机构（基地）正常运转经费、科研项目经费、科技基础条件经费等的比例，集中力量加大对基础研究和社会公益类大型科研机构的稳定投入力度。结合政府财力情况，统筹安排规划实施所需经费，切实保障重大科技专项和重大科技工程的顺利实施，并继续加强对重大科技基础设施建设的投入。在政府增加科技投入的同时，引导企业加大科技投入，积极促进企业成为科技投入的主体。

3.2.3.4　西藏自治区

《西藏自治区中长期科学和技术发展规划纲要（2006—2020年）》在“保障措施”部分提出“增加科技投入，提高经费使用效益”的措施，具体为：

> 建立多元化、多渠道的科技投入体系。充分发挥政府在投入中的主导作用。加大财政资金的投入力度，形成政府科技投入的稳定增长机制，确保政府财政科技三项费投入的增长幅度明显高于财政经常性收入的增长幅度。建立和完善科技创业投资、科技经费管理和科技创业补偿机制，鼓励发展科技创业投资机构。调整和优化投入结构，政府财政投入主要用于支持市场机制不能有效解决的应用基础研究、社会公益性研究、重大共性关键技术研究及科技基础条件平台建设等公共科技活动。

3.2.3.5　重庆市

《重庆市中长期科学和技术发展规划纲要（2006—2020年）》在“保障措施”部分提出“增加科技投入，提高经费使用效益”的措施：

科技投入是科技持续发展的重要前提和根本保障。直辖以来，我市科技投入不断增长，但与经济社会的快速发展对科技的需求相比，科技投入的总量和强度仍显不足。从增强区域自主创新能力和核心竞争力出发，必须大幅度增加科技投入，为完成本纲要提出的各项重大任务提供必要保障。

调整和优化投入结构，提高科技经费使用效益。政府财政投入主要用于支持市场机制不能有效解决的应用基础研究、社会公益性研究、重大共性关键技术研究及科技基础条件平台建设等公共科技活动，并引导企业和全社会的科技投入。合理安排各类科技计划经费的比例，建立和完善科技经费管理制度，提高财政资金使用的规范性和有效性。提高科技计划管理的公开性、透明度和公正性，逐步建立财政科技投入的绩效评价体系，建立健全相应的评估和监督管理机制。

3.2.3.6 陕西省

《陕西省中长期科学和技术发展规划纲要（2006—2020年）》在“主要措施”部分提出“多渠道、多层次地增加科技投入”的措施：

从“十一五”开始，省上和市、县每年财政用于科技经费的增长幅度都要高于经常性财政收入的增长幅度。要运用经济杠杆和政策手段，促使企业增加科技投入。重点、骨干企业用于研究与开发的投入不少于企业销售收入的2%，高技术企业应高于5%。大力推动创业投资和多层次资本市场发展。省上建立高新技术产业发展资金和科技型小企业发展专项资金。有条件的行业可以根据各自发展的需要，建立行业技术发展基金，用于行业共性技术的科技攻关和增强行业发展的后劲。支持具备条件的高新技术企业发行企业债券。扩大商业科技贷款规模，对于综合性的高技术重大工程项目，国家政策银行要增加科技信贷规模，重点支持。运用贴息等手段，支持科技成果的转化工作。逐步使投入走上法制化、规范化的道路。

3.2.3.7 甘肃省

《甘肃省中长期科学和技术发展规划纲要（2006—2020年）》在“保障

措施”部分，提出“持续增加科技投入，提高科技投入效益”的措施：

> 确保全社会研究与发展经费投入持续增长。全面贯彻国家科技税收优惠政策，完善投融资担保体系和风险投资机制，引导民间资本投资科技事业，建立多元化、多渠道的科技投入体系。全社会研究开发投入占国内生产总值的比重逐年提高，到 2020 年达到 2%以上。完善企业技术创新投入的激励政策，企业研究开发投入占全社会研究开发投入的比例大幅度提高。

3.2.3.8　青海省

《青海省“十二五”科学技术发展规划》提出“不断加大科技投入”的措施：

> 以政府投入为引导，企业投入为主体，银行贷款为支撑，社会筹资和引进外资为补充，建立多层次、多渠道的科技投融资体系，增加全社会科技投入总量。
>
> 强化财政科技投入增长的保障机制。建立财政部门会同科技部门编制财政科技预算的会商和协调制度，加强对科技投入的统筹管理，确保各级政府在预算中，财政科技投入增长幅度达到法定增长的要求。完善财政科技投入管理机制，建立适应新形势的科技经费监督管理和绩效评估体系，提高财政科技经费的使用效率。调整和优化财政科技投入结构，加强对基础研究、社会公益性研究、前沿高技术研究、科技基础条件建设的支持。
>
> 强化企业科技投入的主体地位。引导和鼓励企业加大对技术创新的资金投入，解决制约经济社会发展中的关键科技问题。
>
> 引导全社会加大科技投入。综合运用财政拨款、贴息及补助，金融担保等多种方式吸引社会资金投入科技创新活动，积极探索科技与金融相结合模式，支持科技风险投资企业发展，鼓励科技型企业上市融资，促进自主创新的多层次资本市场建设。

3.2.3.9　宁夏回族自治区

《宁夏回族自治区“十二五”科学技术发展规划》提出“加大科技创新

投入力度”的措施：

按照《宁夏回族自治区实施〈中华人民共和国科学技术进步法〉的办法》中关于加大科技投入的规定，财政用于科技的增长幅度要高于财政经常性收入的增长幅度。要加强对科技投入的统筹管理，建立财政部门会同科技部门编写财政科技预算的会商和协调制度。县级以上人民政府应当将科学技术经费投入作为财政预算保障的重点，科学技术经费投入的增长幅度应当高于本级财政经常性收入的增长幅度。强化企业科技投入的主体地位，特别要强化对科技型企业研发投入的硬性约束，通过科技项目支持和财政、税收、金融等政策的落实，引导和鼓励企业加大研发投入。大力推进科技与金融结合，加强科技、发改、财政、经信、税务、金融监管、商务等部门与政策性金融机构、商业银行之间的协调与合作，尽快形成推动科技创业风险投资发展的合力。

3.2.3.10 新疆维吾尔自治区

《新疆维吾尔自治区中长期科学和技术发展规划纲要（2006—2020年）》在“重大措施”部分，提出“多渠道加大对科技的资金投入”的措施：

在继续增加财政科技拨款的同时，充分利用市场机制和政策调控的作用，吸引社会资金参与科技的研究开发，建立健全多元化科技投融资体制，形成科技经费稳定增长和有效投入的机制，多渠道地加大对科技的支持力度。

3.2.3.11 内蒙古自治区

《内蒙古自治区中长期科学和技术发展规划纲要（2006—2020年）》在“加大科技投入”部分提出：

建立社会化、市场化、多元化的科技投入体系。全社会研究开发投入占地区生产总值的比例到2010年达到1.5%，2020年达到2.5%。

各级人民政府要把科技投入作为预算保障的重点，年初预算编制和预算执行中的超收分配，都要体现科技投入法定增长的要求。

2007 年，自治区本级财政应用技术研究与开发资金（原科技三项经费）实现大幅度增长，在此基础上，每年保持稳定增长。

2007 年，盟市财政应大幅度提高应用技术研究与开发的资金投入，确保逐年提高科技投入占财政支出的比例。旗县（市、区）人民政府也应按法定比例安排科技专项经费。

从 2007 年起，自治区财政设立科技发展创新引导奖励资金，支持重大科技专项、优势特色产业的技术创新和科技创新人才队伍建设，激励和引导全社会自主创新。

从 2007 年起，自治区中小企业信用担保资金也应支持高新技术企业和中小型科技企业的技术创新和新产品研发。

从 2007 年起，自治区财政单列自然科学基金，重点支持自治区基础研究和应用基础研究，并随着财力的增长逐年增加。

从 2007 年起，自治区财政单列知识产权专项经费，重点支持专利创造、保护和专利技术产业化。

3.2.3.12　广西壮族自治区

《广西壮族自治区中长期科学和技术发展规划纲要（2006—2020 年）》在“科技投入与科技基础条件平台”部分提出“调整和优化投入结构，提高科技经费使用效益”的措施：

> 加强对基础研究、前沿技术研究、社会公益研究以及科技基础条件和科学技术普及的支持。合理安排科研机构（基地）正常运转经费、科研项目经费、科技基础条件经费等的比例，加大对基础研究和社会公益类科研机构的稳定投入力度，将科普经费列入同级财政预算，逐步提高科普投入水平。建立和完善适应科学研究规律和科技工作特点的科技经费管理制度，按照国家和自治区预算管理的规定，提高财政资金使用的规范性、安全性和有效性。提高自治区科技计划管理的公开性、透明度和公正性，逐步建立财政科技经费的预算绩效评价体系，建立健全相应的评估和监督管理机制。

3.2.4 西部地区科技人才激励措施

西部地区各省（自治区、直辖市）按照国家西部大开发的重大政策、人才与科技领域的专项政策，在不同时期分别出台了相应的关于激励科技人才的地方措施。

3.2.4.1 四川省

《四川省中长期科学和技术发展规划纲要（2006—2020年）》在“对策措施”部分，提出“充分调动科技人才积极性”时，提出：

> 坚持不求所有、但求所用的用人原则，改进职称制度、政府特殊津贴制度、博士后制度等高层次人才制度，完善人才评价和使用机制，鼓励科技人员柔性流动，形成有利于人才“流动、竞争”的激励机制。建立有利于科技人才流动的社会保障制度，营造科技人才作用发挥的良好环境。鼓励和帮助科技人才面向经济建设主战场建功立业，充分调动科技人才为经济社会服务的积极性和创造性，促进科技人才资源向科技人才资本转变。

《四川省中长期人才发展规划纲要（2010—2020年）》在“优化人才发展环境”部分，提出“完善人才使用政策机制”的措施：

> 鼓励科技人才潜心创新。克服人才管理中存在的行政化、“官本位”倾向。在高校、科研机构中实行符合专业技术人员和管理人员不同特点的职业发展政策，使科研人员在科技创新中成就事业并享有相应社会地位和经济待遇，对管理人员实行职员制度。扩大科研机构用人和科研经费使用自主权，改变以行政权力决定资源配置和学术发展的决策方式。改进科研任务考核评价方式，克服过于频繁、过度量化、项目周期过短等倾向。实施与现代科研院所制度、现代大学制度和公共医疗卫生制度相适应的人才管理制度。完善政府科技计划和科技项目经费管理办法，对长线课题和优秀团队给予长期稳定的支持。注重发挥离退休人才作用。

2016年，四川省出台了《四川省激励科技人员创新创业十六条政策》

(川委办〔2016〕47 号)。其中对科技人才的直接支持措施，主要包括：

> 加大创新创业人才引进支持力度：对从国（境）外、省外来川创新创业的高层次人才及团队，符合《四川省高层次人才特殊支持办法（试行)》规定条件的，优先纳入省“千人计划”，最高给予个人 200 万元的一次性安家补助和团队 500 万元的项目资助，并在岗位激励、项目和平台建设等方面给予持续支持。
>
> 完善引进创新创业人才配套服务：引进的高层次创新创业人才及其配偶、未成年子女可不受住所、居住年限、年龄等条件限制，选择在居住地或工作地落户。
>
> 加大高层次人才创新创业支持力度：对高层次人才创新创业项目，省级引导基金可给予股权投资支持。扩大政府天使投资引导基金规模，带动社会资本共同加大对中小企业创新创业的投入。完善商业银行与风险投资、天使资本的投贷联动模式，缓解人才创业初期融资难题。
>
> 提高科技人员成果转化收益比例：高等学校、科研院所、医疗卫生机构等事业单位科技成果转移转化所获收益，按不同方式对完成和转化科技成果作出重要贡献的人员给予奖励。通过转让或许可取得的净收入，以及作价投资获得的股份或出资比例，允许提取不低于 70%的比例用于奖励。
>
> 完善科技人员职称评定和岗位聘用：科技人员的职称评审与考核中，主持研发的科技成果技术转让成交额、承担横向科研项目获得的经费、创办企业所缴纳的税收和创业所得捐赠给原单位的资金等视同纵向项目经费，发明专利转化应用情况与论文指标要求同等对待。

3.2.4.2　贵州省

《贵州省中长期科学和技术发展规划纲要（2006—2020 年)》在“保障措施”部分提出“培养和吸引创新人才，加强科技人才队伍建设”的措施，具体为：

> 加强政府的宏观调控和政策引导，充分发挥市场机制对人力资

源配置的基础性作用，建立人才激励、竞争合作的有效机制。围绕我省经济、科技发展重点领域，继续实施各类优秀人才计划，加快建设创新人才团队。依托重大工程项目、重大攻关项目和重点科研基地，加快引进、凝聚一批科技领军人才，在实践中锻炼、培养一批专业技术人才和科技管理人才；面向基层需求，培养、集聚一大批从事科学普及、成果推广转化的科技工作者；采取多种方式，吸引和引进一批国内外科技人员到我省创新创业；鼓励和支持科研院所、企业与高等院校合作培养高层次科技人才，促进科技创新与人才培养的有机结合。培养、凝聚和形成一支适应我省科技事业发展需要、结构合理的科技人才队伍。

加快高等院校、科研院所等事业单位的人事制度改革，推进社会保障制度的配套改革，逐步形成有利于科技人员竞争和流动的机制及环境，引导支持科研院所和高等院校的科研人员进入市场创新创业；调整科技奖励导向和重点，制定鼓励创新及成果转化的政策和措施，认真落实国家关于技术要素等参与收益和分配的相关政策，维护科技人员合法权益，激发科技人员的创新创业积极性。

《贵州省中长期人才发展规划纲要（2010—2020 年）》在“人才发展的主要政策措施”部分提出“坚持人才资本投资优先”措施：

各级政府要优先加大对人才发展的投入，将人才发展经费纳入财政预算，确保教育、科技支出增长幅度高于财政经常性收入增长幅度，卫生投入增长幅度高于财政经常性支出增长幅度。进一步加大人才发展资金投入力度，确保人才发展重大项目、重点工程的实施。鼓励和引导用人单位、个人和社会投资人才资源开发，建立多元的人才投入机制。落实好党政机关、企事业单位职工教育培训经费，推动企业加大人才培养、人才资源开发投入。积极争取国家人才项目资金，利用国家政策性银行贷款、国际金融组织和外国政府贷款投资人才开发项目。

2013 年，贵州省委贵州省人民政府印发《关于加强人才培养引进加快科技创新的指导意见》（黔党发〔2013〕12 号），在文件中提出：把贵州建设成为“中国人才创业首选地”和实施“百千万人才引进计划”等 15 条重要措施，其中还明确要求：

> 坚持党政主要负责同志亲自抓人才发展和科技创新工作的责任制，实行主管业务、科技创新、人才发展三位一体的工作制度，省直各相关部门要健全工作机制，统筹推动本领域人才发展和科技创新工作。各市（自治州）要结合政府机构改革、落实好单独设置县级科技管理机构的要求，建立健全有效配置科技资源的统筹管理机制。健全完善人才发展、科技进步与创新专项统计制度，每年要发布统计公报，形成年度发展报告。健全以人才发展、科技进步与创新为主要内容的干部考核评价体系，对鼓励人才发展、技术创新的各项政策贯彻执行情况进行督查，并将考核结果作为干部选拔任用的重要依据。每年至少到省外开展一次建设“中国人才创业首选地”推介活动和“创业到贵州、圆梦在贵州”主题宣传活动。

3.2.4.3　云南省

《云南省中长期科学和技术发展规划纲要（2006—2020 年）》在“若干重要政策和措施”部分，提出“实施科技人才战略，加强创新型科技人才队伍建设”措施时，提出了“加快培养造就一批高水平的科技专家和创新团队”“充分发挥教育在创新型人才培养中的重要作用”“支持企业培养和吸引科技人才”“加大吸引留学和海外高层次人才工作力度”和“构建有利于创新人才成长的文化环境”等内容，其中关于科技和创新团队的措施有：

> 依托重大科研和建设项目、重点学科和科研基地建设以及国内外学术交流与合作项目，培养和造就一批中青年高级专家，培养和引进若干领域科技领军人才。加强中青年学术技术带头人、技术创新人才以及高等院校学科带头人的培养力度，积极推进创新团队建设，注重发现和培养一批有影响的科学家和科技管理专家。面向国内外聘任一批著名科学家，组建科技发展战略顾问团，为加强国内外科技合作和提高全省科技进步水平提供决策咨询服务。改进和完善职称评聘、突出贡献专家评审等高层次人才制度，进一步形成培养选拔和引进高级专家的制度体系，使大批优秀拔尖人才脱颖而出。

《云南省中长期人才发展规划纲要（2010—2020 年）》在“重大政策”部分，提出“实施有利于科研人员潜心研究和创新政策”的措施：

在科研机构、高等学校、企业建立符合科技人员和管理人员不同特点的职业发展路径，鼓励和支持科研人员在创新实践中成就事业并享有相应的社会地位和经济待遇，对事业单位管理人员全面推行职员制度。完善科研管理制度，扩大科研机构用人自主权和科研经费使用自主权，健全科研机构内部决策、管理和监督的各项制度。建立以学术和创新绩效为主导的资源配置和学术发展模式。改进科技评价和奖励方式，完善以创新和质量为导向的科研评价办法，克服考核过于频繁、过度量化的倾向。加大对基础研究、前沿技术研究、社会公益类科研机构的投入力度，建立以政府性资金支持为主的高校和科研机构综合绩效评价制度。完善科技项目经费管理办法和科技计划管理办法，对由高层次人才领军的科研团队给予长期稳定支持。健全科研单位分配激励机制，向科研关键岗位和优秀拔尖人才倾斜。改善青年科技人才的生活条件，有条件的城市可在政府保障性住房建设中优先解决住房问题。

3.2.4.4 西藏自治区

《西藏自治区中长期科学和技术发展规划纲要（2006—2020 年）》在“保障措施”部分提出“大力实施‘人才强区’战略，建设创新型人才队伍”的措施：

加强科技人才队伍建设，夯实智力支撑基础。树立大科技、大开放、大人才观念，重点抓好以重大科技项目首席专家为核心的高层次科技人才及高水平创新团队的培养；完善自治区级中青年学术和技术带头人后备人才管理制度和相关政策，实施“杰出青年科学研究计划”，重视中青年科技人才和紧缺人才的培养。重视人才引进和人才使用，坚持以项目引人才，以人才带项目，形成人才与项目的良性互动，吸引国内外优秀人才来藏创新创业；完善科技人才评价激励机制，探索知识和管理要素参与分配的形式。加强科研人员职业道德建设，弘扬求真务实的科学精神，营造健康向上的学术氛围。逐步改革现行职称制度，由科研机构自主设置专业技术岗位和职务结构比例。

《西藏自治区中长期人才发展规划纲要（2010—2020 年）》在“体制机制创新”部分，提出“人才激励保障机制”的目标要求：

积极协调中央有关部门落实中央第五次西藏工作座谈会赋予我区的各项优惠政策。进一步完善与工作业绩紧密联系、充分体现人才价值、有利于激发人才创新创造活力的激励保障机制。坚持精神奖励和物质奖励相结合，以政府奖励为导向，用人单位和社会力量奖励为主体，建立健全有利于人才成长和发挥作用的分配制度和奖励体系。推进社会保障制度改革，完善以养老保险和医疗保险为重点的社会保障制度，形成社会保障、单位保障和个人保障相结合的人才保障体系。

3.2.4.5　重庆市

《重庆市中长期科学和技术发展规划纲要（2006—2020 年）》在“保障措施”部分，提出“加强科技人才队伍建设，夯实智力支撑”的措施：

科技创新关键在人才。树立“大科技、大开放、大人才”的观念，加强科技人才队伍建设，为自主创新提供人才和智力保障。

加大人才培养力度。以实施“巴渝人才工程”为抓手，重点抓好以“两院”院士、重大科技项目首席专家为核心的高层次科技人才及高水平创新团队的培养；充分发挥高校、科研院所及企事业单位在培养科技人才中的作用；重视中青年科技人才和紧缺人才的培养，努力建设门类齐全、结构合理、素质优良的科技人才队伍。

重视人才引进和人才使用。坚持以项目引人才，以人才带项目，形成人才与项目的良性互动，吸引海内外优秀人才来渝创新创业；完善科技人才评价激励机制和人才柔性流动机制，探索知识和管理要素参与分配的有效形式，充分调动和激发科技人才的积极性和创造性。

努力营造有利于人才成长的创新文化环境。坚持把人才资源作为事关发展的第一资源，加大对人才培养的投入；充分尊重人才个性，鼓励拼搏与创新，加强人才政策和优秀人才先进事迹的宣传，营造敢为人先、宽容失败、和谐共处的宽松环境；加强科研职业道德建设，弘扬求真务实的科学精神，营造健康向上的学术氛围。

《重庆市中长期人才发展规划纲要（2010—2020年）》在“人才发展主要政策”部分，提出“人才激励保障”的要求：

探索特殊激励政策。健全体现人才创新能力、干事业绩和创造财富的分配机制。建立产权激励制度，制定知识、技术、管理、技能等生产要素按贡献参与分配的办法。健全国有企业人才激励政策，推行股权、期权等中长期激励办法，重点向创新创业人才倾斜。完善科研成果知识权利归属和利益分享机制，保护科技成果创造者合法权益。制定职务技术成果条例，明确职务发明人权益，提高主要发明人受益比例。制定职务发明人流动中的利益共享办法。建立非职务发明评价体系，加强对非职务发明创造的支持和管理。制定支持个人和中小企业发明创造资助办法，鼓励创造知识性财产。建立专利技术运用转化平台。完善非物质文化遗产传承人知识产权保护相关措施。建立健全有利于知识产权保护的社会信用制度。

3.2.4.6 陕西省

《陕西省中长期科学和技术发展规划纲要（2006—2020年）》在“主要措施”部分，提出“认真落实‘人才强省’战略”的措施：

以体制机制改革为动力，以优化人才成长环境为根本，重点抓好优秀工程技术人才、成果推广和科技创业人才、学科带头人、科技管理人才等人才的培养。积极引进国内外优秀科技人才来我省创业。建设一支与我省和我国经济社会发展相适应的规模宏大、结构合理、素质优良的科技人才队伍。建立政府调控与市场调节相结合的高效率的科技人才资源开发机制，为人才成长创造良好的环境，全面提高我省科技人才的创新能力与水平，为现代化建设提供科技人才和智力保证。

《陕西省中长期人才发展规划纲要（2010—2020 年）》在“保障措施”部分，提出“加大对人才的有效激励保障”的要求：

> 完善分配、激励、保障制度，建立健全与工作业绩紧密联系、充分体现人才价值、有利于保障人才合法权益的激励保障机制。统筹协调相关单位和企事业单位收入分配，稳步推进工资制度改革。完善知识、技术、管理、技能等生产要素按贡献参与分配的办法，健全国有企业人才激励机制，推行期权股权等中长期激励办法，重点向创新创业人才倾斜。完善事业单位岗位绩效工资制度，探索事业单位职业年金制、高层次人才和高技能人才年薪制、协议工资制、项目工资制等多种分配方式。

2017 年，陕西省委出台了《关于进一步激发人才创新创造创业活力的若干措施》（陕办发〔2017〕5 号），提出了 36 条政策措施。其中，提出“加大对高层次人才（团队）持续激励”的措施：

> 给予获得国家科技进步特等奖的个人或集体 100 万元奖励，获得国家自然科学奖、技术发明奖和科技进步一等奖的个人或集体 20 万元奖励，获得茅盾文学奖、鲁迅文学奖的个人分别 20 万元、10 万元奖励，获得国家友谊奖、国家级优秀教学成果特等奖、中国青年科技奖、中华技能大赛的个人或集体 5 万元奖励。给予新当选院士每人 20 万元奖励。给予获得全国杰出专业技术人才称号、“长江学者计划”入选者、“国家杰出青年科学基金”入选者每人 10 万元奖励。国家、国家部委重大人才工程项目入选者，享受省级人才工程项目入选者相关待遇。国家和省级人才工程项目入选者，除给予一次性经费支持或补助外，对于承担的重大科研项目、技术研发、成果转化和重大创作等任务，经申报和认定，给予一定的后续滚动经费支持。

3.2.4.7　甘肃省

《甘肃省中长期科学和技术发展规划纲要（2006—2020 年）》在“保障措施”部分，提出“营造良好环境，加强科技人才队伍建设”的措施：

实施有利于创新人才成长和充分发挥作用的政策。牢固树立以人为本的理念，改革和调整科技人才考核、评价指标体系和管理制度。修订《甘肃省科学技术奖励办法》，在已设甘肃省科技功臣奖、甘肃省科学技术进步奖的基础上，增加设立甘肃省自然科学奖、甘肃省技术发明奖，扩大奖励范围，提高奖励额度。制定落实知识、技术、管理等要素参与分配以及科技活动中培养稳定优秀人才保障措施等一系列切实有效的激励政策，营造有利于人才成长和创新的良好文化环境和社会环境，实现人才辈出、人尽其才。

吸引国内外科技人才合作开发，创新创业。鼓励高新技术企业对技术骨干和管理骨干实施期权等激励政策。充分保证用人单位自主权，形成人才合理流动新机制。

《甘肃省中长期人才发展规划纲要（2010—2020 年）》在“政策完善与机制创新”部分，提出“人才激励保障”的要求：

完善分配、激励、保障制度，建立健全与工作业绩紧密联系、充分体现人才价值、有利于保障人才合法权益的激励保障机制。完善各类人才薪酬制度，加强对收入分配的宏观管理，逐步建立秩序规范、激发活力、注重公平、监管有力的工资制度。推进事业单位工资制度改革，完善岗位绩效工资制度。探索健全有利于科研人员潜心研究和创新的体制机制，改进科技评价和奖励方式，推行科研单位分配向关键岗位和优秀拔尖人才倾斜的政策。探索建立首席科学家、首席教授、首席工程师、首席技师年薪制，大幅度提高科研、生产一线骨干人才的薪酬待遇。规范各类人才奖项设置，形成以政府奖励为导向、用人单位和社会力量奖励为主体的人才奖励体系，对有突出贡献的各类人才进行重奖。建立产权激励制度，全面落实知识产权保护政策，制定知识、技术、管理、技能等生产要素按贡献参与分配的办法。健全企业人才激励机制，推行期权、股权等中长期激励办法，重点向创新创业人才倾斜。落实促进人才发展的公共服务政策，推进机关和事业单位社会保障制度改革，完善以养老保险和医疗保险为重点的社会保障制度，加大对农村、非公经济组织和新社会组织人才的社会保障覆盖面。制定和落实相关政策，激发各类离退休人才为经济社会发展做贡献的积极性。

3.2.4.8 青海省

《青海省中长期人才发展规划纲要（2010—2020 年）》在“完善人才发展的体制机制”部分，提出“完善人才激励保障机制”的要求：

> 建立健全与市场经济体制相适应，与工作业绩紧密联系，充分体现人才价值，鼓励人才创新创造的分配激励机制。加强对收入分配的宏观管理，制定知识、资本、技术、管理等生产要素按贡献参与分配的办法，探索专业技术人才按岗定酬、按任务定酬、按业绩定酬的自主灵活分配办法，鼓励有条件的企业实行期权、股权等激励政策。继续完善省级优秀专家和优秀专业技术人才选拔机制，健全以政府奖励为导向、用人单位和社会力量奖励为主体的多元化人才奖励体系。加快完善社会保障制度体系，健全养老保险、医疗保险、工伤保险等社会保障制度。保护各类人才享有创造成果。研究制定人才商业补充保险制度，支持用人单位按规定为各类人才建立商业补充养老、医疗保险。依法保护知识产权，依法调处人事劳动争议。

3.2.4.9 宁夏回族自治区

《宁夏回族自治区中长期人才发展规划纲要（2010—2020 年）》在“创新和完善人才发展的体制机制”部分，提出“人才激励保障机制”的目标要求和主要任务：

> 目标要求：建立健全与工作业绩紧密结合、充分体现人才价值、有利于激发人才活力和维护人才合法权益的激励保障机制。加强对收入分配的宏观管理，完善各类人才薪酬制度。整合奖励项目，形成以政府奖励为导向、用人单位和社会力量奖励为主体的人才奖励体系。完善以养老保险和医疗保险为重点的社会保障制度，形成国家、社会、单位和个人相结合的人才保障体系。
>
> 主要任务：稳步推进企业薪酬制度改革，建立产权激励制度，制定知识、技术、管理、技能等生产要素按贡献参与分配的

办法。探索对有特殊贡献的高层次人才试行协议工资和年薪制度，允许对做出突出贡献的企业创新创业人才进行期权、股权等中长期激励。大力推行事业单位岗位绩效工资制度，逐步建立符合各种类型事业单位特点、体现岗位绩效的分级分类管理的事业单位薪酬制度，收入分配政策向创新创业人才倾斜。建立人才资本及科研成果有偿转让制度。进一步完善企业、事业单位人才养老医疗保险制度，鼓励企业、事业单位为其人才建立个人储蓄性保险。加快福利制度改革，不断改善各类人才的生活待遇。建立关键岗位人才和领军人才安全保障制度，探索建立人才安全预警和防范机制。

3.2.4.10 新疆维吾尔自治区

《新疆维吾尔自治区中长期科学和技术发展规划纲要（2006—2020年）》在“重大措施”部分，提出“建设高素质的科技队伍”的措施：

围绕产业科技进步和科技事业发展，创新人才工作机制，加大稳定、吸引、培养、使用人才的工作力度，改善人才成长环境，促进各类科技人才的成长提高特别是青年科技人才的脱颖而出，建设一支高素质的科技队伍。

《新疆维吾尔自治区中长期人才发展规划纲要（2010—2020年）》在“重大政策”部分，提出“人才开发优先投入政策”的要求：

坚持“全民参与、多元投入”的原则，积极探索建立健全政府、社会、用人单位和个人多元化的人才投入体系。各级政府优先保证对人才发展的投入，建立人才发展专项资金，列入各级政府财政预算，额度不少于上年度地方财政一般预算收入的0.5%，并按1‰的比例逐年递增，用于人才培养、引进、奖励及重点人才工程的实施等。确保自治区教育、科技支出增长幅度高于财政经常性收入增长幅度，卫生投入增长幅度高于财政经常性支出增长幅度。积极拓宽人才投入渠道，争取中央财政加大转移支付力度，援疆资金中要有一部分用于人才培养开发。在重大建设、技术改造、科研项目经费中安排部分经费用于人才培训，提高企业职工培训经费提取比例，并允许税前扣除。利用国际金融组织、基金组织和外国政府贷款等投资人才发展项目。通过适当的财税优惠政策，鼓励支持有实力的企业、社会组织和个人设立人才发展基金、奖（助）学金，投资人才资源开发。

3.2.4.11　内蒙古自治区

《内蒙古自治区中长期科学和技术发展规划纲要（2006—2020年）》在“加大对科技人才的分配和奖励力度”部分提出：

政府支持的科技项目经费，在使用中适当提高用于人力成本支出的比例。对重点项目引进的急需人才，可实行按岗、按任务或按业绩定酬的分配办法。加强智力资源资本化的制度创新，建立和完善企业股权激励机制，采取股权（份）奖励、股权（份）出售、技术折股方式对企业技术人员予以激励。企业实现科技成果转化，且近3年税后利润形成的净资产增值额占实现转化前净资产总额30%以上的，可按一定价格系数将一定比例的股权（份）出售给关键研发人员。对在科教兴区和人才强区战略实施中有重大贡献的个人和团队，由自治区人民政府给予奖励。

《内蒙古自治区中长期人才发展规划纲要（2010—2020年）》在“人才发展重大政策”部分，提出“实施促进人才投资优先保证政策”的要求：

各级政府要持续改善自治区经济社会发展的要素投入结构，较大幅度提高人力资本投资比重，确保教育、科技、文化、卫生和人才服务等领域的支出高于财政经常性支出增长幅度。到2020年，自治区人力资本的投资比重达到全国中上等水平。各级政府都要建立人才发展专项资金，纳入财政预算体系，保证人才发展重大项目的实施。在重大建设和科研项目经费中，应安排部分经费用于人才培训。机关、事业单位每年都要从本单位事业经费中安排一定比例的人才专项经费，用于本单位人才开发。综合运用财政、税收、贴息等政策杠杆，引导企业加大对人才开发的投入，鼓励和吸引社会组织、国际组织和个人以各种形式支持和参与人才开发。逐步建立以政府投入为主导、用人单位投入为主体、社会投入为补充的多元化投入机制。加强对人才资金使用的管理与监督，提高使用效益。

3.2.4.12 广西壮族自治区

《广西壮族自治区中长期科学和技术发展规划纲要（2006—2020年）》在“人才队伍建设”部分提出“构建有利于创新人才成长的文化环境”的措施：

> 倡导拼搏进取、自觉奉献的爱国精神，求真务实、勇于创新的科学精神，团结协作、淡泊名利的团队精神，提倡理性怀疑和批判，尊重个性，宽容失败，倡导学术自由和民主，鼓励敢于探索、勇于冒尖，大胆提出新的理论和学说，激发创新思维，活跃学术气氛，努力形成宽松和谐、健康向上的创新文化氛围。加强科研职业道德建设，遏制科学技术研究中的浮躁风气和学术不良风气。

《广西壮族自治区中长期人才发展规划纲要（2010—2020年）》在“激活体制机制”部分，提出“人才激励保障机制”的要求：

> 完善分配、激励、保障制度，建立健全与工作业绩紧密联系、充分体现人才价值、有利于激发人才活力和保障人才合法权益的激励保障机制。完善各类人才薪酬制度，加强对收入分配的宏观管理，统筹协调党政机关和国有企事业单位收入分配，稳步推进工资制度改革。健全国有企业人才激励机制，推行股权、期权等中长期激励办法，重点向关键岗位和优秀人才倾斜。建立完善事业单位岗位绩效工资制度。探索高层次人才、高技能人才协议工资制和项目工资制等分配形式。健全以政府奖励为导向、用人单位和社会力量奖励为主体的人才奖励体系。完善以养老保险和医疗保险为重点的社会保障制度，形成国家、社会和单位相结合的人才保障体系。制定人才补充保险制度，支持用人单位为各类人才建立补充养老、医

疗保险。扩大对农村、非公有制经济组织和新社会组织人才的社会保障覆盖面。

3.3　人才投入的主要问题

虽然西部地区科技人才队伍建设取得了可喜的进步，但是与我国东部地区和中部地区，特别是同东部地区相比，同西部地区加快又好又快发展的内在需要来讲，西部地区科技人才投入还存在较多问题。

3.3.1　R&D 人才投入数量相对偏少

根据 2017 年《中国科技统计年鉴》数据，整理和计算得到 2016 年西部地区及我国其他地区 R&D 人才、全时人才及人员全时当量（表 3－11）。

表 3－11　2016 年西部地区与我国其他地区 R&D 人才投入的数量比较

单位：人，%

地区	R&D 人才及全国占比		R&D 全时人才及全国占比		R&D 全时当量及全国占比	
	数量	比例	数量	比例	数量	比例
内蒙古	54 641	0.94	30 574	0.79	39 480	1.02
广西	69 091	1.18	35 149	0.91	39 903	1.03
重庆	111 943	1.92	71 867	1.86	68 055	1.75
四川	214 761	3.68	135 453	3.51	124 614	3.21
贵州	45 222	0.78	25 501	0.66	24 124	0.62
云南	74 561	1.28	37 575	0.97	41 116	1.06
西藏	2 345	0.04	954	0.02	1 126	0.03
陕西	143 208	2.46	94 391	2.45	94 755	2.44
甘肃	39 796	0.68	22 596	0.59	25 759	0.66
青海	7 378	0.13	3 339	0.09	4 166	0.11
宁夏	16 533	0.28	8 677	0.22	9 004	0.23

（续）

地区	R&D人才及全国占比		R&D全时人才及全国占比		R&D全时当量及全国占比	
	数量	比例	数量	比例	数量	比例
新疆	31 651	0.54	14 335	0.37	16 945	0.44
西部地区	811 130	13.91	480 411	12.44	489 047	12.61
东部地区	3 684 795	63.20	2 542 163	65.85	2 545 150	65.63
中部地区	1 034 186	17.74	651 399	16.87	652 827	16.83
东北地区	300 630	5.16	186 543	4.83	191 034	4.93
全国	5 830 741	100.00	3 860 516	100.00	3 878 057	100.00

从表3-11得知，2016年西部地区12省（自治区、直辖市）合计R&D人才、R&D全时人才和R&D全时当量占全国的比例分别为13.91%、12.44%和12.61%，这不仅与东部地区有很大差距，而且与西部地区土地占全国总面积78%，人口占全国总人口28%的比例不相适应。此外，西部地区内部R&D人才投入数量分布不平衡的矛盾也比较突出，西藏自治区、青海省和宁夏回族自治区的R&D人才、R&D全时人才和R&D全时当量数量不仅在西部地区位列后三位，而且在全国排名的情况亦是如此。

3.3.2 R&D人才学位层次相对偏低

根据2017年《中国科技统计年鉴》数据，整理和计算得到2016年西部地区与我国其他地区R&D人才的学位层次（表3-12）。

表3-12 2016年西部地区与我国其他地区R&D人才投入的学位比较

单位：人，%

地区	R&D人员	博士数及占全国比		硕士数及占全国比		本科数及占全国比	
		数量	比例	数量	比例	数量	比例
内蒙古	54 641	2 295	0.61	7 277	0.86	27 671	1.06
广西	69 091	5 231	1.38	16 695	1.97	29 719	1.14
重庆	111 943	8 142	2.15	16 102	1.90	52 917	2.03
四川	214 761	16 317	4.31	38 117	4.51	99 447	3.81
贵州	45 222	2 810	0.74	7 780	0.92	19 739	0.76

（续）

地区	R&D人员	博士数及占全国比		硕士数及占全国比		本科数及占全国比	
		数量	比例	数量	比例	数量	比例
云南	74 561	6 020	1.59	13 233	1.56	32 596	1.25
西藏	2 345	271	0.07	901	0.11	843	0.03
陕西	143 208	10 496	2.77	29 679	3.51	65 118	2.50
甘肃	39 796	4 065	1.07	8 182	0.97	18 346	0.70
青海	7 378	516	0.14	1 330	0.16	3 054	0.12
宁夏	16 533	904	0.24	2 696	0.32	7 684	0.29
新疆	31 651	3 158	0.83	8 879	1.05	12 310	0.47
西部地区	811 130	60 225	15.90	150 871	17.84	369 444	14.16
东部地区	3 684 795	224 650	59.31	493 048	58.29	1 627 059	62.38
中部地区	1 034 186	58 353	15.40	135 983	16.08	469 964	18.02
东北地区	300 630	35 570	9.39	66 017	7.80	141 745	5.43
全国	5 830 741	378 798	100.00	845 919	100.00	2 608 212	100.00

从表3-12得知，2016年西部地区12省（自治区、直辖市）合计R&D人才的博士和硕士学位人数占全国的比例分别为15.60%和17.84%，比东部地区有很大差距，同中部地区基本持平，好于东北地区。此外，西部地区内部R&D人才的高学位层次量分布不平衡的矛盾也比较突出，西藏自治区、青海省和宁夏回族自治区的R&D人才的博士和硕士学位人数不仅在西部地区位列后三位，而且在全国排名的情况亦是如此。

3.4　经费内部支出的主要问题

3.4.1　R&D经费内部支出投入量相对不足

根据国家统计局，科学技术部和财政部等发布的《2016年全国科技经费投入统计公报》和《2015年全国科技经费投入统计公报》数据，2016年，全国共投入R&D经费内部支出投入15 676.7亿元，R&D经费投入强度（与国内生产总值之比）为2.11%，R&D人员全时工作量计算的人均经费为40.4万元。R&D经费投入超过千亿元的省（市）有6个，分别为广东（占13%）、江苏（占12.9%）、山东（占10%）、北京（占9.5%）、浙江（占 7.2%）和上海（占 6.7%）。R&D 经费投入强度（与地区生产总值之比）超过全国平均水平的省（市）有 8 个，分别为北京、上海、天津、江苏、广东、浙江、山东和陕西。

2015 年，全国 R&D 经费内部支出投入 14 169.9 亿元，R&D 经费投入强度为 2.07%，R&D 人员（全时工作量计算）的人均经费支出为 37.7 万元。R&D 经费支出超过千亿元的省（市）有 5 个，分别为江苏（占 12.7%）、广东（占 12.7%）、山东（占 10.1%）、北京（占 9.8%）和浙江（占 7.1%）。R&D 经费投入强度超过全国平均水平的省（市）有 8 个，分别为北京、上海、天津、江苏、广东、浙江、山东和陕西。

表 3－13　2015 年、2016 年西部地区 R&D 经费支出与投入强度

单位：亿元，%

地区	2015 年		2016 年	
	R&D 经费内部支出	R&D 经费投入强度	R&D 经费内部支出	R&D 经费投入强度
内蒙古	136.10	0.76	147.50	0.79
广西	105.90	0.63	117.70	0.65
重庆	247.00	1.57	302.20	1.72
四川	502.90	1.67	561.40	1.72
贵州	62.30	0.59	73.40	0.63
云南	109.40	0.80	132.80	0.89
西藏	3.10	0.30	2.20	0.19
陕西	393.20	2.18	419.60	2.19
甘肃	82.70	1.22	87.00	1.22
青海	11.60	0.48	14.00	0.54
宁夏	25.50	0.88	29.90	0.95
新疆	52.00	0.56	56.60	0.59
西部地区	1 731.70	0.97	1 944.30	1.01
全国	14 169.90	2.07	15 676.70	2.11

3.4.2　R&D 经费内部支出比例相对不合理

根据 2017 年《中国科技统计年鉴》数据，整理和计算得到 2016 年西部地区及我国其他地区 R&D 经费内部支出的比例（表 3－14）。

表 3-14　2016 年西部地区和我国其他地区 R&D 经费内部支出比例

单位：万元，%

地区	R&D 经费内部支出	政府资金		企业资金		国外资金		其他资金	
		金额	比例	金额	比例	金额	比例	金额	比例
内蒙古	1 475 124	194 348	13.18	1 232 722	83.57	1 727	0.12	46 328	3.14
广西	1 177 487	272 643	23.15	851 352	72.30	743	0.06	52 750	4.48
重庆	3 021 830	440 241	14.57	2 441 753	80.80	4 895	0.16	134 941	4.47
四川	5 614 193	2 404 210	42.82	2 930 224	52.19	10 611	0.19	269 147	4.79
贵州	734 006	152 854	20.82	537 892	73.28	752	0.10	42 508	5.79
云南	1 327 616	376 839	28.38	876 963	66.06	2 742	0.21	71 072	5.35
西藏	22 184	17 790	80.19	3 952	17.82		0.00	442	1.99
陕西	4 195 554	2 231 466	53.19	1 856 926	44.26	2 774	0.07	104 388	2.49
甘肃	869 850	300 201	34.51	532 536	61.22	958	0.11	36 156	4.16
青海	139 977	52 070	37.20	85 925	61.38		0.00	1 982	1.42
宁夏	299 269	62 996	21.05	232 029	77.53	63	0.02	4 181	1.40
新疆	566 301	154 364	27.26	398 028	70.29	54	0.01	13 855	2.45
西部地区	19 443 390	6 660 021	34.25	11 980 301	61.62	25 320	0.13	777 749	4.00
东部地区	106 893 836	19 134 800	17.90	83 263 203	77.89	971 531	0.91	3 524 302	3.30
中部地区	23 781 377	3 533 276	14.86	19 589 858	82.37	25 136	0.11	633 109	2.66
东北地区	6 648 880	2 079 980	31.28	4 402 084	66.21	10 439	0.16	156 378	2.35
全国	156 767 484	31 408 076	20.03	119 235 446	76.06	1 032 424	0.66	5 091 538	3.25

从表 3-14 得知，2016 年西部地区 12 省（自治区、直辖市）合计 R&D 经费内部支出中的政府资金、企业资金、国外资金和其他资金分别占其总额的比例为 34.25%、61.62%、0.13%和 4.00%，其中政府资金所占比例相对最高，这不仅比东部地区多 16.35%，而且比全国也多 14.22%。首先，这说明了政府资金在西部地区 R&D 经费内部支出中具有重要的引导作用；其次，也说明了西部地区 R&D 经费内部支出的市场主体——企业的积极性不够，企业作为 R&D 经费投入主体的活力没有被激发出来，证明客观上存在有影响企业投资 R&D 活动的体制机制问题。

3.5 影响 R&D 活动投入的主要因素

西部地区 R&D 活动在人才和资金的两方面投入面临了较多问题，究其成因非常复杂。仅从现实客观情况和相对宏观的影响角度来讲，主要因素包括：自然和社会环境相对较差，经济和产业水平不够，教育和科研条件不足，地方政策和机制建设滞后等。

3.5.1 自然和社会环境

西部地区自然条件相对艰苦，这是无法改变的影响西部地区 R&D 活动投入效果的主要现实客观因素。

我国东部地区具有明显的自然和社会条件的优势，如气候温和、土质肥沃、降水充沛等，并且大多数都处于沿海和交通便利地区，加之东部地区的现代工业起步较早，经济基础好，社会服务功能健全。

我国中部地区总体上讲也有一定的自然和社会条件方面的优势，如地处内陆腹地，起着承接东西、贯通南北、吸引四面、辐射八方的区位作用，是我国东西南北经济合作的桥梁与枢纽，在我国区域发展格局中也处于十分重要的地位，有着许多发展优势，包括独特的区位优势、得天独厚的资源禀赋优势、丰富的人文科教资源、雄厚的经济基础以及独特的低成本优势。但是中部地区的相对发展水平和发展速度还是明显落后于东部地区。

我国西部地区地处祖国内陆，虽然地域广阔，人口相对稀少，土地占全国总面积 78%，人口占全国总人口 28%，但是西部地区地形复杂、海拔高、风沙大、水资源贫乏、戈壁沙漠广布、沟壑纵横、交通不便、通讯和信息交流不畅；气候寒冷或干旱，农业自然条件较差，经济发展滞后。基于自然条件而长期形成的生活习俗，如西部民族地区的居民逐水而居，分散居住，居住地山高路远，这些在一定程度上也制约了西部民族地区同外部的经济、文化和信息等方面的交流，影响了人们树立适应现代经济社会发展的价值观念。

从文化素质上、思想观念上来看，西部地区相比于东部地区和中部地区而言，经济和文化教育的历史起点低，整体发展相对落后，劳动者的整体文化素质相对较低；加上长期以来在计划经济条件下形成的管理体制和社会思想，以及地方各级政府运行机制的缺陷，官本位意识在有些部门还比较突出，适应在社会主义市场经济体制要求的能力较弱，保守意识强，观念转变慢，竞争力弱，对市场的反应灵敏性和开拓市场的能力明显低于东部地区和中部地区。

从政策因素上来看，改革开放以来，特别是国家实施社会主义市场经济体制改革以来，国家在东部地区实施了一系列优惠政策，国内外大量资金也都集中在东部地区，这为东南沿海地区的经济发展创造了极为有利的条件，使这些地区先期获得了很大的发展空间，客观上推动和扩大了东部地区和西部地区经济发展的差距。

3.5.2　经济和产业水平

首先，西部地区经济发展总体起步较晚，人均 GDP 相对较少：

2000 年西部地区人均 GDP 为 4 792 元，仅为东部地区（13 495 元/人）的 35.5%，全国（8 125 元/人）的 59.0%。

经过首轮西部大开发战略的十年发展，西部地区从 2000 年至 2010 年的 GDP 年均增长 11.9%，虽然高于全国同期增速，2010 年西部地区人均 GDP 达到 23 448 元，但还是只为东部地区（49 797 元/人）的 47.09%，全国（33 053 元/人）的 70.94%。

根据中国区域经济统计年鉴 2014 年数据，整理得到 2013 年西部地区主要经济指标与全国的比较（表 3－15）。

表 3－15　2013 年西部地区和全国主要经济指标比较

指标	西部地区合计	西部地区占全国比重（%）
自然资源		
土地面积（万平方公里）	686.7	71.5
人口		
年底总人口（万人）	36 636.9	27
劳动就业		
城镇单位就业人员（万人）	3 918.8	21.6
城镇登记失业率（%）	3.5	
国民经济核算		
国内（地区）生产总值（亿元）	126 002.8	20
第一产业	15 700.8	27.6

（续）

指标	西部地区合计	西部地区占全国比重（%）
第二产业	62 356.5	20.3
工业	51 709.4	19.3
第三产业	47 945.4	18
人均国内（地区）生产总值（元）	34 491	
固定资产投资		
全社会固定资产投资总额（亿元）	109 260.9	24.8
房地产开发	18 997.1	22.1
国内商业		
社会消费品零售总额（亿元）	42 508.6	17.9
对外贸易		
货物进出口总额（亿美元）	2 775.5	6.7
出口额	1 779.3	8.1
进口额	996.2	5.1
财政		
地方财政收入（亿元）	14 444.9	20.9
地方财政支出（亿元）	35 564.2	29.7

资料来源：《中国区域经济统计年鉴》，2014 年。

从表 3-15 得知，2013 年，西部地区的主要经济指标如地区生产总值、全社会固定资产投资总额、货物进出口总额、地方财政收入和地方财政支出分别仅占全国的 20%、24.8%、6.7%、20.9%和 29.7%。这说明西部地区的主要经济指标同全国平均水平相比，差距很明显。

再进一步看 2016 年的人均 GDP 数据，我国人均 GDP 达到 53 817 元，全国有 12 个省份的人均 GDP 超过了这一平均水平，西部地区只有内蒙古自治区（人均 GDP 为 74 204 元）和重庆市（人均 GDP 为 58 199 元）超过全国人均水平，东部地区有 8 个省（直辖市）人均 GDP 超过全国平均水平；并且人均 GDP 位列全国倒数第一名、第二名、第三名、第五名和第六名的省（自治区）分别是西部地区的甘肃省（人均 GDP 为 27 513 元）、云南省（人均 GDP 为 31 359 元）、贵州省（人均 GDP 为 33 247 元）、西藏自治区（人均 GDP 为 35 499 元）和广西壮族自治区（人均 GDP 为 38 042 元）；其他低于平均人均水平的省（自治区）从低到高分别是四川省（人均 GDP 为

39 835 元)、新疆维吾尔自治区（人均 GDP 为 40 751 元)、青海省（人均 GDP 为 43 718 元)、宁夏回族自治区（人均 GDP 为 47 157 元）和陕西省（人均 GDP 为 50 530 元)。

衡量经济发展水平的人均 GDP 对包括 R&D 活动在内的科技活动的人均资金投入有显著相关性。西部地区人均 GDP 相对较少，直接影响了 R&D 活动的人均经费投入。加之，西部地区基础设施建设历史欠账较多，工作和生活环境相对较差，这些因素还会影响 R&D 活动的人才投入。

与之形成对比的是，东部地区由于市场经济发展相对成熟，众多民营企业对科技人才的吸纳能力已经得以显现，而且因其开放性、灵活性和更加注重对科技人才的开发投入，也更能激励科技人才不断进步。

科技经费投入多少、投入效率如何直接关系到科技人才队伍开发状况。西部地区科技人才资本存量低，首先，这在很大程度上是因为 R&D 的人才投入的绝对数量不足所造成的，其次，这也与科技人才的成长环境等投入产出效率等偏低有关。

其次，西部地区高新技术产业发展相对落后。高新技术企业是科技成果转化的基地，也是科技人才主要集聚地。在西部大开发等国家的政策扶持下，西部地区高新技术产业发展取得了长足的进步，但是相对还是比较落后。

根据 2017 年中国科技统计年鉴，整理计算出 2016 年西部地区与我国其他地区高技术产业 R&D 活动的比较情况（表 3-16)。

表 3-16　2016 年西部地区与我国其他地区高技术产业 R&D 活动的比较

单位：个，项，万元，%

地区	研发机构数及比例		R&D 经费支出及比例		R&D 项目数及比例		R&D 项目经费及比例	
	数量	比例	金额	比例	数量	比例	金额	比例
内蒙古	31	0.23	90 426	0.31	218	0.27	86 204	0.32
广西	50	0.36	85 092	0.29	404	0.50	78 088	0.29
重庆	202	1.47	442 088	1.52	1 810	2.26	406 242	1.51
四川	257	1.87	1 006 821	3.45	2 455	3.07	794 138	2.96
贵州	72	0.52	192 664	0.66	786	0.98	192 522	0.72
云南	61	0.44	63 001	0.22	563	0.70	62 961	0.23
西藏	1	0.01	1 972	0.01	16	0.02	1 114	0.00

（续）

地区	研发机构数及比例		R&D经费支出及比例		R&D项目数及比例		R&D项目经费及比例	
	数量	比例	金额	比例	数量	比例	金额	比例
陕西	177	1.29	837 638	2.87	1 222	1.53	744 975	2.77
甘肃	23	0.17	39 084	0.13	201	0.25	31 662	0.12
青海	16	0.12	9 619	0.03	34	0.04	8 943	0.03
宁夏	17	0.12	34 421	0.12	359	0.45	33 634	0.13
新疆	16	0.12	23 494	0.08	85	0.11	23 142	0.09
西部地区	923	6.72	2 826 319	9.69	8 153	10.19	2 463 625	9.17
东部地区	10 731	78.09	22 345 137	76.64	59 247	74.03	21 010 717	78.24
中部地区	1 867	13.59	3 264 036	11.19	10 307	12.88	2 878 072	10.72
东北地区	220	1.60	721 970	2.48	2 322	2.90	502 236	1.87
全国	13 741	100.00	29 157 462	100.00	80 029	100.00	26 854 650	100.00

从表 3－16 得知，西部地区高科技产业的 R&D 活动不够活跃，尤其相对于我国东部地区的比较来讲，差距非常大。

根据 2017 年《中国科技统计年鉴》，整理和计算出 2016 年西部地区与我国其他地区高技术新产品开发及销售情况的比较情况（表 3－17）。

表 3－17　2016 年西部地区与我国其他地区高技术新产品开发及销售情况比较

单位：个，万元，%

地区	新产品开发数及比例		新产品开发经费支出及比例		新产品销售收入及比例		其中新产品出口及比例	
	数量	比例	金额	比例	数量	比例	金额	比例
内蒙古	192	0.21	56 438	0.16	865 188	0.18	41 206	0.02
广西	464	0.50	82 957	0.23	1 067 959	0.22	315 965	0.17
重庆	2 084	2.24	480 639	1.35	11 034 041	2.30	5 563 185	3.06
四川	2 797	3.00	1 203 952	3.38	10 609 341	2.21	427 144	0.24
贵州	913	0.98	224 756	0.63	1 371 352	0.29	18 441	0.01
云南	666	0.72	90 790	0.26	517 995	0.11	23 533	0.01
西藏	13	0.01	1 544	0.00	696	0.00	—	0.00
陕西	1 265	1.36	895 435	2.52	4 693 512	0.98	155 898	0.09
甘肃	201	0.22	36 061	0.10	620 541	0.13	179 125	0.10

（续）

地区	新产品开发数及比例		新产品开发经费支出及比例		新产品销售收入及比例		其中新产品出口及比例	
	数量	比例	金额	比例	数量	比例	金额	比例
青海	37	0.04	15 837	0.04	208 856	0.04	1 785	0.00
宁夏	274	0.29	24 492	0.07	645 101	0.13	130 057	0.07
新疆	86	0.09	18 914	0.05	369 177	0.08	332	0.00
西部地区	8 992	9.65	3 131 814	8.80	32 003 759	6.68	6 856 671	3.77
东部地区	69 616	74.74	28 030 964	78.76	372 730 880	77.78	142 798 995	78.61
中部地区	11 811	12.68	3 643 281	10.24	67 247 835	14.03	31 095 783	17.12
东北地区	2 722	2.92	783 202	2.20	7 259 958	1.51	912 137	0.50
全国	93 141	100.00	35 589 261	100.00	479 242 433	100.00	181 663 586	100.00

从表3-17得知，西部地区高科技新产品开发及销售效果不好，尤其相对于我国东部地区来讲，差距依然非常明显。

最后，西部地区金融产业发展相对滞后，限制了科技融资渠道。融资渠道仍是以信贷融资为主，股权融资处于发育成长阶段。

比较中小板和创业板的历史数据，截至2010年1月，中小板上市的330家企业，其中位于东部地区和西部地区的数量分别是248家和36家，西部地区占比仅为10.9%；同期在创业板上市42家企业，位于东部地区和西部地区的数量分别是29家和5家，西部地区占比为11.9%。

根据相关研究资料[①]，以重庆市和江苏省的对比为例，2008年重庆市本外币贷款余额和人民币贷款余额分布为江苏省的24.5%和24.2%；保险业务指标方面，重庆市保险机构保费收入总额是江苏省的25.8%，赔款及给付也仅占江苏省的17%。西部地区金融业发展的滞后性，限制了科技融资渠道，难以为科技创新提供持续强劲的动力支持。

西部地区民间资本不活跃，缩减了科技融资来源渠道。西部地区社会资金绝大部分都集中在国有军工企业、汽车制造、能源等大型企业，但是它们所带动的中小规模民营企业不仅数量较少，而且资本规模较小，因此民间资本数量较少。并且受制度和观念等因素的影响，创业投资中民间资本所占的

① 刘伟，潘静云，我国西部科技金融体系发展障碍及结构设计：以重庆市为例［J］．现代管理科学，2011（2）：61-63.

份额很少，天使投资者数量更少。西部地区民间资本不活跃，导致科技融资的来源渠道狭窄，制约了 R&D 活动和人才投入的规模。

3.5.3 教育和科技孵化

首先，西部地区文化教育发展历史起点较低、整体发展相对滞后，尤其是普遍高等教育占全国的比例相对较小，高等教育发展水平和 R&D 人才投入息息相关，从人才投入上直接影响了西部地区 R&D 活动的数量和质量。

根据中国区域经济统计年鉴，整理和计算出 2010 年我国东部、中部和西部地区普遍高等教育的状况（表 3－18）。

表 3－18 2010 年各地区高等教育发展状况

普通高等学校	东部地区		中部地区		西部地区	
	合计	占全国比重（%）	合计	占全国比重（%）	合计	占全国比重（%）
学校数（个）	1 181	50.1	613	26	564	23.9
本专科招生数（万人）	321.9	48.6	186.4	28.2	153.4	23.2
在校本专科学生数（万人）	1 112.2	50.1	611.9	27.4	502.7	22.5
本专科毕业生数（万人）	290.6	50.5	161.4	28	123.4	21.5

资料来源：《中国区域经济统计年鉴》，2011 年。

从表 3－18 得知，西部地区普遍高等教育的规模远小于东部地区，也稍低于中部地区；其中，西部地区的高校数量只占全国的 23.9%，而东部地区则占全国的 50.1%，对于在校和毕业本专科学生的情况也基本如此。

根据中国区域经济统计年鉴 2011 年和 2014 年数据，计算得到 2010—2013 年西部普遍高等教育的环比发展速度（表 3－19）。

表 3－19 2010—2013 年西部地区普遍高等教育的环比发展速度

项目	2013 年西部地区合计	2013 年西部地区占全国比重（%）	西部地区环比发展速度（%）	西部地区占全国比重的环比发展速度（%）
学校数（个）	610	24.5	108.16	102.51
招生数（万人）	169.2	24.2	110.30	104.31
本专科在校学生数（万人）	594.1	24.1	118.18	107.11
本专科毕业生数（万人）	143.8	22.5	116.53	104.65

注：环比发展速度为 2013 数据/2010 年数据。

从表 3 - 19 得知，西部高等教育纵向比较和环比发展速度都有进步，但是从国家发展的整体上看，相对于东部地区和中部地区而言，西部地区的普遍高等教育差距依然较大。

另外，从我国东部地区、中部地区和西部地区的教育经费来源来看，西部地区对国家财政性教育经费的依赖比较强，根据中国区域经济统计年鉴数据，2010 年中东部地区教育经费中国家财政性教育经费所占比重在 73%左右，而西部地区在 80%以上。

由于西部地区地方财政相对困难，基础教育和职业教育投入相对不足，导致基础教育和职业教育的基础薄弱，同时，学前教育普及程度仍远远低于全国平均水平。面临进一步提升师资队伍整体教学能力的紧迫任务，各类学校的管理水平和教育教学质量亟待提高。区域内部高等教育发展不均衡不充分的矛盾也比较突出，总体来讲，一流大学和一流学科的比例相对太小。

其次，西部地区科技孵化起步相对晚和发展速度慢，直接影响了 R&D 活动的人才投入的积极性和实际效果。

根据中国科技统计年鉴，整理得到 2011 年我国各地区国家产业化园计划项目比较情况（表 3 - 20）。

表 3 - 20　2011 年我国各地区国家产业化计划项目比较

单位：个，万元

地区	项目数合计			当年落实资金		
	总计	火炬计划	星火计划	总计	火炬计划	星火计划
全国	8 306	5 208	3 098	11 040 837	9 628 470.4	1 412 366.6
东部地区	5 781	3 785	1 996	6 608 719	5 768 600	840 119
中部地区	1 359	840	519	2 639 895	2 360 602	279 293
西部地区	1 166	583	583	1 792 223	1 499 268	292 955

资料来源：《中国科技统计年鉴》，2012 年。

从表 3 - 20 得知，2011 年西部地区获得国家产业化计划项目 1 166 项，只占全国总数的 14.04%，落实项目资金 179.222 3 亿元，仅占全国总额的 16.23%。这说明西部地区科技孵化的条件处于全国的最低水平。

根据中国科技统计年鉴，整理得到 2016 年我国各地区科技企业孵化器主要指标比较情况（表 3 - 21）。

表 3-21　2016 年我国各地区科技企业孵化器主要指标比较

单位：个，千元，%

地区	在统孵化器及占全国比例		孵化器内企业及占全国比例		在孵企业及占全国比例		在孵企业从业人员及占全国比例		当年获得风险投资额及占全国比例		在孵企业 R&D 投入及占全国比例	
	数量	比例	总数	比例	数量	比例	人数	比例	金额	比例	金额	比例
内蒙古	36	1.11	1 870	1.08	1 297	0.97	19 678	0.93	117 591.3	0.30	268 566	0.65
广西	45	1.38	2 086	1.20	1 665	1.25	26 276	1.24	102 940	0.27	267 031.9	0.64
重庆	51	1.57	2 905	1.67	1 832	1.37	26 474	1.25	267 969.6	0.69	340 065.7	0.82
四川	108	3.32	7 340	4.22	5 422	4.07	78 781	3.72	1 028 639	2.66	1 362 006	3.28
贵州	28	0.86	1 228	0.71	905	0.68	21 212	1.00	55 340	0.14	208 766.3	0.50
云南	20	0.61	1 553	0.89	1 196	0.90	15 662	0.74	40 655	0.11	247 222.6	0.60
西藏	1	0.03	11	0.01	12	0.01	221	0.01	—	—	10 703	0.03
陕西	66	2.03	4 375	2.52	3 037	2.28	65 107	3.07	1 083 605	2.81	1 100 015	2.65
甘肃	70	2.15	2 402	1.38	1 992	1.49	27 844	1.31	154 415	0.40	238 279.9	0.57
青海	5	0.15	506	0.29	318	0.24	6 219	0.29	22 960	0.06	43 975	0.11
宁夏	14	0.43	451	0.26	376	0.28	5 761	0.27	33 990	0.09	71 396.27	0.17
新疆	27	0.83	1 800	1.04	1 422	1.07	16 745	0.79	129 255	0.33	157 163.8	0.38
西部地区	471	14.47	26 527	15.26	19 474	14.61	309 980	14.62	3 037 360	7.87	4 315 191	10.40
东部地区	2 088	64.15	109 407	62.96	83 046	62.31	1 267 124	59.76	31 732 449	82.21	30 584 126	73.74
中部地区	407	12.50	26 829	15.44	21 535	16.16	407 492	19.22	2 888 445	7.48	4 930 071	11.89
东北地区	289	8.88	11 016	6.34	9 231	6.93	135 929	6.41	940 074.2	2.44	1 647 758	3.97
全国	3 255	100	173 779	100	133 286	100	2 120 525	100	38 598 328	100	41 477 145	100

从表 3-21 得知，2016 年西部地区科技企业孵化器主要指标比较结果，其中在统孵化器、孵化器内企业、在孵企业和在孵企业从业人员占全国比例分别为 14.47%、15.26%、14.61%和 14.62%，而东部地区占全国的比例则分别为 64.15%、62.96%、62.31%和 59.76%；从当年获得风险投资额和在孵企业 R&D 投入占全国的比例来讲，西部地区分别占 7.87%和 10.40%，而东部地区占全国的比例则分别为 82.21%和 73.74%。这进一步说明西部地区科技企业孵化同全国相比有巨大的差距。

最后，西部地区科技人才的工作和生活环境改善情况是喜忧参半，这不仅已经影响了科技人才个体对 R&D 活动的投入积极性，而且还会影响整个区域的科技进步水平和经济社会发展质量。令人可喜的是，在国家政策支持下，随着西部地区经济社会的快速发展，就自身纵向比较而言，包括科技人才在内的各类人才的工作和生活环境改善效果明显，各类用人单位对人才的渴求更多，“尊重知识”和“尊重人才”的社会氛围更加浓厚。令人担忧的情况是国内横向比较的结果，尤其是西部地区与东部地区人才的工作和生活环境改善相比形成了更大的差距，一方面东部地区拥有雄厚的经济实力，有能力保障科研软硬件设施的充足配备和及时更新，另一方面东部地区的人文环境也更加优越，高等学校和科研机构较多，对外开放早，接触国内外新观念、新技术的机会多，科技人才参加研讨、进修的机会多，科技人才投入产出的人文社会环境更加有利。反之，西部地区的 R&D 活动的人才主要聚集在军工企业、中央部委管理的西部地区的科研院所和高校等单位之内，这些企业和科研单位有一套自身运行的系统和隶属关系，原有制度的影响相对较深、市场化改革相对困难；西部地区一些地方所属单位对科技人才的管理方式还比较落后，软硬件设施利用率、更新率低，人才对外交流、出国进修与合作的机会相对较少；由于现有体制和利益格局的影响，西部地区难以有效地将产业、高等学校和研究机构等所属资源整合形成高效的产学研合作机制，在很大程度上造成了科技人才的使用效率不高。

国内外对各类高层次人才的竞争中，科技人才历来是争夺的重点对象。西部地区因为自然和社会环境条件的限制，工作环境艰苦，加之经济和产业发展条件较差，教育基础薄弱和科技孵化偏弱，西部地区科技人才发展进步的机会相对较少，导致西部地区不仅缺乏引进人才的竞争力，而且还面临现有科技人才不断流失的严重威胁。历经艰辛培养出来的人才外流严重，西部地区“人才东南飞”现象导致人才大量流失的客观情况依然严峻，严重降低了西部地区 R&D 活动的投入产出质量。

第四章

西部地区 R&D 活动的生产函数

随着科学技术快速发展和科技作用的日渐显现，进一步加大和优化对R&D 活动的人才和资金等主要要素的投入逐步成为社会共识。第二章提出了研究的客观性原则和连续性原则，即认为西部地区 R&D 活动是一项具有客观性和连续性的投入产出活动。为有效解释西部地区 12 省（自治区、直辖市）R&D 活动投入产出的内在关系和相对有效性，根据我国有关统计数据，借鉴和扩展柯布—道格拉斯生产函数，建立西部地区 R&D 活动的生产函数，为评价西部地区 R&D 活动的投入产出关系提供一种定量研究的视角，同时也为提出西部地区 R&D 活动的保障优化提供事实依据。

4.1 西部地区 R&D 活动的生产函数

根据第二章的研究假设，把 R&D 活动作为“具有投入产出关系”的社会活动，根据我国有关统计数据，借鉴和扩展柯布—道格拉斯生产函数，建立西部地区 R&D 活动的生产函数模型，为解释西部地区加大和优化对R&D 活动的人才和资金等主要投入要素提供相对客观的依据。

4.1.1 基本模型

根据国际上通常采用的 R&D 活动的规模和强度指标反映一个国家的科技实力和核心竞争力，采用专利作为 R&D 活动产出的主要标志和成果。为了探讨 R&D 活动投入的有效性和优化依据，本书借鉴和拓展柯布—道格拉斯生产函数（C—D 生产函数），建立西部地区 R&D 活动的 C—D 生产函数。其中：R&D 活动的主要投入要素为 R&D 人员全时当量、R&D 经费内部支出、国有单位人均工资、R&D 人才环境投入，主要产出要素为科技产出的三种专利申请数，结果如式 4 - 1 所示：

$$Y=AL^{\alpha}K^{\beta}W^{\lambda}F^{\mu} \tag{4-1}$$

其中：

Y 是西部地区及 12 省（自治区、直辖市）的三种专利申请数。

A 是综合系数，反映现有科技水平、科技激励或人才环境等多因素对科技产出的综合作用效果；一般情况下，$A>0$，A 值的大小主要说明 R&D 活动整体环境对科技产出的支持程度，A 值越大说明支持程度越显著，反之则说明支持程度越不显著。约定用李克特五级量表反映 A 值对应的支持程度：

如果 $A>50$，则支持程度为非常显著；

如果 $5<A\leqslant 50$，则支持程度为显著；

如果 $0.5<A\leqslant 5$，则支持程度为一般；

如果 $0.05\leqslant A<0.5$，则支持程度为不显著；

如果 $A<0.05$，则支持程度为完全不显著。

L 是 R&D 人员全时当量，单位是人・年。

K 是西部地区 R&D 经费内部支出资金，单元是千万元。

W 是国有单位人均工资，用来反映 R&D 人才待遇指标，单位是万元/人。

F 是人才环境投入，包括科研环境和生活环境两方面，其中科研环境投入采用地区财政科技拨款；生活环境投入根据人力资源开发理论，主要领域有在职教育、职业保障和医疗卫生等，分别对应 R&D 人才教育支出经费、R&D 人才社会保障支出和 R&D 人才医疗卫生经费等；单元是千万元。

α 是西部地区 R&D 人员全时当量产出的弹性系数。

β 是西部地区 R&D 经费内部支出产出的弹性系数。

λ 是西部地区 R&D 人才待遇产出的弹性系数。

μ 是西部地区 R&D 人才环境产出的弹性系数。

为了消除价格因素对不同时期内投入的影响，对 K、W 和 F 采取终值折现方法进行处理，设终值折现系数为 z：

$$z_t=(1+i)^t \tag{4-2}$$

其中：z_t 表示折现为 t 年的终值折现系数，i 为平均折现利率，取值为回归计算期间的平均消费价格指数（CPI）。

消除价格因素对不同时期内投入的影响，则有：

$$K_{1t}=K_t z_t$$

$$W_{1t}=W_tz_t$$

$$F_{1t}=F_tz_t$$

如果考虑产出的时滞影响，则：

$$Y_t=Y_{t+r}, \quad r=-1, 0, 1, 2$$

r 取值为－1、0、1 和 2，分别表示有超前 1 年、无时滞、有 1 年时滞和有 2 年时滞，根据生产函数的回归结果进行反馈选择，即当回归性效果不显著时，则考虑产出的时滞影响。

为了消除各投入变量之间的相关性影响，按照“R&D 人员全时当量平均”法对式 4－1 进行转换：

$$\frac{Y_t}{L}=A\left(\frac{K_{1t}}{L}\right)^{\beta}W_{1t}^{\lambda}\left(\frac{F_{1t}}{L}\right)^{\mu} \tag{4-3}$$

对式 4－3 求自然对数，则有：

$$\ln\left(\frac{Y_t}{L}\right)=\ln A+\beta\ln\left(\frac{K_{1t}}{L}\right)+\lambda\ln W_{1t}+\mu\ln\left(\frac{F_{1t}}{L}\right) \tag{4-4}$$

以式 4－4 为基本模型，建立西部地区 12 省（自治区、直辖市）R&D 活动的生产函数。

4.1.2 数据来源

三种专利申请数：从国家知识产权局公布的专利统计年鉴直接获取，按照专利产出可能有时滞或超前的特点，分别按照无时滞、有 1 年时滞、有 2 年时间或有 1 年超前等方式计算，根据回归的相关系数决定是否考虑时滞或超前的影响。

R&D 人员全时当量：从科技部公布的《中国科技统计年鉴》直接获取。

R&D 经费内部支出：从科技部公布的《中国科技统计年鉴》直接获取。

国有单位人均工资：从国家统计局公布的《中国统计年鉴》直接获取。

科研环境投入：采用地区财政科技拨款人才，从科技部公布的《中国科技统计年鉴》直接获取。

生活环境投入：从国家统计局公布的《中国统计年鉴》获取原始数据，在地区公共财政支出项目中，有“科学技术”“社会保障与就业”以及“医疗卫生”三个支出项目与 R&D 人才资金的主要领域直接相关。按照 R&D

人员全时当量占职工总数年的比例，计算得到相应数据。

（1）教育支出：《中国统计年鉴》有职工工资总额数据，按照我国“职工的在职培训支出，不超过工资薪金总额 2.5%的部分，准予扣除；超过部分，准予在以后纳税年度结转扣除”的规定，本书以职工工资总额的 2.5%作为职工的在职培训支出，以及“R&D 人才占职工总人口”的比例，计算出 R&D 人才开发的教育支出指标。

（2）职业保障：《中国统计年鉴》有“社会保障与就业支出”数据，按照“R&D 人员全时当量占职工总数”的比例，计算出 R&D 人才开发的职业保障指标。

（3）医疗卫生：《中国统计年鉴》有“医疗卫生支出”数据，按照“R&D 人员全时当量占职工总数”的比例，计算出 R&D 人才开发的医疗卫生指标。

根据上述方法，整理和计算得到西部地区 12 省（自治区、直辖市）三种专利申请数（表 4－1）。

表 4－1　2002—2013 年西部地区 12 省（自治区、直辖市）三种专利申请数

单位：件

地区	2002年	2003年	2004年	2005年	2006年	2007年	2008年	2009年	2010年	2011年	2012年	2013年	2014年
内蒙古	1 202	1 393	1 457	1 455	1 946	2015	2 221	2 484	2 912	3 841	4 732	6 388	6 359
广西	1 927	2 250	2 202	2 379	2 784	3 480	3 884	4 277	5 117	8 106	13 610	23 251	32 298
重庆	3 142	4 589	5 171	6 260	6 471	6 715	8 324	13 482	22 825	32 039	38 924	49 036	55 298
四川	5 997	7 443	7 260	10 567	13 109	19 165	24 335	33 047	40 230	49 734	66 312	82 453	91 167
贵州	1 260	1 242	1 486	2 226	2 674	2 759	2 943	3 709	4 414	8 351	11 296	17 405	22 467
云南	1 780	1 966	2 132	2 556	3 085	3 108	4 089	4 633	5 645	7 150	9 260	11 512	13 343
西藏	15	24	62	102	89	97	350	195	162	263	170	203	248
陕西	2 530	3 421	3 217	4 166	5 717	8 499	11 898	15 570	22 949	32 227	43 608	57 287	56 235
甘肃	781	961	910	1 759	1 460	1 608	2 178	2 676	3 558	5 287	8 261	10 976	12 020
青海	151	173	124	216	325	387	431	499	602	732	844	1 099	1 534
宁夏	503	441	399	516	671	838	1 087	1 277	739	1 079	1985	3 230	3 532
新疆	1 239	1 473	1 492	1 851	2 256	2 270	2 412	2 872	3 560	4 736	7 044	8 224	10 210
西部地区	20 527	25 376	25 912	34 053	40 587	50 941	64 152	84 721	112 713	153 545	206 046	271 064	304 711

对表 4－1 的数据，除以对应的表 3－1 的数据，计算得到西部地区每

1 000名 R&D 人员全时当量的三种专利申请数（表 4 - 2）。

表 4 - 2　2002—2013 年西部地区 12 省（自治区、直辖市）人均三种专利申请数

单位：件/（千人・年）

地区	2002 年	2003 年	2004 年	2005 年	2006 年	2007 年	2008 年	2009 年	2010 年	2011 年	2012 年	2013 年
内蒙古	127.74	131.29	121.72	107.78	131.93	131.10	121.63	114.58	117.56	139.17	148.81	171.26
广西	162.21	165.20	141.06	132.53	146.99	172.79	167.13	143.24	150.54	201.94	329.54	571.28
重庆	164.76	221.05	228.81	254.26	241.19	212.77	241.84	385.09	615.56	787.20	844.34	932.24
四川	101.25	120.97	113.58	159.19	191.15	243.06	280.55	384.63	480.07	602.91	676.65	751.62
贵州	164.28	149.28	164.56	227.61	248.98	242.87	256.81	283.35	292.51	525.55	604.06	728.24
云南	156.69	158.42	157.34	172.70	192.45	174.41	207.04	219.47	250.33	284.97	333.09	403.93
西藏	42.86	57.14	124.00	170.00	88.12	142.65	546.88	146.62	128.57	243.52	141.67	169.17
陕西	55.25	70.84	63.18	77.64	96.15	130.61	183.75	228.84	313.43	438.46	529.22	612.70
甘肃	52.52	62.04	56.42	104.70	87.43	85.67	108.25	126.47	164.27	247.87	339.96	439.04
青海	88.30	88.27	54.87	83.40	124.52	132.99	172.40	108.48	123.87	146.11	162.31	228.96
宁夏	176.49	138.24	111.76	127.41	152.15	150.72	211.07	184.54	115.83	146.60	245.06	393.90
新疆	269.35	278.45	244.99	264.81	304.45	256.21	273.78	226.86	247.57	306.54	448.66	520.51
西部地区	108.73	125.69	119.88	146.96	164.01	183.94	216.85	263.62	332.45	431.74	514.34	614.38

根据 R&D 人员全时当量数除以城镇职工总数，得到“R&D 人员全时当量数占职工总人数”的比例（表 4 - 3）。

表 4 - 3　2002—2013 年西部地区 12 省（自治区、直辖市）R&D 人员全时当量数占总职工比例

单位：%

地区	2002 年	2003 年	2004 年	2005 年	2006 年	2007 年	2008 年	2009 年	2010 年	2011 年	2012 年	2013 年
内蒙古	0.39	0.43	0.49	0.56	0.61	0.62	0.75	0.88	0.99	1.05	1.17	1.23
广西	0.46	0.50	0.57	0.63	0.67	0.70	0.79	1.99	1.07	1.17	1.15	1.01
重庆	0.95	0.99	1.06	1.14	1.22	1.37	1.42	1.41	1.39	1.21	1.31	1.31
四川	1.23	1.22	1.28	1.29	1.32	1.46	1.57	1.52	1.47	1.34	1.53	1.30
贵州	0.41	0.42	0.45	0.46	0.51	0.52	0.54	0.60	0.67	0.66	0.69	0.81
云南	0.46	0.49	0.55	0.60	0.62	0.60	0.65	0.68	0.70	0.72	0.71	0.67
西藏	0.24	0.24	0.29	0.33	0.53	0.35	0.32	0.63	0.57	0.46	0.48	0.39
陕西	1.42	1.46	1.54	1.61	1.78	1.90	1.88	1.93	2.01	1.87	2.00	1.85

（续）

地区	2002年	2003年	2004年	2005年	2006年	2007年	2008年	2009年	2010年	2011年	2012年	2013年
甘肃	0.78	0.79	0.83	0.86	0.86	0.96	1.04	1.10	1.11	1.07	1.15	0.97
青海	0.40	0.46	0.53	0.61	0.60	0.64	0.53	0.91	0.92	0.83	0.84	0.75
宁夏	0.48	0.52	0.59	0.68	0.75	0.95	0.90	0.94	1.08	1.21	1.20	1.14
新疆	0.19	0.22	0.25	0.29	0.30	0.36	0.35	0.51	0.56	0.55	0.54	0.51
西部地区	0.76	0.78	0.84	0.89	0.94	1.02	1.07	1.20	1.17	1.12	1.20	1.13

4.1.3　显著性检验

按照线性回归分析理论①，对式 4－4 的求解结果分别进行以下三方面的检验：拟合优度检验（基于 R^2 检验）、回归方程整体显著性检验（F 检验）和回归系数显著性检验（T 检验）。

本书用 Excel 和 Eviews 8.0 开展回归分析，采用 Excel 和 Eviews 8.0 回归分析提供的 R^2 值、Sig. F 值和 P-Value 值分别进行 R^2 检验、F 检验和 T 检验②。

拟合优度检验：基于可决系数 R^2 值的检验，且 $0 \leqslant R^2 \leqslant 1$，其中 $R^2=1$ 意味着因变量与自变量完全拟合，$R^2=0$ 意味着被解释变量与解释变量之间没有线性关系。R^2 越接近于 1，则表示拟合效果越好；反之，拟合程度越差。检验规则：如果 $R^2>0.7$，则定义为回归方程通过显著拟合度检验；如果 $0.5<R^2<0.7$，则定义为回归方程通过一般拟合度检验；否则，则拟合度检验未通过，回归结果不能用。

F 检验：基于 Sig. F 值的检验，判断回归方程整体显著性。检验规则：当 Sig. $F<0.05$ 时，则定义回归方程整体显著性通过 F 检验；否则，则整体显著性检验未通过，回归结果不能用。

T 检验：基于 T-Stat 值的检验，判断自变量回归系数显著性。检验规则：当 T-Stat>2 时，则定义该自变量回归系数通过显著性检验；否则，则该自变量回归系数显著性检验未通过，应从回归方程中删除该自变量。

通过上述检验的回归方程，从统计理论上讲，可以应用于西部地区

① 周复恭，黄运成，应用线性回归分析［M］. 北京：中国人民大学出版社，1989.

② 赵明，多元线性回归预测及其检验在 EXCEL 中的实现［J］. 吉林化工学院学报，2003（2）：85－87.

R&D 活动的投入产出评价。

4.2 西南地区 5 省（自治区、直辖市）

根据我国地理分区概念，西南地区包括四川、贵州、云南、西藏自治区和重庆直辖市 5 省（自治区、直辖市），分别建立西南地区 5 省（自治区、直辖市）R&D 活动的生产函数，为分析 R&D 人才投入的影响因素提供历史数据，为改进 R&D 人才投入提供依据。

4.2.1 四川省

按照 2002—2013 年数据，对四川省 R&D 活动的生产函数进行回归分析，计算相关系数 $R=0.998\,2$，$R^2=0.996\,5$，$R^2>0.7$，符合回归相关显著性检验要求。假设科技产出有 1 年的时滞影响，计算相关系数 $R=0.987\,8$，$R^2=0.979\,7$，$R^2>0$，因此，不考虑科技产出受时滞影响的回归结果更加理想。

根据 2003—2014 年《中国统计年鉴》和《中国科技统计年鉴》，以及按照 4.1.2 数据来源的说明，整理计算得到四川省 R&D 活动的投入产出要素，结果见附表 1，其中，四川省 R&D 活动的回归原始数据如表 4－4 所示。

表 4－4　2002—2013 年四川省 R&D 活动的原始数据

单位：件，万元

年份	每千人三种专利申请数（Y/L）	每千人 R&D 经费支出（K/L）	国有单位平均工资（W）	每千人 R&D 环境投入（F/L）	K/L—消物价因素	W—消物价因素	F/L—消物价因素
2002	101.25	10.45	1.25	1.74	14.29	1.71	2.38
2003	120.97	12.90	1.39	1.91	17.19	1.85	2.55
2004	113.58	12.20	1.58	2.06	15.84	2.05	2.67
2005	159.19	14.55	1.79	2.43	18.40	2.26	3.08
2006	191.15	15.72	2.02	2.78	19.36	2.49	3.43
2007	243.06	17.64	2.44	4.43	21.17	2.92	5.32
2008	280.55	18.48	2.86	6.22	21.61	3.34	7.28
2009	384.63	24.97	3.33	7.55	28.44	3.79	8.60
2010	480.07	31.54	3.67	9.44	35.00	4.08	10.48

（续）

年份	每千人三种专利申请数（Y/L）	每千人 R&D 经费支出（K/L）	国有单位平均工资（W）	每千人 R&D 环境投入（F/L）	K/L—消物价因素	W—消物价因素	F/L—消物价因素
2011	602.91	35.65	4.20	12.91	38.55	4.55	13.96
2012	676.65	35.81	4.77	14.71	37.72	5.03	15.49
2013	751.62	36.46	5.39	14.01	37.43	5.53	14.38

按照 C—D 生产函数的求解方法，首先对 C—D 生产函数取自然数，再进行线性回归分析。对表 4－4 的相关数据分别取对数，结果如表 4－5 所示。

表 4－5　2002—2013 年四川省 R&D 人才投入回归变量值取对数后的结果

年份	每千人三种专利申请数 $\ln(Y/L)$	每千人 R&D 经费支出 $\ln(K/L)$	国有单位平均工资 $\ln W$	每千人 R&D 环境投入 $\ln(F/L)$
2002	4.617 6	2.659 4	0.535 7	0.868 1
2003	4.795 5	2.844 2	0.617 6	0.934 9
2004	4.732 5	2.762 2	0.719 1	0.981 7
2005	5.070 1	2.912 3	0.816 6	1.124 3
2006	5.253 1	2.963 3	0.913 0	1.231 4
2007	5.493 3	3.052 6	1.073 0	1.671 8
2008	5.636 8	3.073 1	1.207 0	1.984 6
2009	5.952 3	3.347 8	1.333 1	2.151 5
2010	6.173 9	3.555 5	1.405 2	2.349 2
2011	6.401 8	3.652 0	1.514 4	2.636 2
2012	6.517 2	3.630 2	1.614 9	2.740 5
2013	6.622 2	3.622 4	1.710 5	2.665 7

应用 Excel 对表 4－5 进行回归分析，观测值个数为 12，相关系数 $R=0.998\ 2$，$R^2=0.996\ 5$，标准误差 $S=0.050\ 3$；Sig. $F=0$；三元回归系数如表 4－6 所示。

表 4-6　三元回归系数

	Coefficients	标准误差	T-Stat	P-Value	Lower 95%	Upper 95%
Intercept	2.159 5	0.415 7	5.195 0	0.000 8	1.200 9	3.118 1
K/L	0.667 1	0.182 0	3.665 5	0.006 4	0.247 4	1.086 8
W	1.084 4	0.252 1	4.301 2	0.002 6	0.503 0	1.665 7
F/L	0.063 6	0.152 0	0.418 1	0.686 9	−0.287 0	0.414 1

显著性检验判断结果：

（1）$R^2=0.998\ 2>0.7$，这说明：四川省 R&D 活动的生产函数回归方程通过显著拟合度检验。

（2）Sig. $F=0<0.05$，这说明：回归方程具有整体显著性。

（3）对于 K/L、W 和 F/L，有 T-Stat 值小于 2，这说明回归系数没有通过显著性检验，删除 T-Stat 绝对值更小的 ln(F/L）列后，应用 Excel 对表 4-5 重新进行回归。

回归分析的结果：观测值个数为 12，相关系数 $R=0.998\ 2$，$R^2=0.996\ 5$，标准误差 $S=0.048\ 0$；Sig. $F=0$；二元回归系数如表 4-7 所示。

表 4-7　二元回归系数

	Coefficients	标准误差	T-Stat	P-Value	Lower 95%	Upper 95%
Intercept	2.071 9	0.342 2	6.054 9	0.000 2	1.297 8	2.846 0
K/L	0.700 4	0.156 0	4.490 7	0.001 5	0.347 6	1.053 2
W	1.169 0	0.143 1	8.169 1	0.000 0	0.845 3	1.492 7

显著性检验判断结果：

（1）$R^2=0.998\ 2>0.7$，这说明四川省 R&D 活动的生产函数回归方程通过显著拟合度检验。

（2）Sig. $F=0<0.05$，这说明回归方程具有整体显著性。

（3）对于 K/L 和 W，其 T-Stat 值均大于 2，这说明：K/L 和 W 的回归系数都有显著性。

应用 Eviews 8.0 分析 2002—2013 年四川省 R&D 活动的生产函数，回归参数如表 4-8 所示。

表 4-8　四川省 R&D 活动的生产函数回归参数

Variable	Coefficient	Std. Error	*T*-Statistic	Prob.
C	2.072 3	0.342 2	6.056 3	0.000 2
K/L	0.700 2	0.156 0	4.489 8	0.001 5
W	1.169 2	0.143 1	8.170 2	0.000 0
R^2	0.996 4	Mean dependent var	5.605 5	
Adjusted R^2	0.995 6	S. D. dependent var	0.723 7	
S. E. of regression	0.047 9	Akaike info criterion	−3.025 1	
Sum squared resid	0.020 7	Schwarz criterion	−2.903 9	
Log likelihood	21.150 5	Hannan-Quinn criter.	−3.070 0	
F-statistic	1 248.410 0	Durbin-Watson stat	1.723 1	
Prob（*F*-statistic）	0			

2002—2013 年四川省 R&D 活动的生产函数的回归效果，如图 4-1 所示。

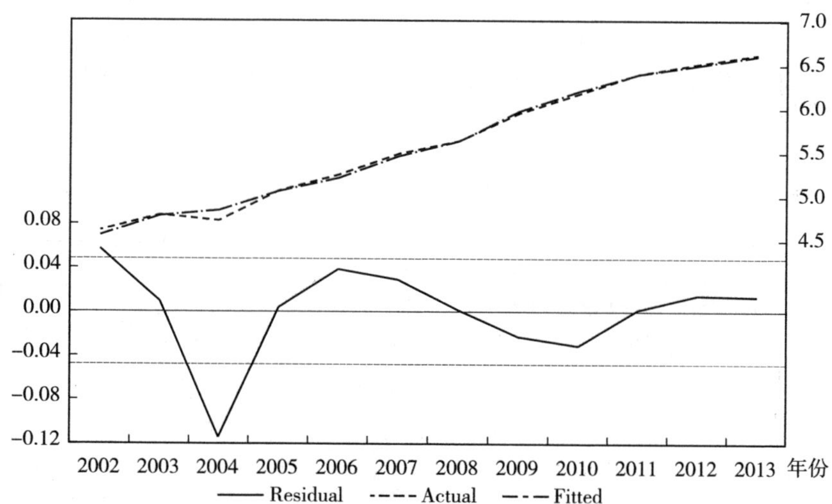

图 4-1　2002—2013 年四川省 R&D 活动的生产函数的回归效果

综上所述，2002—2013 年四川省 R&D 活动的生产函数为：

$$\frac{\hat{Y}_t}{L_t}=e^{2.702\,3}\left(\frac{K_t}{L_t}\right)^{0.700\,2}\times W^{1.169\,2}\times\left(\frac{F_t}{L_t}\right)^{0} \qquad (4-5)$$

由 C—D 生产函数和式 4-5 可知：

（1）A 是反映影响 R&D 活动的综合系数，$A=7.9431$，这说明四川省 R&D 活动的整体环境显著。

（2）β、λ 和 μ 分别是四川省 R&D 经费内部支出产出、R&D 人才待遇产出和 R&D 人才环境产出的弹性系数，分别为 0.700 2、1.169 2 和 0，这首先说明四川省 R&D 人才待遇产出的弹性系数更大，增加人才待遇具有更大的产出效果；其次说明四川省 R&D 活动投入产出为递增报酬型（$\beta+\lambda+\mu>1$），表明扩大 R&D 活动投入对增加产出有利。

4.2.2 贵州省

按照 2002—2013 年数据，对贵州省 R&D 活动的生产函数进行回归分析，计算相关系数 $R=0.9452$，$R^2=0.8934$，$R^2>0.7$，符合回归相关显著性检验要求。假设科技产出有 1 年的时滞影响，计算相关系数 $R=0.9395$，$R^2=0.8826$，$R^2>0$，因此，不考虑科技产出受时滞影响的回归结果更加理想。

根据 2003—2014 年《中国统计年鉴》和《中国科技统计年鉴》，以及按照 4.1.2 数据来源的说明，整理计算得到贵州省 R&D 活动的投入产出要素，结果见附表 2，其中，贵州省 R&D 活动的回归原始数据如表 4－9 所示。

表 4－9　2002—2013 年贵州省 R&D 活动的原始数据

单位：件，万元

年份	每千人三种专利申请数（Y/L）	每千人 R&D 经费支出（K/L）	国有单位平均工资（W）	每千人 R&D 环境投入（F/L）	K/L—消物价因素	W—消物价因素	F/L—消物价因素
2002	164.28	7.95	1.02	5.33	10.87	1.40	7.29
2003	149.28	9.50	1.14	5.42	12.65	1.52	7.22
2004	164.56	9.63	1.29	5.91	12.50	1.67	7.67
2005	227.61	11.25	1.47	8.34	14.22	1.86	10.55
2006	248.98	13.50	1.76	7.66	16.63	2.17	9.44
2007	242.87	12.06	2.21	10.12	14.47	2.65	12.14
2008	256.81	16.49	2.59	13.64	19.28	3.03	15.94
2009	283.35	20.17	2.99	14.56	22.97	3.40	16.58
2010	292.51	19.88	3.15	15.04	22.06	3.49	16.69

（续）

年份	每千人三种专利申请数（Y/L）	每千人 R&D 经费支出（K/L）	国有单位平均工资（W）	每千人 R&D 环境投入（F/L）	K/L—消物价因素	W—消物价因素	F/L—消物价因素
2011	525.55	22.84	3.74	19.68	24.70	4.04	21.28
2012	604.06	22.30	4.37	22.92	23.49	4.60	24.15
2013	728.24	19.75	4.97	22.24	20.27	5.10	22.82

按照 C—D 生产函数的求解方法，首先对 C—D 生产函数取自然数，再进行线性回归分析。对表 4－9 的相关数据分别取对数，结果如表 4－10 所示。

表 4－10　2002—2013 年贵州省 R&D 人才投入回归变量值取对数后的结果

年份	每千人三种专利申请数 $\ln(Y/L)$	每千人 R&D 经费支出 $\ln(K/L)$	国有单位平均工资 $\ln W$	每千人 R&D 环境投入 $\ln(F/L)$
2002	5.101 6	2.386 2	0.336 7	1.986 9
2003	5.005 8	2.537 4	0.416 8	1.977 5
2004	5.103 3	2.525 9	0.512 9	2.037 4
2005	5.427 6	2.654 7	0.618 5	2.355 7
2006	5.517 4	2.811 2	0.775 9	2.244 6
2007	5.492 5	2.672 3	0.975 7	2.496 7
2008	5.548 3	2.959 2	1.107 0	2.769 0
2009	5.646 7	3.134 4	1.223 9	2.808 3
2010	5.678 5	3.094 0	1.250 6	2.815 0
2011	6.264 4	3.206 9	1.396 2	3.057 8
2012	6.403 7	3.156 7	1.526 9	3.184 2
2013	6.590 6	3.009 2	1.630 2	3.127 8

应用 Excel 对表 4－10 进行回归分析，观测值个数为 12，相关系数 $R=0.945\ 2$，$R^2=0.893\ 4$，标准误差 $S=0.198\ 2$；Sig. $F=0.000\ 3$；三元回归系数如表 4－11 所示。

表 4-11　三元回归系数

	Coefficients	标准误差	*T*-Stat	*P*-Value	Lower 95%	Upper 95%
Intercept	5.132 7	1.483 9	3.458 9	0.008 6	1.710 8	8.554 5
K/L	−0.723 5	0.557 4	−1.297 8	0.230 5	−2.008 9	0.562 0
W	0.832 5	0.745 0	1.117 5	0.296 2	−0.885 4	2.550 4
F/L	0.683 5	0.762 3	0.896 6	0.396 1	−1.074 4	2.441 4

显著性检验判断结果：

（1）$R^2=0.893\ 4>0.7$，这说明贵州省 R&D 活动的生产函数回归方程通过显著拟合度检验。

（2）Sig. $F=0.000\ 3<0.05$，这说明回归方程具有整体显著性。

（3）对于 K/L、W 和 F/L，其 T-Stat 值均不大于 2，这说明 K/L、W 和 F/L 的回归系数没有通过显著性检验，按照删除 T-Stat 绝对值最小的列后重新应用 Excel 进行回归。

经过分别删除 $\ln(K/L)$ 和 $\ln(F/L)$ 列后得到的最后回归分析，观测值个数为 10，相关系数 $R=0.931\ 1$，$R^2=0.867\ 0$，标准误差 $S=0.198\ 0$；Sig. $F=0$；一元回归系数如表 4-12 所示。

表 4-12　一元回归系数

	Coefficients	标准误差	*T*-Stat	*P*-Value	Lower 95%	Upper 95%
Intercept	4.582 7	0.143 8	31.861 2	0.000 0	4.262 2	4.903 1
W	1.086 4	0.134 6	8.074 4	0.000 0	0.786 6	1.386 2

显著性检验判断结果：

（1）$R^2=0.867\ 0>0.7$，这说明贵州省 R&D 活动的生产函数回归方程通过显著拟合度检验。

（2）Sig. $F=0<0.05$，这说明回归方程具有整体显著性。

（3）对于 W，其 T-Stat 值大于 2，这说明 W 的回归系数具有显著性。

应用 Eviews 8.0 分析 2002—2013 年贵州省 R&D 活动的生产函数，回归参数如表 4-13 所示。

表 4-13　贵州省 R&D 活动的生产函数回归参数

Variable	Coefficient	Std. Error	*T*-Statistic	Prob.
C	4.582 7	0.143 8	31.863 2	0.000 0
W	1.086 4	0.134 5	8.074 8	0.000 0
R^2	0.867 0	Mean dependent var	5.648 4	
Adjusted R^2	0.853 7	S. D. dependent var	0.517 7	
S. E. of regression	0.198 0	Akaike info criterion	−0.250 2	
Sum squared resid	0.392 0	Schwarz criterion	−0.169 4	
Log likelihood	3.501 3	Hannan-Quinn criter.	−0.280 1	
F-statistic	65.202 7	Durbin-Watson stat	0.865 9	
Prob（*F*-statistic）	0.000 0			

2002—2013 年贵州省 R&D 活动的生产函数的回归效果，如图 4-2 所示。

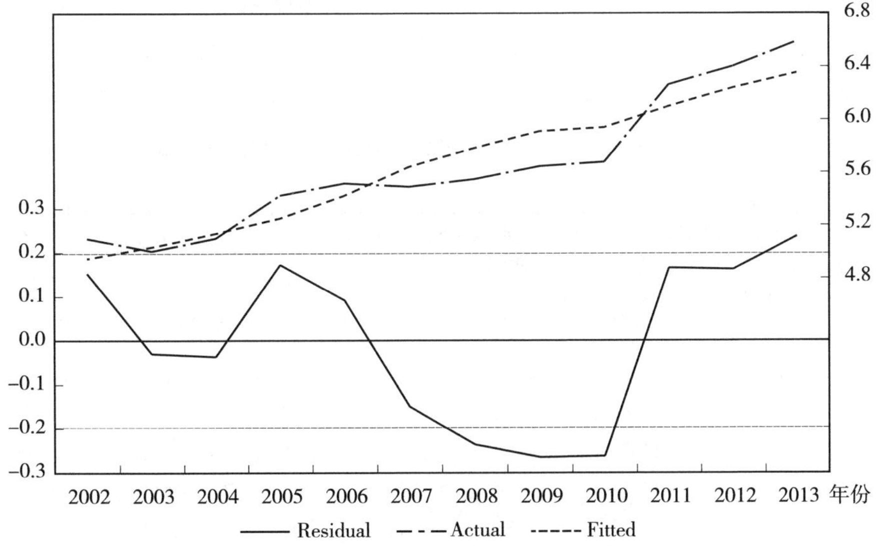

图 4-2　2002—2013 年贵州省 R&D 活动的生产函数的回归效果

综上所述，2002—2013 年贵州省 R&D 活动的生产函数为：

$$\frac{\hat{Y}_t}{L_t}=e^{4.5827}\left(\frac{K_t}{L_t}\right)^0\times W^{1.0864}\times\left(\frac{F_t}{L_t}\right)^0 \qquad (4-6)$$

由 C—D 生产函数和式 4-6 可知：

（1）*A* 是反映影响 R&D 活动的综合系数，*A*=97.778 0，这首先说明贵州省 R&D 活动的整体环境非常显著。

（2）β、λ 和 μ 分别是贵州省 R&D 经费内部支出产出、R&D 人才待遇产出和 R&D 人才环境产出的弹性系数，分别为 0、1.086 4 和 0，这首先说明贵州省 R&D 人才待遇产出的弹性系数更大，增加人才待遇具有更大的产出效果；其次说明贵州省 R&D 活动投入产出为递增报酬型（$\beta+\lambda+\mu>1$），表明扩大 R&D 活动投入对增加产出有利。

4.2.3 云南省

按照 2002—2013 年数据，对云南省 R&D 活动的生产函数进行回归分析，计算相关系数 $R=0.966\ 6$，$R^2=0.934\ 3$，$R^2>0.7$，符合回归相关显著性检验要求。假设科技产出有 1 年的时滞影响，计算相关系数 $R=0.980\ 0$，$R^2=0.960\ 4$，$R^2>0$，因此，考虑科技产出有 1 年时滞影响的回归结果更加理想。

根据 2003—2015 年《中国统计年鉴》和《中国科技统计年鉴》，以及按照 4.1.2 数据来源的说明，整理计算得到云南省 R&D 活动的投入产出要素，结果见附表 3，其中，云南省 R&D 活动的回归原始数据如表 4-14 所示。

表 4-14　2002—2013 年云南省 R&D 活动的原始数据

单位：件，万元

年份	每千人三种专利申请数（Y/L）	每千人 R&D 经费支出（K/L）	国有单位平均工资（W）	每千人 R&D 环境投入（F/L）	K/L—消物价因素	W—消物价因素	F/L—消物价因素
2002	173.06	8.63	1.25	8.22	11.79	1.71	11.23
2003	171.80	8.86	1.35	7.83	11.81	1.79	10.43
2004	188.63	9.23	1.53	6.72	11.97	1.99	8.71
2005	208.45	14.39	1.69	7.68	18.20	2.14	9.71
2006	193.89	13.04	2.00	7.89	16.06	2.47	9.72
2007	229.46	14.53	2.29	9.35	17.44	2.75	11.22
2008	234.58	15.70	2.68	12.00	18.35	3.13	14.03
2009	267.41	17.62	3.05	13.65	20.07	3.48	15.55
2010	317.07	19.60	3.31	14.76	21.75	3.68	16.38
2011	369.07	22.36	3.87	18.49	24.18	4.18	20.00
2012	414.10	24.75	4.34	19.88	26.07	4.57	20.95
2013	468.18	28.00	4.68	23.16	28.74	4.81	23.77

注：专利申请数为 2003—2014 年数据。

按照 C—D 生产函数的求解方法，首先对 C—D 生产函数取自然数，再进行线性回归分析。对表 4 - 14 的相关数据分别取对数，结果如表 4 - 15 所示。

表 4 - 15 2002—2013 年云南省 R&D 人才投入回归变量值取对数后的结果

年份	每千人三种专利申请数 ln(*Y*/*L*)	每千人 R&D 经费支出 ln(*K*/*L*)	国有单位平均工资 ln*W*	每千人 R&D 环境投入 ln(*F*/*L*)
2002	5.153 7	2.467 6	0.538 9	2.418 9
2003	5.146 3	2.468 6	0.584 6	2.344 6
2004	5.239 8	2.482 5	0.687 1	2.165 0
2005	5.339 7	2.901 2	0.759 2	2.272 8
2006	5.267 3	2.776 3	0.902 5	2.274 4
2007	5.435 7	2.858 9	1.010 3	2.417 8
2008	5.457 8	2.909 8	1.140 9	2.641 4
2009	5.588 8	2.999 4	1.246 6	2.744 3
2010	5.759 1	3.079 8	1.302 4	2.795 9
2011	5.911 0	3.185 4	1.431 0	2.995 6
2012	6.026 1	3.260 9	1.520 3	3.042 0
2013	6.148 8	3.358 3	1.570 4	3.168 4

应用 Excel 对表 4 - 15 进行回归分析，观测值个数为 12，相关系数 $R=0.980\ 0$，$R^2=0.960\ 4$，标准误差 $S=0.080\ 9$；Sig. $F=0$；三元回归系数如表 4 - 16 所示。

表 4 - 16 三元回归系数

	Coefficients	标准误差	*T*-Stat	*P*-Value	Lower 95%	Upper 95%
Intercept	2.994 3	0.672 1	4.455 5	0.002 1	1.444 6	4.544 1
K/*L*	0.401 5	0.279 8	1.434 9	0.189 2	−0.243 8	1.046 7
W	0.208 1	0.289 6	0.718 4	0.492 9	−0.459 8	0.876 0
F/*L*	0.445 9	0.184 3	2.419 8	0.0419	0.021 0	0.870 9

显著性检验判断结果：

（1）$R^2=0.960\ 4>0.7$，这说明云南省 R&D 活动的生产函数回归方程通过显著拟合度检验。

（2）Sig. $F=0<0.05$，这说明回归方程具有整体显著性。

（3）对于 K/L、W 和 F/L，有 T-Stat 值小于 2，这说明回归系数没有通过显著性检验，删除 T-Stat 绝对值更小的 ln(W）列后，应用 Excel 对表 4－15 重新进行回归。

回归分析的结果：观测值个数为 12，相关系数 $R=0.9787$，$R^2=0.9578$，标准误差 $S=0.0787$；Sig. $F=0$；二元回归系数如表 4－17 所示。

表 4－17 二元回归系数

	Coefficients	标准误差	T-Stat	P-Value	Lower 95%	Upper 95%
Intercept	2.541 8	0.227 9	11.152 9	0.000 0	2.026 2	3.057 4
K/L	0.563 6	0.161 0	3.501 6	0.006 7	0.199 5	0.927 7
F/L	0.523 9	0.144 9	3.615 8	0.005 6	0.196 1	0.851 7

显著性检验判断结果：

（1）$R^2=0.9578>0.7$，这说明云南省 R&D 活动的生产函数回归方程通过显著拟合度检验。

（2）Sig. $F=0<0.05$，这说明回归方程具有整体显著性。

（3）对于 K/L 和 F/L，其 T-Stat 值均大于 2，这说明 K/L 和 F/L 的回归系数都有显著性。

应用 Eviews 8.0 分析 2002—2013 年云南省 R&D 活动的生产函数，回归参数如表 4－18 所示。

表 4－18 云南省 R&D 活动的生产函数回归参数

Variable	Coefficient	Std. Error	T-Statistic	Prob.
C	2.541 9	0.227 8	11.156 2	0.000 0
K/L	0.563 6	0.160 9	3.502 6	0.006 7
F/L	0.523 8	0.144 9	3.616 4	0.005 6
R^2	0.957 9	Mean dependent var	5.539 5	
Adjusted R^2	0.948 5	S. D. dependent var	0.346 6	
S. E. of regression	0.078 7	Akaike info criterion	−2.035 1	
Sum squared resid	0.055 7	Schwarz criterion	−1.913 8	
Log likelihood	15.210 4	Hannan-Quinn criter.	−2.080 0	
F-statistic	102.285 9	Durbin-Watson stat	1.807 1	
Prob（F-statistic）	0.000 0			

2002—2013 年云南省 R&D 活动的生产函数的回归效果，如图 4－3 所示。

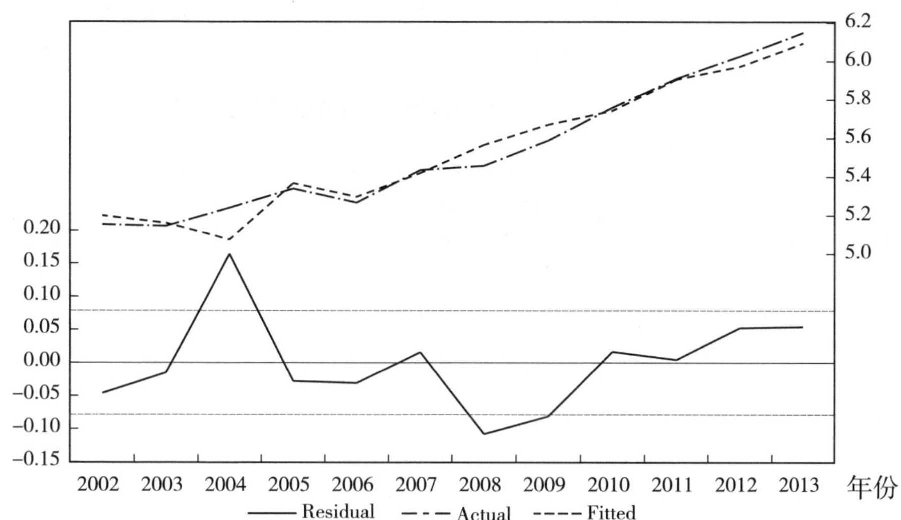

图 4－3　2002—2013 年云南省 R&D 活动的生产函数的回归效果

综上所述，2002—2013 年云南省 R&D 活动的生产函数为：

$$\frac{\hat{Y}_{t+1}}{L_t}=e^{2.5419}\left(\frac{K_t}{L_t}\right)^{0.5636}\times W^0\times\left(\frac{F_t}{L_t}\right)^{0.5238} \quad (4-7)$$

由 C—D 生产函数和式 4－7 可知：

（1）A 是反映影响 R&D 活动的综合系数，$A=15.3943$，这说明云南省 R&D 活动的整体环境显著。

（2）β、λ 和 μ 分别是云南省 R&D 经费内部支出产出、R&D 人才待遇产出和 R&D 人才环境产出的弹性系数，分别为 0.421 8、0 和 0.534 4，这首先说明云南省 R&D 活动的人才环境产出的弹性系数更大，增加人才环境投入有更大的产出效果；其次说明云南省 R&D 活动投入为递增报酬型（$\beta+\lambda+\mu>1$），表明扩大 R&D 活动投入对增加产出有利。

4.2.4　西藏自治区

按照 2002—2013 年数据，对西藏自治区 R&D 活动的生产函数进行回归分析，计算相关系数 $R=0.6873$，$R^2=0.4724$，$R^2<0.5$，不符合回归相关显著性检验要求。假设科技产出分别有 1 年、2 年和 3 年的时滞影响，结果皆不理想。对此，反过来考虑专利产出对西藏自治区的 R&D 活动有示

范作用，即假设科技产出有一1年的时滞影响。

根据2002—2014年《中国统计年鉴》和《中国科技统计年鉴》，以及按照4.1.2数据来源的说明，整理计算得到西藏自治区R&D活动的投入产出要素，结果见附表4，其中，西藏自治区R&D活动的回归原始数据如表4-19所示。

表4-19　2002—2013年西藏自治区R&D活动的原始数据

单位：件，万元

年份	每千人三种专利申请数（Y/L）	每千人R&D经费支出（K/L）	国有单位平均工资（W）	每千人R&D环境投入（F/L）	K/L—消物价因素	W—消物价因素	F/L—消物价因素
2002	65.71	14.29	2.59	27.57	19.53	3.54	37.70
2003	35.71	7.14	2.76	16.10	9.51	3.68	21.44
2004	48.00	8.00	3.02	15.76	10.38	3.91	20.45
2005	103.33	5.00	2.96	16.30	6.32	3.75	20.61
2006	100.99	4.95	3.24	11.37	6.10	3.99	14.01
2007	130.88	10.29	4.78	37.24	12.35	5.73	44.70
2008	151.56	18.75	4.90	56.50	21.92	5.73	66.07
2009	263.16	10.53	4.82	33.42	11.99	5.49	38.07
2010	154.76	11.90	5.14	36.94	13.21	5.71	41.00
2011	150.00	11.11	5.08	52.17	12.01	5.49	56.41
2012	219.17	15.00	5.22	64.09	15.80	5.50	67.52
2013	141.67	19.17	5.99	55.24	19.67	6.15	56.70

注：专利申请数为2001—2012年数据。

按照C—D生产函数的求解方法，首先对C—D生产函数取自然数，再进行线性回归分析。对表4-19的相关数据分别取对数，结果如表4-20所示。

表4-20　2002—2013年西藏自治区R&D人才投入回归变量值取对数后的结果

年份	每千人三种专利申请数 $\ln(Y/L)$	每千人R&D经费支出 $\ln(K/L)$	国有单位平均工资 $\ln W$	每千人R&D环境投入 $\ln(F/L)$
2002	4.185 3	2.972 0	1.265 0	3.629 5
2003	3.575 6	2.252 7	1.302 3	3.065 2
2004	3.871 2	2.340 0	1.364 7	3.018 2

（续）

年份	每千人三种专利申请数 ln(Y/L)	每千人 R&D 经费支出 ln(K/L)	国有单位平均工资 lnW	每千人 R&D 环境投入 ln(F/L)
2005	4.638 0	1.844 0	1.321 2	3.025 6
2006	4.615 0	1.807 9	1.382 6	2.639 6
2007	4.874 3	2.514 0	1.745 9	3.799 9
2008	5.021 0	3.087 5	1.745 1	4.190 7
2009	5.572 8	2.484 2	1.702 5	3.639 4
2010	5.041 9	2.581 2	1.741 7	3.713 6
2011	5.010 6	2.486 1	1.702 9	4.032 6
2012	5.389 8	2.760 2	1.705 0	4.212 4
2013	4.953 5	2.979 2	1.816 2	4.037 7

应用 Excel 对表 4-20 进行回归分析，观测值个数为 12，相关系数 $R=0.834\ 3$，$R^2=0.711\ 3$，标准误差 $S=0.373\ 5$；Sig. $F=0.015\ 0$；三元回归系数如表 4-21 所示。

表 4-21　三元回归系数

	Coefficients	标准误差	T-Stat	P-Value	Lower 95%	Upper 95%
Intercept	1.637 7	0.882 6	1.855 4	0.100 6	−0.397 7	3.673 0
K/L	−0.806 5	0.560 1	−1.439 9	0.187 8	−2.098 0	0.485 1
W	1.638 9	0.952 8	1.720 0	0.123 8	−0.558 4	3.836 1
F/L	0.711 0	0.614 0	1.158 0	0.280 3	−0.704 9	2.126 9

显著性检验判断结果：

（1）$R^2=0.711\ 3>0.7$，这说明西藏自治区 R&D 活动的生产函数回归方程通过显著拟合度检验。

（2）Sig. $F=0.015\ 0<0.05$，这说明回归方程具有整体显著性。

（3）对于 K/L、W 和 F/L，其 T-Stat 值都小于 2，这说明回归系数没有通过显著性检验，分别删除 T-Stat 绝对值更小的 ln(F/L) 和 ln(K/L) 列后，应用 Excel 对表 4-5 重新进行回归。

回归分析的结果：观测值个数为 12，相关系数 $R=0.797\ 8$，$R^2=0.636\ 4$，标准误差 $S=0.374\ 9$；Sig. $F=0.018\ 76$；一元回归系数如表 4-22所示。

表 4-22　一元回归系数

	Coefficients	标准误差	*T*-Stat	*P*-Value	Lower 95%	Upper 95%
Intercept	1.285 2	0.830 2	1.548 0	0.152 7	−0.564 6	3.135 0
W	2.198 8	0.525 5	4.184 0	0.001 9	1.027 9	3.369 8

显著性检验判断结果：

（1）$0.5<R^2=0.6364<0.7$，这说明西藏自治区 R&D 活动的生产函数回归方程通过一般拟合度检验。

（2）Sig. $F=0.01876<0.05$，这说明回归方程具有整体显著性。

（3）对于 W，其 T-Stat 值均大于 2，这说明 W 的回归系数具有显著性。

应用 Eviews 8.0 分析 2002—2013 年西藏自治区 R&D 活动的生产函数，回归参数如表 4-23 所示。

表 4-23　西藏自治区 R&D 活动的生产函数回归参数

Variable	Coefficient	Std. Error	*T*-Statistic	Prob.
C	1.285 1	0.830 3	1.547 8	0.152 7
W	2.198 8	0.525 6	4.183 6	0.001 9
R^2	0.636 4	Mean dependent var	4.729 1	
Adjusted R^2	0.600 0	S. D. dependent var	0.592 8	
S. E. of regression	0.374 9	Akaike info criterion	1.026 7	
Sum squared resid	1.405 6	Schwarz criterion	1.107 6	
Log likelihood	−4.160 4	Hannan-Quinn criter.	0.996 8	
F-statistic	17.502 8	Durbin-Watson stat	2.127 0	
Prob（*F*-statistic）	0.001 9			

2002—2013 年西藏自治区 R&D 活动的生产函数的回归效果，如图 4-4所示。

综上所述，2002—2013 年西藏自治区 R&D 活动的生产函数为：

$$\frac{\hat{Y}_{t-1}}{L_t}=e^{1.2851}\left(\frac{K_t}{L_t}\right)^0\times W^{2.1988}\times\left(\frac{F_t}{L_t}\right)^0 \tag{4-8}$$

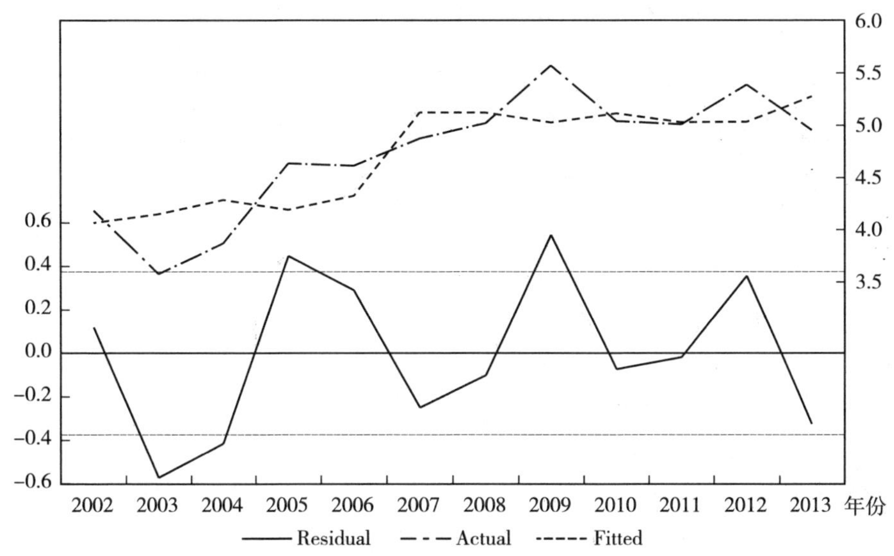

图 4－4　2002—2013 年西藏自治区 R&D 活动的生产函数的回归效果

由 C—D 生产函数和式 4－8 可知：

（1）A 是反映影响 R&D 活动的综合系数，A=3.615 0，这说明西藏自治区 R&D 活动的整体环境一般。

（2）β、λ 和 μ 分别是西藏自治区 R&D 经费内部支出产出、R&D 人才待遇产出和 R&D 环境产出的弹性系数，分别为 0、2.198 8 和 0，这首先说明西藏自治区 R&D 人才待遇产出的弹性系数更大，增加人才待遇具有更大的产出效果；其次说明西藏自治区 R&D 活动投入产出为递增报酬型（$\beta+\lambda+\mu>1$），表明扩大 R&D 活动投入对增加产出有利。

4.2.5　重庆市

按照 2002—2013 年数据，对重庆市 R&D 活动的生产函数进行回归分析，计算相关系数 R=0.923 6，R^2=0.853 0，R^2>0.7，符合回归相关显著性检验要求。假设科技产出有 1 年的时滞影响，计算相关系数 R=0.932 9，R^2=0.870 3，R^2>0，因此，考虑科技产出有 1 年的时滞影响的回归结果更理想。

根据 2002—2015 年《中国统计年鉴》和《中国科技统计年鉴》，以及按照 4.1.2 数据来源的说明，整理计算得到重庆市 R&D 活动的投入产出要素，结果见附表 5，其中，重庆市 R&D 活动的回归原始数据如表 4－24 所示。

表 4-24　2002—2013 年重庆市 R&D 活动的原始数据

单位：件，万元

年份	每千人三种专利申请数（Y/L）	每千人 R&D 经费支出（K/L）	国有单位平均工资（W）	每千人 R&D 环境投入（F/L）	K/L—消物价因素	W—消物价因素	F/L—消物价因素
2002	240.64	6.61	1.18	2.16	9.03	1.62	2.96
2003	249.08	8.38	1.36	2.11	11.16	1.81	2.81
2004	276.99	10.49	1.58	2.59	13.61	2.06	3.37
2005	262.84	13.00	1.86	3.01	16.43	2.35	3.81
2006	250.28	13.75	2.14	3.60	16.94	2.64	4.43
2007	263.75	14.89	2.54	5.55	17.87	3.04	6.66
2008	391.69	17.49	2.98	7.34	20.45	3.48	8.58
2009	651.96	22.71	3.44	9.00	25.87	3.92	10.25
2010	864.05	27.05	3.72	9.77	30.02	4.13	10.85
2011	956.36	31.55	4.36	12.81	34.11	4.72	13.85
2012	1 063.69	34.66	5.05	15.10	36.52	5.32	15.91
2013	1 051.29	33.56	5.59	15.96	34.44	5.73	16.38

注：专利申请数为 2003—2014 年数据。

按照 C—D 生产函数的求解方法，首先对 C—D 生产函数取自然数，再进行线性回归分析。对表 4-24 的相关数据分别取对数，结果如表 4-25 所示。

表 4-25　2002—2013 年重庆市 R&D 人才投入回归变量值取对数后的结果

年份	每千人三种专利申请数 $\ln(Y/L)$	每千人 R&D 经费支出 $\ln(K/L)$	国有单位平均工资 $\ln W$	每千人 R&D 环境投入 $\ln(F/L)$
2002	5.483 3	2.200 9	0.482 3	1.084 1
2003	5.517 8	2.412 7	0.593 1	1.032 4
2004	5.624 0	2.610 7	0.721 0	1.214 2
2005	5.571 5	2.799 3	0.855 8	1.336 8
2006	5.522 6	2.829 7	0.969 4	1.488 5
2007	5.575 0	2.883 2	1.113 2	1.896 0
2008	5.970 5	3.018 0	1.247 0	2.149 8
2009	6.480 0	3.253 0	1.365 2	2.327 5
2010	6.761 6	3.401 9	1.417 8	2.384 0

（续）

年份	每千人三种专利申请数 ln(Y/L)	每千人 R&D 经费支出 ln(K/L)	国有单位平均工资 lnW	每千人 R&D 环境投入 ln(F/L)
2011	6.863 1	3.529 7	1.551 0	2.628 6
2012	6.969 5	3.597 8	1.672 0	2.766 7
2013	6.957 8	3.539 2	1.746 5	2.796 0

应用 Excel 对表 4－25 进行回归分析，观测值个数为 12，相关系数 $R=0.955\ 2$，$R^2=0.912\ 5$，标准误差 $S=0.222\ 1$；Sig. $F=0.000\ 1$；三元回归系数如表 4－26 所示。

表 4－26　三元回归系数

	Coefficients	标准误差	T-Stat	P-Value	Lower 95%	Upper 95%
Intercept	1.339 6	1.585 0	0.845 2	0.422 6	－2.315 4	4.994 5
K/L	1.674 9	0.869 0	1.927 4	0.090 1	－0.329 0	3.678 9
W	－2.882 5	1.682 8	－1.712 9	0.125 1	－6.763 1	0.998 0
F/L	1.574 8	0.721 1	2.183 9	0.060 5	－0.088 1	3.237 7

显著性检验判断结果：

（1）$R^2=0.912\ 5>0.7$，这说明重庆市 R&D 活动的生产函数回归方程通过显著拟合度检验。

（2）Sig. $F=0.000\ 1<0.05$，这说明回归方程具有整体显著性。

（3）对于 K/L、W 和 F/L，有 T-Stat 值都小于 2，这说明回归系数没有通过显著性检验，分别删除 T-Stat 绝对值更小的 ln(W) 和 ln(K/L) 列后，应用 Excel 对表 4－25 重新进行回归。

回归分析的结果：观测值个数为 12，相关系数 $R=0.932\ 9$，$R^2=0.870\ 3$，标准误差 $S=0.241\ 7$；Sig. $F=0$；一元回归系数如表 4－27 所示。

表 4－27　一元回归系数

	Coefficients	标准误差	T-Stat	P-Value	Lower 95%	Upper 95%
Intercept	4.391 1	0.220 9	19.878 1	0.000 0	3.898 9	4.883 3
F/L	0.891 8	0.108 9	8.192 2	0.000 0	0.649 2	1.134 3

显著性检验判断结果：

（1）R^2=0.870 3>0.7，这说明重庆市R&D活动的生产函数回归方程通过显著拟合度检验。

（2）Sig. $F=0<0.05$，这说明回归方程具有整体显著性。

（3）对于F/L，其T-Stat值大于2，这说明F/L的回归系数具有显著性。

应用Eviews 8.0分析2002—2013年重庆市R&D活动的生产函数，回归参数如表4-28所示。

表4-28　重庆市R&D活动的生产函数回归参数

Variable	Coefficient	Std. Error	T-Statistic	Prob.
C	4.391 0	0.220 9	19.879 7	0.000 0
F/L	0.891 8	0.108 8	8.193 1	0.000 0
R^2	0.870 3	Mean dependent var	6.108 1	
Adjusted R^2	0.857 4	S. D. dependent var	0.640 1	
S. E. of regression	0.241 7	Akaike info criterion	0.148 9	
Sum squared resid	0.584 3	Schwarz criterion	0.229 8	
Log likelihood	1.106 4	Hannan-Quinn criter.	0.119 0	
F-statistic	67.127 6	Durbin-Watson stat	0.662 5	
Prob（F-statistic）	0.000 0			

2002—2013年重庆市R&D活动的生产函数的回归效果，如图4-5所示。

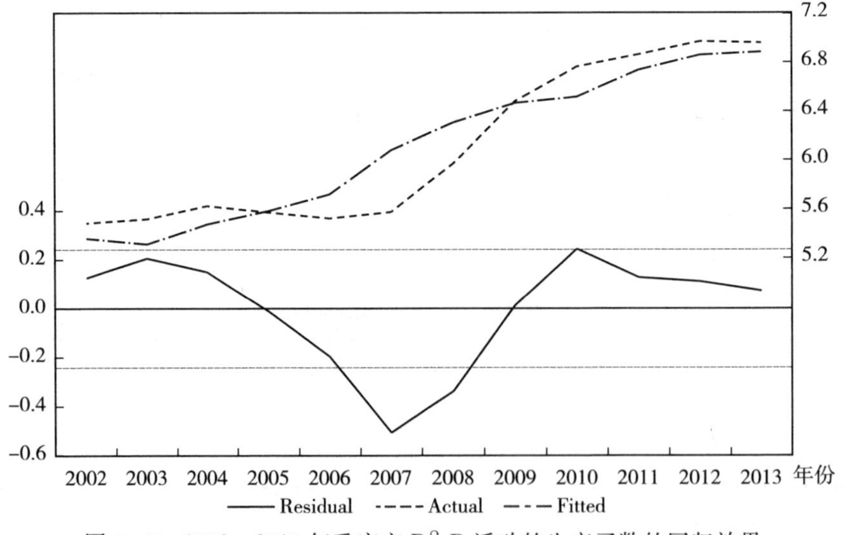

图4-5　2002—2013年重庆市R&D活动的生产函数的回归效果

综上所述，2002—2013 年重庆市 R&D 活动的生产函数为：

$$\frac{\hat{Y}_{t+1}}{L_t}=e^{4.391\,0}\left(\frac{K_t}{L_t}\right)^{0}\times W^{0}\times\left(\frac{F_t}{L_t}\right)^{0.891\,8} \qquad (4-9)$$

由 C—D 生产函数和式 4-9 可知：

（1）A 是反映影响 R&D 活动的综合系数，$A=80.721\,1$，这说明重庆市 R&D 活动的整体环境非常显著。

（2）β、λ 和 μ 分别是重庆市 R&D 经费内部支出产出、R&D 人才待遇产出和 R&D 环境产出的弹性系数，分别为 0、0 和 0.891 8，这首先说明重庆市 R&D 活动环境产出的弹性系数更大，增加环境投入具有更大的产出效果；其次说明重庆市 R&D 活动投入产出为递减报酬型（$\beta+\lambda+\mu<1$），表明扩大 R&D 活动投入对增加产出不利。

4.3　西北地区 5 省（自治区）

根据我国相关地理分区概念，西北地区包括陕西、甘肃、青海、宁夏回族自治区和新疆维吾尔自治区 5 省（自治区），分别建立西北地区 5 省（自治区）R&D 人才投入的产出函数，为分析 R&D 人才投入的影响因素提供历史数据，为改进 R&D 人才投入提供依据。

4.3.1　陕西省

按照 2002—2013 年数据，对陕西省 R&D 活动的生产函数进行回归分析，计算相关系数 $R=0.988\,1$，$R^2=0.976\,4$，$R^2>0.7$，符合回归相关显著性检验要求。假设科技产出有 1 年的时滞影响，计算相关系数 $R=0.992\,3$，$R^2=0.984\,8$，$R^2>0$，因此，考虑科技产出有 1 年的时滞影响的回归结果更理想。

根据 2003—2015 年《中国统计年鉴》和《中国科技统计年鉴》，以及按照 4.1.2 数据来源的说明，整理计算得到陕西省 R&D 活动的投入产出要素，结果见附表 6，其中，陕西省 R&D 活动的回归原始数据如表 4-29 所示。

表 4-29　2002—2013 年陕西省 R&D 活动的原始数据

单位：件，万元

年份	每千人三种专利申请数（Y/L）	每千人 R&D 经费支出（K/L）	国有单位平均工资（W）	每千人 R&D 环境投入（F/L）	K/L—消物价因素	W—消物价因素	F/L—消物价因素
2002	74.71	13.26	1.08	1.17	18.12	1.48	1.60
2003	66.62	14.08	1.18	1.24	18.76	1.58	1.65
2004	81.81	16.40	1.33	1.35	21.28	1.73	1.76
2005	106.54	17.22	1.52	1.77	21.77	1.92	2.23
2006	142.94	17.05	1.71	2.30	21.01	2.11	2.83
2007	182.85	18.70	2.17	3.48	22.45	2.60	4.17
2008	240.46	22.13	2.65	5.31	25.88	3.10	6.20
2009	337.29	27.85	3.20	7.05	31.73	3.65	8.03
2010	440.14	29.70	3.45	8.21	32.97	3.83	9.11
2011	593.31	33.93	4.03	10.11	36.69	4.36	10.93
2012	695.23	34.85	4.55	11.79	36.72	4.80	12.42
2013	601.44	36.65	4.84	10.80	37.62	4.97	11.09

注：专利申请数为 2003—2014 年数据。

按照 C—D 生产函数的求解方法，首先对 C—D 生产函数取自然数，再进行线性回归分析。对表 4-29 的相关数据分别取对数，结果如表 4-30 所示。

表 4-30　2002—2013 年陕西省 R&D 人才投入回归变量值取对数后的结果

年份	每千人三种专利申请数 $\ln(Y/L)$	每千人 R&D 经费支出 $\ln(K/L)$	国有单位平均工资 $\ln W$	每千人 R&D 环境投入 $\ln(F/L)$
2002	4.313 6	2.897 2	0.389 2	0.472 4
2003	4.199 0	2.931 5	0.454 9	0.500 9
2004	4.404 5	3.057 8	0.548 2	0.563 2
2005	4.668 5	3.080 6	0.654 7	0.803 0
2006	4.962 4	3.044 8	0.747 2	1.041 5
2007	5.208 7	3.111 1	0.955 0	1.428 7
2008	5.482 6	3.253 3	1.131 5	1.825 2
2009	5.820 9	3.457 2	1.293 4	2.083 1

（续）

年份	每千人三种专利申请数 ln(Y/L)	每千人 R&D 经费支出 ln(K/L)	国有单位平均工资 lnW	每千人 R&D 环境投入 ln(F/L)
2010	6.087 1	3.495 5	1.343 4	2.209 1
2011	6.385 7	3.602 5	1.473 2	2.391 8
2012	6.544 2	3.603 3	1.567 8	2.519 3
2013	6.399 3	3.627 5	1.602 6	2.405 9

应用 Excel 对表 4－30 进行回归分析，观测值个数为 12，相关系数 $R=0.9947$，$R^2=0.9894$，标准误差 $S=0.1045$；Sig. $F=0$；三元回归系数如表 4－31 所示。

表 4－31　三元回归系数

	Coefficients	标准误差	T-Stat	P-Value	Lower 95%	Upper 95%
Intercept	2.086 6	1.484 0	1.406 1	0.197 3	−1.335 5	5.508 6
K/L	0.568 0	0.570 1	0.996 2	0.348 3	−0.746 7	1.882 6
W	0.560 6	0.859 7	0.652 1	0.532 6	−1.4219	2.543 1
F/L	0.568 8	0.385 7	1.474 8	0.178 5	−0.320 6	1.458 3

显著性检验判断结果：

（1）$R^2=0.9894>0.7$，这说明陕西省 R&D 活动的生产函数回归方程通过显著拟合度检验。

（2）Sig. $F=0<0.05$，这说明回归方程具有整体显著性。

（3）对于 K/L、W 和 F/L，其 T-Stat 值都小于 2，这说明回归系数没有通过显著性检验，分别删除 T-Stat 绝对值更小的 $\ln W$ 和 $\ln(K/L)$ 列后，应用 Excel 对表 4－30 重新进行回归。

回归分析的结果：观测值个数为 12，相关系数 $R=0.9923$，$R^2=0.9848$，标准误差 $S=0.1125$；Sig. $F=0$；一元回归系数如表 4－32 所示。

表 4－32　一元回归系数

	Coefficients	标准误差	T-Stat	P-Value	Lower 95%	Upper 95%
Intercept	3.756 3	0.071 4	52.588 5	0.000 0	3.597 2	3.915 5
F/L	1.063 4	0.041 8	25.414 1	0.000 0	0.970 2	1.156 6

显著性检验判断结果：

（1）R^2＝0.984 8＞0.7，这说明陕西省 R&D 活动的生产函数回归方程通过显著拟合度检验。

（2）Sig. F＝0＜0.05，这说明回归方程具有整体显著性。

（3）对于 F/L，其 T-Stat 值大于 2，这说明 F/L 的回归系数具有显著性。

应用 Eviews 8.0 分析 2002—2013 年陕西省 R&D 活动的生产函数，回归参数如表 4－33 所示。

表 4－33　陕西省 R&D 活动的生产函数回归参数

Variable	Coefficient	Std. Error	T-Statistic	Prob.
C	3.756 3	0.071 4	52.592 9	0.000 0
F/L	1.063 4	0.041 8	25.415 4	0.000 0
R^2	0.984 8	Mean dependent var	5.373 0	
Adjusted R^2	0.983 2	S. D. dependent var	0.868 8	
S. E. of regression	0.112 5	Akaike info criterion	−1.380 5	
Sum squared resid	0.126 6	Schwarz criterion	−1.299 7	
Log likelihood	10.282 9	Hannan-Quinn criter.	−1.410 4	
F-statistic	645.940 9	Durbin-Watson stat	0.986 4	
Prob（F-statistic）	0.000 0			

2002—2013 年陕西省 R&D 活动的生产函数的回归效果，如图 4－6 所示。

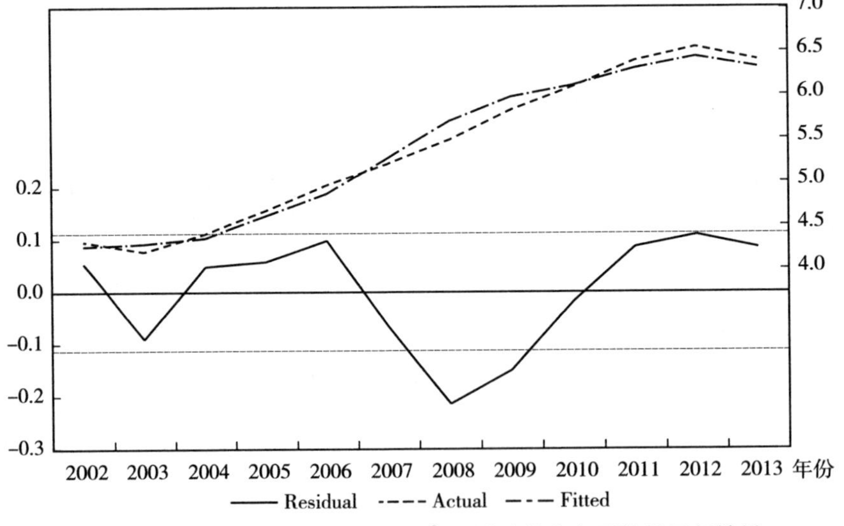

图 4－6　2002—2013 年陕西省 R&D 活动的生产函数的回归效果

综上所述，2002—2013 年陕西省 R&D 活动的生产函数为：

$$\frac{\hat{Y}_{t+1}}{L_t}=e^{3.7563}\left(\frac{K_t}{L_t}\right)^0\times W^0\times\left(\frac{F_t}{L_t}\right)^{1.0634} \qquad (4-10)$$

由 C—D 生产函数和式 4－10 可知：

（1）A 是反映影响 R&D 活动的综合系数，$A=42.7898$，这说明陕西省 R&D 活动的整体环境非常显著。

（2）β、λ 和 μ 分别是陕西省 R&D 经费内部支出产出、R&D 人才待遇产出和 R&D 环境产出的弹性系数，分别为 0、0 和 1.063 4，这首先说明陕西省 R&D 活动环境产出的弹性系数更大，增加环境投入具有更大的产出效果；其次说明陕西省 R&D 活动投入产出为递增报酬型（$\beta+\lambda+\mu>1$），表明扩大 R&D 活动投入对增加产出有利。

4.3.2 甘肃省

按照 2002—2013 年数据，对甘肃省 R&D 活动的生产函数进行回归分析，计算相关系数 $R=0.9442$，$R^2=0.8915$，$R^2>0.7$，符合回归相关显著性检验要求。假设科技产出有 1 年的时滞影响，计算相关系数 $R=0.9445$，$R^2=0.8920$，$R^2>0$，因此，考虑科技产出有 1 年的时滞影响的回归结果更理想。

根据 2003—2015 年《中国统计年鉴》和《中国科技统计年鉴》，以及按照 4.1.2 数据来源的说明，整理计算得到甘肃省 R&D 活动的投入产出要素，结果见附表 7，其中，甘肃省 R&D 活动的回归原始数据如表 4－34 所示。

表 4－34 2002—2013 年甘肃省 R&D 活动的原始数据

单位：件，万元

年份	每千人三种专利申请数（Y/L）	每千人 R&D 经费支出（K/L）	国有单位平均工资（W）	每千人 R&D 环境投入（F/L）	K/L—消物价因素	W—消物价因素	F/L—消物价因素
2002	64.63	7.40	1.19	2.01	10.11	1.63	2.74
2003	58.75	8.26	1.29	1.95	11.01	1.72	2.60
2004	109.05	8.93	1.44	2.51	11.58	1.86	3.26
2005	86.90	11.67	1.58	2.85	14.75	2.00	3.60
2006	96.29	14.37	1.81	3.32	17.70	2.23	4.09
2007	116.04	13.69	2.23	5.70	16.43	2.68	6.84
2008	133.00	15.81	2.53	7.64	18.48	2.96	8.93

（续）

年份	每千人三种专利申请数（Y/L）	每千人 R&D 经费支出（K/L）	国有单位平均工资（W）	每千人 R&D 环境投入（F/L）	K/L—消物价因素	W—消物价因素	F/L—消物价因素
2009	168.15	17.63	2.93	9.38	20.08	3.34	10.69
2010	244.09	19.34	2.99	10.10	21.47	3.32	11.21
2011	387.29	22.74	3.24	13.32	24.59	3.50	14.40
2012	451.69	24.90	3.84	15.00	26.23	4.05	15.80
2013	480.80	26.76	4.56	16.27	27.47	4.68	16.70

注：专利申请数为 2003—2014 年数据。

按照 C—D 生产函数的求解方法，首先对 C—D 生产函数取自然数，再进行线性回归分析。对表 4－34 的相关数据分别取对数，结果如表 4－35 所示。

表 4－35　2002—2013 年甘肃省 R&D 人才投入回归变量值取对数后的结果

年份	每千人三种专利申请数 ln(Y/L)	每千人 R&D 经费支出 ln(K/L)	国有单位平均工资 lnW	每千人 R&D 环境投入 ln(F/L)
2002	4.168 6	2.313 8	0.486 0	1.008 7
2003	4.073 2	2.398 5	0.543 5	0.954 3
2004	4.691 8	2.449 7	0.622 3	1.181 0
2005	4.464 8	2.691 3	0.694 5	1.280 4
2006	4.567 3	2.873 7	0.802 2	1.407 4
2007	4.753 9	2.799 2	0.985 0	1.922 6
2008	4.890 4	2.916 7	1.083 9	2.189 7
2009	5.124 8	2.999 8	1.205 8	2.369 1
2010	5.497 5	3.066 6	1.199 1	2.416 8
2011	5.959 2	3.202 2	1.252 7	2.667 4
2012	6.113 0	3.266 9	1.397 6	2.760 3
2013	6.175 5	3.313 0	1.544 2	2.815 5

应用 Excel 对表 4－35 进行回归分析，观测值个数为 12，相关系数 $R=0.944\ 5$，$R^2=0.892\ 0$，标准误差 $S=0.284\ 0$；Sig. $F=0.000\ 3$；三元回归

系数如表 4 - 36 所示。

表 4 - 36　三元回归系数

	Coefficients	标准误差	*T*-Stat	*P*-Value	Lower 95%	Upper 95%
Intercept	2.118 7	1.941 4	1.091 3	0.306 9	−2.358 2	6.595 6
K/*L*	0.523 2	0.994 3	0.526 2	0.613 0	−1.769 6	2.816 1
W	0.305 7	1.799 8	0.169 8	0.869 4	−3.844 7	4.456 1
F/*L*	0.587 7	0.748 5	0.785 2	0.455 0	−1.138 3	2.313 7

显著性检验判断结果：

（1）$R^2=0.892\ 0>0.7$，这说明甘肃省 R&D 活动的生产函数回归方程通过显著拟合度检验。

（2）Sig. $F=0.000\ 3<0.05$，这说明回归方程具有整体显著性。

（3）对于 K/L、W 和 F/L，其 T-Stat 值都小于 2，这说明回归系数没有通过显著性检验，分别删除 T-Stat 绝对值更小的 $\ln W$ 和 $\ln(K/L)$ 列后，应用 Excel 对表 4 - 35 重新进行回归。

回归分析的结果：观测值个数为 12，相关系数 $R=0.940\ 4$，$R^2=0.884\ 4$，标准误差 $S=0.262\ 8$；Sig. $F=0$；一元回归系数如表 4 - 37 所示。

表 4 - 37　一元回归系数

	Coefficients	标准误差	*T*-Stat	*P*-Value	Lower 95%	Upper 95%
Intercept	3.174 9	0.226 3	14.029 2	0.000 0	2.670 7	3.679 2
F/*L*	0.974 2	0.111 4	8.747 5	0.000 0	0.726 1	1.222 4

显著性检验判断结果：

（1）$R^2=0.884\ 4>0.7$，这说明甘肃省 R&D 活动的生产函数回归方程通过显著拟合度检验。

（2）Sig. $F=0<0.05$，这说明回归方程具有整体显著性。

（3）对于 F/L，其 T-Stat 值大于 2，这说明 F/L 的回归系数具有显著性。

应用 Eviews 8.0 分析 2002—2013 年甘肃省 R&D 活动的生产函数，回归参数如表 4 - 38 所示。

表 4-38　甘肃省 R&D 活动的生产函数回归参数

Variable	Coefficient	Std. Error	*T*-Statistic	Prob.
C	3.174 9	0.226 3	14.029 3	0.000 0
F/L	0.974 2	0.111 4	8.747 8	0.000 0
R^2	0.884 4	Mean dependent var	5.040 0	
Adjusted R^2	0.872 9	S. D. dependent var	0.737 1	
S. E. of regression	0.262 8	Akaike info criterion	0.316 2	
Sum squared resid	0.690 7	Schwarz criterion	0.397 0	
Log likelihood	0.102 7	Hannan-Quinn criter.	0.286 3	
F-statistic	76.523 4	Durbin-Watson stat	0.783 9	
Prob（*F*-statistic）	0.000 0			

2002—2013 年甘肃省 R&D 活动的生产函数的回归效果，如图 4-7 所示。

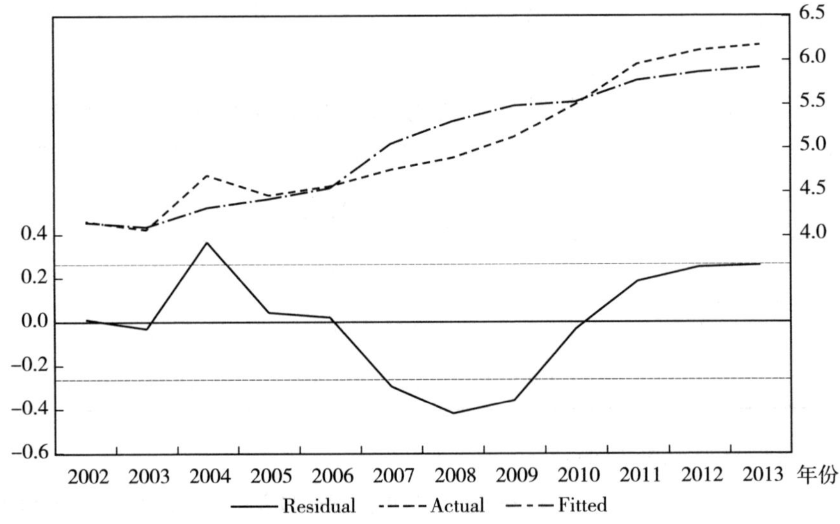

图 4-7　2002—2013 年甘肃省 R&D 活动的生产函数的回归效果

综上所述，2002—2013 年甘肃省 R&D 活动的生产函数为：

$$\frac{\hat{Y}_{t+1}}{L_t}=e^{3.1749}\left(\frac{K_t}{L_t}\right)^0\times W^0\times\left(\frac{F_t}{L_t}\right)^{0.9742} \qquad (4-11)$$

由 C—D 生产函数和式 4-11 可知：

（1）*A* 是反映影响 R&D 活动的综合系数，*A*=23.924 4，这说明甘肃省 R&D 活动的整体环境显著。

（2）β、λ 和 μ 分别是甘肃省 R&D 经费内部支出产出、R&D 人才待遇产出和 R&D 环境产出的弹性系数，分别为 0、0 和 0.974 2，这首先说明甘肃省 R&D 活动环境产出的弹性系数更大，增加环境投入具有更大的产出效果；其次说明甘肃省 R&D 活动投入产出为递减报酬型（$\beta+\lambda+\mu<1$），表明扩大 R&D 活动投入对增加产出不利。

4.3.3　青海省

按照 2002—2013 年数据，对青海省 R&D 活动的生产函数进行回归分析，计算相关系数 $R=0.854\ 2$，$R^2=0.729\ 7$，$R^2>0.7$，符合回归相关显著性检验要求。假设科技产出有 1 年的时滞影响，计算相关系数 $R=0.854\ 8$，$R^2=0.730\ 7$，$R^2>0$，因此，考虑科技产出有 1 年的时滞影响的回归结果更理想。

根据 2003—2015 年《中国统计年鉴》和《中国科技统计年鉴》，以及按照 4.1.2 数据来源的说明，整理计算得到青海省 R&D 活动的投入产出要素，结果见附表 8，其中，青海省 R&D 活动的回归原始数据如表 4-39 所示。

表 4-39　2002—2013 年青海省 R&D 活动的原始数据

单位：件，万元

年份	每千人三种专利申请数（Y/L）	每千人 R&D 经费支出（K/L）	国有单位平均工资（W）	每千人 R&D 环境投入（F/L）	K/L—消物价因素	W—消物价因素	F/L—消物价因素
2002	101.17	12.28	1.60	6.09	16.79	2.18	8.33
2003	63.27	12.24	1.67	6.40	16.31	2.22	8.53
2004	95.58	13.27	1.87	5.40	17.23	2.42	7.01
2005	125.48	11.58	2.12	6.31	14.64	2.68	7.98
2006	148.28	12.64	2.50	7.46	15.57	3.08	9.19
2007	148.11	13.06	2.97	13.47	15.67	3.56	16.16
2008	199.60	15.60	3.55	22.94	18.24	4.15	26.82
2009	130.87	16.52	3.93	20.55	18.82	4.48	23.41
2010	150.62	20.37	4.14	26.75	22.61	4.60	29.69
2011	168.46	25.15	4.69	24.34	27.19	5.08	26.31
2012	211.35	25.19	5.07	34.03	26.54	5.34	35.85
2013	319.58	28.75	5.54	38.88	29.51	5.69	39.90

注：专利申请数为 2003—2014 年数据。

按照 C—D 生产函数的求解方法，首先对 C—D 生产函数取自然数，再进行线性回归分析。对表 4-39 的相关数据分别取对数，结果如表 4-40 所示。

表 4-40　2002—2013 年青海省 R&D 人才投入回归变量值取对数后的结果

年份	每千人三种专利申请数 $\ln(Y/L)$	每千人 R&D 经费支出 $\ln(K/L)$	国有单位平均工资 $\ln W$	每千人 R&D 环境投入 $\ln(F/L)$
2002	4.616 8	2.820 7	0.780 5	2.119 4
2003	4.147 3	2.791 7	0.799 0	2.143 3
2004	4.559 9	2.846 4	0.885 8	1.947 0
2005	4.832 2	2.684 1	0.984 0	2.076 6
2006	4.999 1	2.745 6	1.124 1	2.217 8
2007	4.998 0	2.751 8	1.270 4	2.782 5
2008	5.296 3	2.903 6	1.422 0	3.289 3
2009	4.874 2	2.935 0	1.499 7	3.153 2
2010	5.014 7	3.118 3	1.525 3	3.390 9
2011	5.126 7	3.303 0	1.624 4	3.270 1
2012	5.353 5	3.278 7	1.676 0	3.579 3
2013	5.767 0	3.384 7	1.738 2	3.686 4

应用 Excel 对表 4-40 进行回归分析，观测值个数为 12，相关系数 $R=0.854\,8$，$R^2=0.730\,7$，标准误差 $S=0.253\,9$；Sig. $F=0.011\,5$；三元回归系数如表 4-41 所示。

表 4-41　三元回归系数

	Coefficients	标准误差	*T*-Stat	*P*-Value	Lower 95%	Upper 95%
Intercept	3.849 5	1.270 7	3.029 4	0.016 3	0.919 2	6.779 8
K/L	−0.049 8	0.569 8	−0.087 4	0.932 5	−1.363 8	1.264 1
W	1.274 0	0.819 0	1.555 5	0.158 4	−0.614 7	3.162 7
F/L	−0.129 7	0.444 4	−0.291 9	0.777 8	−1.154 6	0.895 2

显著性检验判断结果：

（1）$R^2=0.730\,7>0.7$，这说明青海省 R&D 活动的生产函数回归方程通过显著拟合度检验。

（2）Sig. F=0.011 5<0.05，这说明回归方程具有整体显著性。

（3）对于 K/L、W 和 F/L，其 T-Stat 值都小于 2，这说明回归系数没有通过显著性检验，分别删除 T-Stat 绝对值更小的 ln(F/L) 和 ln(K/L) 列后，应用 Excel 对表 4－40 重新进行回归。

回归分析的结果：观测值个数为 12，相关系数 R=0.852 6，R^2=0.727 0，标准误差 S=0.228 6；Sig. F=0.000 4；一元回归系数如表 4－42 所示。

表 4－42　一元回归系数

	Coefficients	标准误差	T-Stat	P-Value	Lower 95%	Upper 95%
Intercept	3.674 3	0.258 8	14.197 7	0.000 0	3.097 7	4.250 9
W	1.010 8	0.195 9	5.159 9	0.000 4	0.574 3	1.447 2

显著性检验判断结果：

（1）R^2=0.727 0>0.7，这说明青海省 R&D 活动的生产函数回归方程通过显著拟合度检验。

（2）Sig. F=0.004<0.05，这说明回归方程具有整体显著性。

（3）对于 F/L，其 T-Stat 值大于 2，这说明 F/L 的回归系数都有显著性。

应用 Eviews 8.0 分析 2002—2013 年青海省 R&D 活动的生产函数，回归参数如表 4－43 所示。

表 4－43　青海省 R&D 活动的生产函数回归参数

Variable	Coefficient	Std. Error	T-Statistic	Prob.
C	3.674 2	0.258 8	14.196 0	0.000 0
W	1.010 8	0.195 9	5.159 7	0.000 4
R^2	0.726 9	Mean dependent var	5.040 0	
Adjusted R^2	0.699 6	S. D. dependent var	0.737 1	
S. E. of regression	0.228 6	Akaike info criterion	0.316 2	
Sum squared resid	0.522 8	Schwarz criterion	0.397 0	
Log likelihood	1.773 6	Hannan-Quinn criter.	0.286 3	
F-statistic	26.622 9	Durbin-Watson stat	0.783 9	
Prob（F-statistic）	0.000 4			

2002—2013 年青海省 R&D 活动的生产函数的回归效果，如图 4－8 所示。

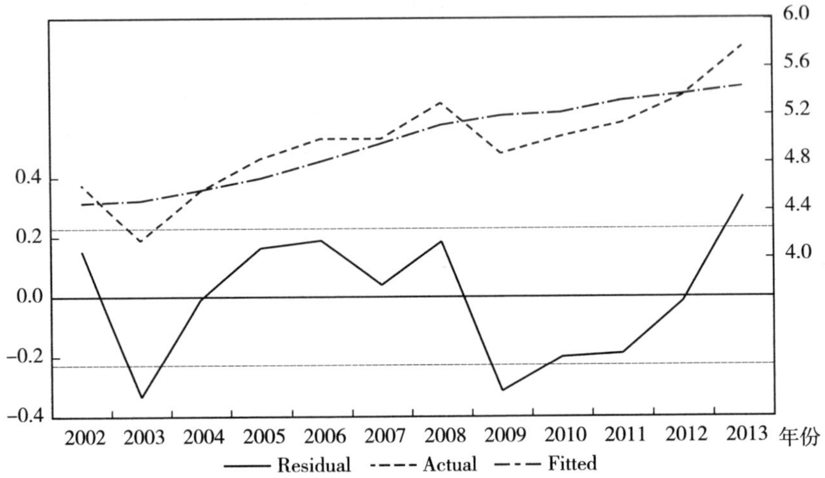

图 4－8　2002—2013 年青海省 R&D 活动的生产函数的回归效果

综上所述，2002—2013 年青海省 R&D 活动的生产函数为：

$$\frac{\hat{Y}_{t+1}}{L_t}=e^{3.6742}\left(\frac{K_t}{L_t}\right)^0\times W^{1.0108}\times\left(\frac{F_t}{L_t}\right)^0 \qquad (4-12)$$

由 C—D 生产函数和式 4－12 可知：

（1）A 是反映影响 R&D 活动的综合系数，$A=39.4171$，这说明青海省 R&D 活动的整体环境显著。

（2）β、λ 和 μ 分别是青海省 R&D 经费内部支出产出、R&D 人才待遇产出和 R&D 环境产出的弹性系数，分别为 0、1.010 8 和 0，这首先说明青海省 R&D 活动的人才待遇产出的弹性系数更大，增加人才待遇投入具有更大的产出效果；其次说明青海省 R&D 活动投入产出为递减报酬型（$\beta+\lambda+\mu>1$），表明扩大 R&D 活动投入对增加产出有利。

4.3.4　宁夏回族自治区

按照 2002—2013 年数据，对宁夏回族自治区 R&D 活动的生产函数进行回归分析，计算相关系数 $R=0.6215$，$R^2=0.3863$，$R^2<0.7$，不符合回归相关显著性检验要求。经过假设科技产出有 1 年和有 2 年的时滞影响，其中有 2 年时滞影响的相关系数更大，且 $R=0.8173$，$R^2=0.6680$，$0.5<R^2<0.7$，因此，考虑科技产出有 2 年的时滞影响的回归结果更理想。

根据 2003—2016 年《中国统计年鉴》和《中国科技统计年鉴》，以及按照 4.1.2 数据来源的说明，整理计算得到宁夏回族自治区 R&D 活动的投入产出要素，结果见附表 9，其中，宁夏回族自治区 R&D 活动的回归原始数据如表 4-44 所示。

表 4-44　2002—2013 年宁夏回族自治区 R&D 活动的原始数据

单位：件，万元

年份	每千人三种专利申请数（Y/L）	每千人 R&D 经费支出（K/L）	国有单位平均工资（W）	每千人 R&D 环境投入（F/L）	K/L—消物价因素	W—消物价因素	F/L—消物价因素
2002	140.00	7.02	1.25	5.32	9.59	1.71	7.27
2003	161.76	7.52	1.37	4.54	10.02	1.83	6.05
2004	187.96	8.68	1.52	4.59	11.27	1.97	5.96
2005	206.91	7.90	1.76	5.45	9.99	2.23	6.90
2006	246.49	11.34	2.14	5.20	13.97	2.63	6.40
2007	229.68	13.49	2.67	10.48	16.19	3.20	12.58
2008	143.50	14.56	3.11	11.59	17.03	3.64	13.55
2009	155.92	15.03	3.38	9.83	17.12	3.84	11.19
2010	311.13	18.03	3.53	13.81	20.01	3.92	15.32
2011	438.86	20.79	4.12	18.80	22.48	4.46	20.33
2012	436.05	22.47	4.69	21.76	23.67	4.94	22.93
2013	535.85	25.49	4.99	23.09	26.16	5.12	23.70

注：专利申请数为 2004—2015 年数据。

按照 C—D 生产函数的求解方法，首先对 C—D 生产函数取自然数，再进行线性回归分析。对表 4-44 的相关数据分别取对数，结果如表 4-45 所示。

表 4-45　2002—2013 年宁夏回族自治区 R&D 人才投入回归变量值取对数后的结果

年份	每千人三种专利申请数 ln(Y/L)	每千人 R&D 经费支出 ln(K/L)	国有单位平均工资 ln$W$	每千人 R&D 环境投入 ln(F/L)
2002	4.941 6	2.261 1	0.533 6	1.983 3
2003	5.086 1	2.304 7	0.603 0	1.800 0
2004	5.236 2	2.4220	0.680 1	1.785 3
2005	5.332 3	2.301 5	0.801 8	1.931 0

（续）

年份	每千人三种专利申请数 ln(Y/L)	每千人 R&D 经费支出 ln(K/L)	国有单位平均工资 lnW	每千人 R&D 环境投入 ln(F/L)
2006	5.507 3	2.636 6	0.967 9	1.856 3
2007	5.436 7	2.784 3	1.164 0	2.531 8
2008	4.966 3	2.834 8	1.291 3	2.606 6
2009	5.049 4	2.840 3	1.346 7	2.415 3
2010	5.740 2	2.996 0	1.366 4	2.729 4
2011	6.084 2	3.112 6	1.494 4	3.012 0
2012	6.077 8	3.164 3	1.597 1	3.132 3
2013	6.283 9	3.264 3	1.633 8	3.165 7

应用 Excel 对表 4－40 进行回归分析，观测值个数为 12，相关系数 $R=0.817\ 3$，$R^2=0.668\ 0$，标准误差 $S=0.316\ 5$；Sig. $F=0.025\ 6$；三元回归系数如表 4－46 所示。

表 4－46　三元回归系数

	Coefficients	标准误差	T-Stat	P-Value	Lower 95%	Upper 95%
Intercept	0.348 4	2.424 5	0.143 7	0.889 3	−5.242 5	5.939 3
K/L	2.265 0	1.466 8	1.544 2	0.161 1	−1.117 5	5.647 4
W	−1.420 3	1.256 1	−1.130 7	0.290 9	−4.316 9	1.476 3
F/L	0.212 1	0.562 1	0.377 3	0.715 7	−1.084 0	1.508 2

显著性检验判断结果：

（1）$0.5<R^2=0.668\ 0<0.7$，这说明宁夏回族自治区 R&D 活动的生产函数回归方程通过一般拟合度检验。

（2）Sig. $F=0.025\ 6<0.05$，这说明：回归方程具有整体显著性。

（3）对于 K/L、W 和 F/L，其 T-Stat 值都小于 2，这说明回归系数没有通过显著性检验，分别删除 T-Stat 绝对值更小的 $\ln(F/L)$ 和 $\ln W$ 列后，应用 Excel 对表 4－45 重新进行回归。

回归分析的结果：观测值个数为 12，相关系数 $R=0.783\ 4$，$R^2=$

0.613 7，标准误差 S=0.305 4；Sig. F=0.002 6；一元回归系数如表 4-47 所示。

表 4-47　一元回归系数

	Coefficients	标准误差	T-Stat	P-Value	Lower 95%	Upper 95%
Intercept	2.659 1	0.712 9	3.730 0	0.003 9	1.070 6	4.247 5
K/L	1.027 7	0.257 9	3.985 4	0.002 6	0.453 1	1.602 2

显著性检验判断结果：

（1）$0.5<R^2=0.613\ 7<0.7$，这说明宁夏回族自治区 R&D 活动的生产函数回归方程通过一般拟合度检验。

（2）Sig. $F=0.002\ 6<0.05$，这说明回归方程具有整体显著性。

（3）对于 K/L，其 T-Stat 值大于 2，这说明 K/L 的回归系数具有显著性。

应用 Eviews 8.0 分析 2002—2013 年宁夏回族自治区 R&D 活动的生产函数，回归参数如表 4-48 所示。

表 4-48　宁夏回族自治区 R&D 活动的生产函数回归参数

Variable	Coefficient	Std. Error	T-Statistic	Prob.
C	2.659 0	0.712 9	3.730 1	0.003 9
K/L	1.027 7	0.257 8	3.985 7	0.002 6
R^2	0.613 7	Mean dependent var	5.478 5	
Adjusted R^2	0.575 1	S. D. dependent var	0.468 5	
S. E. of regression	0.305 4	Akaike info criterion	0.616 7	
Sum squared resid	0.932 8	Schwarz criterion	0.697 5	
Log likelihood	−1.700 2	Hannan-Quinn criter.	0.586 8	
F-statistic	15.886 2	Durbin-Watson stat	0.817 3	
Prob（F-statistic）	0.002 6			

2002—2013 年宁夏回族自治区 R&D 活动的生产函数的回归效果，如图 4-9 所示。

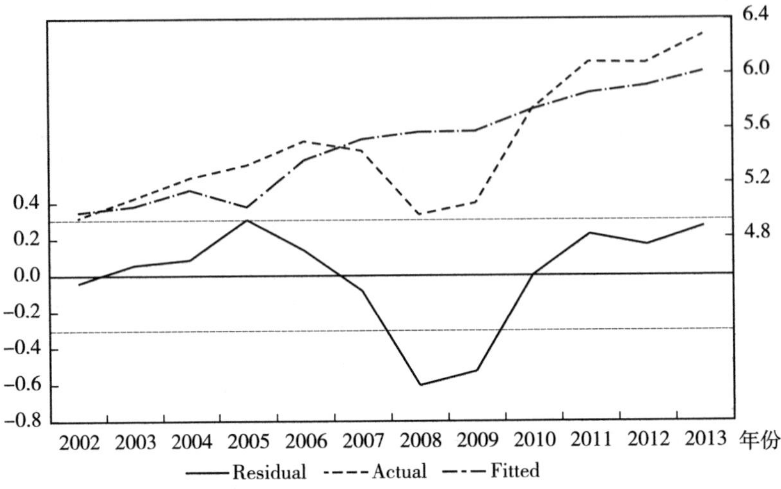

图 4-9 2002—2013 年宁夏回族自治区 R&D 活动的生产函数的回归效果

综上所述，2002—2013 年宁夏回族自治区 R&D 活动的生产函数为：

$$\frac{\hat{Y}_{t+2}}{L_t}=\mathrm{e}^{2.659\,0}\left(\frac{K_t}{L_t}\right)^{1.027\,7}\times W^0\times\left(\frac{F_t}{L_t}\right)^0 \qquad (4-13)$$

由 C—D 生产函数和式 4-13 可知：

(1) A 是反映影响 R&D 活动的综合系数，$A=14.282$，这说明宁夏回族自治区 R&D 活动的整体环境显著。

(2) β、λ 和 μ 分别是宁夏回族自治区 R&D 经费内部支出产出、R&D 人才待遇产出和 R&D 环境产出的弹性系数，分别为 1.027 7、0 和 0.974 2，这首先说明宁夏回族自治区 R&D 经费内部支出的产出弹性系数更大，增加 R&D 经费内部支出投入具有更大的产出效果；其次说明宁夏回族自治区 R&D 活动投入产出为递减报酬型（$\beta+\lambda+\mu>1$），表明扩大 R&D 活动投入对增加产出有利。

4.3.5 新疆维吾尔自治区

按照 2002—2013 年数据，对新疆维吾尔自治区 R&D 活动的生产函数进行回归分析，计算相关系数 $R=0.648\,9$，$R^2=0.421\,0$，$R^2<0.7$，不符合回归相关显著性检验要求。经过假设科技产出有 1 年和有 2 年的时滞影响，其中有 2 年时滞影响的相关系数更大，且 $R=0.867\,9$，$R^2=0.753\,2$，$R^2>0.7$，因此，考虑科技产出有 2 年的时滞影响的回归结果更理想。

根据 2003—2016 年《中国统计年鉴》和《中国科技统计年鉴》，以及按照 4.1.2 数据来源的说明，整理计算得到新疆维吾尔自治区 R&D 活动的投入产出要素，结果见附表 10，其中，新疆维吾尔自治区 R&D 活动的回归原始数据如表 4-49 所示。

表 4-49　2002—2013 年新疆维吾尔自治区 R&D 活动的原始数据

单位：件，万元

年份	每千人三种专利申请数（Y/L）	每千人 R&D 经费支出（K/L）	国有单位平均工资（W）	每千人 R&D 环境投入（F/L）	K/L—消物价因素	W—消物价因素	F/L—消物价因素
2002	324.35	7.61	1.15	8.14	10.40	1.58	11.12
2003	349.91	7.18	1.32	8.09	9.57	1.76	10.78
2004	370.44	9.85	1.45	7.67	12.78	1.88	9.95
2005	324.75	9.16	1.54	9.26	11.58	1.94	11.70
2006	325.51	11.47	1.77	10.45	14.13	2.18	12.87
2007	324.15	11.29	2.14	15.79	13.55	2.56	18.94
2008	404.09	18.16	2.40	18.62	21.23	2.81	21.77
2009	374.09	17.22	2.76	15.85	19.62	3.14	18.06
2010	489.85	18.57	3.10	17.58	20.61	3.44	19.51
2011	532.30	21.36	3.63	21.81	23.10	3.93	23.59
2012	650.32	25.29	4.25	26.94	26.64	4.48	28.38
2013	892.72	28.80	4.58	31.38	29.56	4.70	32.20

注：专利申请数为 2004—2015 年数据。

按照 C—D 生产函数的求解方法，首先对 C—D 生产函数取自然数，再进行线性回归分析。对表 4-49 的相关数据分别取对数，结果如表 4-50 所示。

表 4-50　2002—2013 年新疆维吾尔自治区 R&D 人才投入回归变量值取对数后的结果

年份	每千人三种专利申请数 $\ln(Y/L)$	每千人 R&D 经费支出 $\ln(K/L)$	国有单位平均工资 $\ln W$	每千人 R&D 环境投入 $\ln(F/L)$
2002	5.781 8	2.342 0	0.456 0	2.408 9
2003	5.857 7	2.258 4	0.564 2	2.377 2
2004	5.914 7	2.548 3	0.630 6	2.297 3
2005	5.783 1	2.448 9	0.664 0	2.459 8

（续）

年份	每千人三种专利申请数 ln(Y/L)	每千人 R&D 经费支出 ln(K/L)	国有单位平均工资 lnW	每千人 R&D 环境投入 ln(F/L)
2006	5.785 4	2.648 3	0.779 7	2.554 9
2007	5.781 2	2.606 0	0.941 8	2.941 5
2008	6.001 6	3.055 6	1.032 5	3.080 4
2009	5.924 5	2.976 3	1.144 9	2.893 5
2010	6.194 1	3.025 6	1.235 8	2.971 1
2011	6.277 2	3.139 7	1.367 7	3.160 7
2012	6.477 5	3.282 4	1.498 5	3.345 6
2013	6.794 3	3.386 3	1.548 5	3.472 1

应用 Excel 对表 4－50 进行回归分析，观测值个数为 12，相关系数 R=0.867 9，R^2=0.753 2，标准误差 S=0.189 8；Sig. F=0.008 2；三元回归系数如表 4－51 所示。

表 4－51　三元回归系数

	Coefficients	标准误差	T-Stat	P-Value	Lower 95%	Upper 95%
Intercept	4.885 9	1.341 5	3.642 1	0.006 6	1.792 4	7.979 5
K/L	0.264 8	0.596 0	0.444 3	0.668 6	−1.109 6	1.639 2
W	0.529 7	0.740 7	0.715 1	0.494 9	−1.178 3	2.237 6
F/L	−0.037 4	0.500 8	−0.074 8	0.942 2	−1.192 2	1.117 3

显著性检验判断结果：

（1）R^2=0.753 2>0.7，这说明新疆维吾尔自治区 R&D 活动的生产函数回归方程通过显著拟合度检验。

（2）Sig. F=0.008 2<0.05，这说明回归方程具有整体显著性。

（3）对于 K/L、W 和 F/L，其 T-Stat 值都小于 2，这说明回归系数没有通过显著性检验，分别删除 T-Stat 绝对值更小的 ln(F/L) 和 ln(K/L) 列后，应用 Excel 对表 4－50 重新进行回归。

回归分析的结果：观测值个数为 12，相关系数 R=0.864 4，R^2=0.747 1，

标准误差 S=0.171 8；Sig. F=0.000 3；一元回归系数如表 4-52 所示。

表 4-52　一元回归系数

	Coefficients	标准误差	T-Stat	P-Value	Lower 95%	Upper 95%
Intercept	5.305 5	0.145 3	36.517 7	0.000 0	4.981 8	5.629 2
W	0.750 8	0.138 1	5.435 8	0.000 3	0.443 0	1.058 5

显著性检验判断结果：

（1）R^2>0.7，这说明新疆维吾尔自治区 R&D 活动的生产函数回归方程通过显著拟合度检验。

（2）Sig. F=0.000 3<0.05，这说明回归方程具有整体显著性。

（3）对于 W，其 T-Stat 值大于 2，这说明 W 的回归系数具有显著性。

应用 Eviews 8.0 分析 2002—2013 年新疆维吾尔自治区 R&D 活动的生产函数，回归参数如表 4-53 所示。

表 4-53　新疆维吾尔自治区 R&D 活动的生产函数回归参数

Variable	Coefficient	Std. Error	T-Statistic	Prob.
C	5.305 4	0.145 3	36.512 8	0.000 0
W	0.750 8	0.138 1	5.435 4	0.000 3
R^2	0.747 1	Mean dependent var	6.047 8	
Adjusted R^2	0.721 8	S. D. dependent var	0.325 8	
S. E. of regression	0.171 9	Akaike info criterion	−0.533 3	
Sum squared resid	0.295 3	Schwarz criterion	−0.452 5	
Log likelihood	5.199 9	Hannan-Quinn criter.	−0.563 2	
F-statistic	29.543 1	Durbin-Watson stat	0.765 6	
Prob（F-statistic）	0.000 3			

2002—2013 年新疆维吾尔自治区 R&D 活动的生产函数的回归效果，如图 4-10 所示。

综上所述，2002—2013 年新疆维吾尔自治区 R&D 活动的生产函数为：

$$\frac{\hat{Y}_{t+2}}{L_t}=\mathrm{e}^{5.305\,4}\left(\frac{K_t}{L_t}\right)^0\times W^{0.750\,8}\times\left(\frac{F_t}{L_t}\right)^0 \qquad (4-14)$$

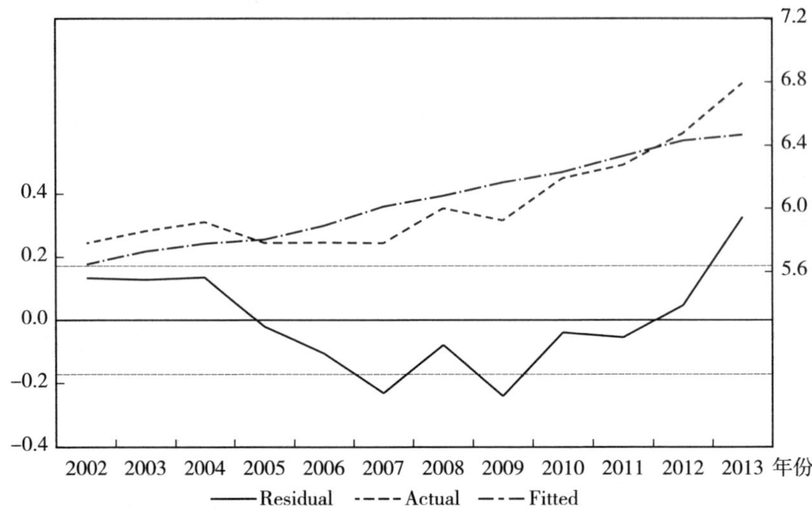

图 4－10 2002—2013 年新疆维吾尔自治区 R&D 活动的生产函数的回归效果

由 C—D 生产函数和式 4－14 可知：

（1）A 是反映影响 R&D 活动的综合系数，$A=201.4216$，这说明新疆维吾尔自治区 R&D 活动的整体环境非常显著。

（2）β、λ 和 μ 分别是新疆维吾尔自治区 R&D 经费内部支出产出、R&D 人才待遇产出和 R&D 环境产出的弹性系数，分别为 0、0.750 8 和 0，这首先说明新疆维吾尔自治区 R&D 人才待遇的产出弹性系数更大，增加 R&D 人才待遇投入具有更大的产出效果；其次说明新疆维吾尔自治区 R&D 活动的投入为递减报酬型（$\beta+\lambda+\mu<1$），表明扩大 R&D 活动投入对增加产出不利。

4.4 西部大开发增列的两个自治区

按照实施西部大开发战略精神，我国西部地区由西南地区 5 省（自治区、直辖市）、西北地区 5 省（自治区）和内蒙古自治区、广西壮族自治区，以及湖北省恩施土家族苗族自治州、湖南省湘西土家族苗族自治州、吉林省延边朝鲜族自治州 3 个民族自治州组成。按照第二章提出的研究范围假设，本书不涉及三个民族自治州的 R&D 活动。本节主要建立内蒙古、广西地区 R&D 活动的生产函数。

4.4.1　内蒙古自治区

按照 2002—2013 年数据，对内蒙古自治区 R&D 活动的生产函数进行回归分析，计算相关系数 $R=0.6897$，$R^2=0.4757$，$R^2<0.7$，不符合回归相关显著性检验要求。经过假设科技产出有 1 年和有 2 年的时滞影响，其中有 2 年时滞影响的相关系数更大，且 $R=0.9267$，$R^2=0.8587$，$R^2>0.7$，因此，考虑科技产出有 2 年的时滞影响的回归结果更理想。

根据 2003—2016 年《中国统计年鉴》和《中国科技统计年鉴》，以及按照 4.1.2 数据来源的说明，整理计算得到内蒙古自治区 R&D 活动的投入产出要素，结果见附表 11，其中，内蒙古自治区 R&D 活动的回归原始数据如表 4-54 所示。

表 4-54　2002—2013 年内蒙古自治区 R&D 活动的原始数据

单位：件，万元

年份	每千人三种专利申请数（Y/L）	每千人 R&D 经费支出（K/L）	国有单位平均工资（W）	每千人 R&D 环境投入（F/L）	K/L—消物价因素	W—消物价因素	F/L—消物价因素
2002	154.84	5.10	1.04	5.03	6.97	1.42	6.88
2003	137.13	6.03	1.19	5.07	8.03	1.59	6.75
2004	162.57	6.52	1.42	4.60	8.46	1.84	5.97
2005	149.26	8.67	1.66	5.63	10.96	2.10	7.12
2006	150.58	11.19	1.94	5.98	13.78	2.39	7.37
2007	161.61	15.74	2.28	7.94	18.90	2.74	9.52
2008	159.47	18.57	2.73	11.39	21.71	3.19	13.32
2009	177.17	24.03	3.31	13.68	27.38	3.77	15.58
2010	191.04	25.72	3.73	15.14	28.54	4.13	16.81
2011	231.45	30.87	4.38	19.51	33.38	4.73	21.10
2012	199.97	31.92	4.93	20.36	33.63	5.19	21.44
2013	286.11	31.42	5.40	20.09	32.25	5.54	20.62

注：专利申请数为 2004—2015 年数据。

按照 C—D 生产函数的求解方法，首先对 C—D 生产函数取自然数，再进行线性回归分析。对表 4-54 的相关数据分别取对数，结果如表 4-55 所示。

表 4-55　2002—2013 年内蒙古自治区 R&D 人才投入回归变量值取对数后的结果

年份	每千人三种专利申请数 ln(Y/L)	每千人 R&D 经费支出 ln(K/L)	国有单位平均工资 lnW	每千人 R&D 环境投入 ln(F/L)
2002	5.042 4	1.942 1	0.349 6	1.927 9
2003	4.921 0	2.083 7	0.463 0	1.910 2
2004	5.091 1	2.134 9	0.611 9	1.787 6
2005	5.005 7	2.394 0	0.741 2	1.962 7
2006	5.014 5	2.623 2	0.870 4	1.997 7
2007	5.085 2	2.938 9	1.007 5	2.253 9
2008	5.071 9	3.077 6	1.161 2	2.589 4
2009	5.177 1	3.309 6	1.326 3	2.745 9
2010	5.252 5	3.351 4	1.419 4	2.821 8
2011	5.444 4	3.507 9	1.554 9	3.049 1
2012	5.298 2	3.515 3	1.647 0	3.065 5
2013	5.656 4	3.473 5	1.7120	3.026 3

应用 Excel 对表 4-55 进行回归分析，观测值个数为 12，相关系数 R=0.926 7，R^2=0.858 7，标准误差 S=0.092 8；Sig. F=0.000 9；三元回归系数如表 4-56 所示。

表 4-56　三元回归系数

	Coefficients	标准误差	*T*-Stat	*P*-Value	Lower 95%	Upper 95%
Intercept	5.639 5	0.444 9	12.675 8	0.000 0	4.613 6	6.665 5
K/L	−0.795 9	0.270 9	−2.937 7	0.018 8	−1.420 6	−0.171 1
W	1.116 2	0.364 9	3.059 0	0.015 6	0.274 7	1.957 6
F/L	0.252 8	0.209 8	1.204 8	0.262 7	−0.231 1	0.736 7

显著性检验判断结果：

（1）R^2=0.858 7>0.7，这说明内蒙古自治区 R&D 活动的生产函数回归方程通过显著拟合度检验。

（2）Sig. F=0.000 9<0.05，这说明回归方程具有整体显著性。

（3）对于 K/L、W 和 F/L，有 T-Stat 值小于 2，这说明回归系数没有通过显著性检验，删除 T-Stat 绝对值更小的 ln(F/L) 列后，应用 Excel 对表 4-45 重新进行回归。

回归分析的结果：观测值个数为 12，相关系数 $R=0.9127$，$R^2=0.8331$，标准误差 $S=0.0951$；Sig. $F=0.0003$；二元回归系数如表 4－57 所示。

表 4－57　二元回归系数

	Coefficients	标准误差	T-Stat	P-Value	Lower 95%	Upper 95%
Intercept	5.861 1	0.415 2	14.116 9	0.000 0	4.921 9	6.800 3
K/L	−0.721 5	0.270 3	−2.669 1	0.025 7	−1.333 1	−0.110 0
W	1.283 6	0.345 7	3.713 0	0.004 8	0.501 6	2.065 7

显著性检验判断结果：

（1）$R^2=0.8331>0.7$，这说明内蒙古自治区 R&D 活动的生产函数回归方程通过显著拟合度检验。

（2）Sig. $F=0.0003<0.05$，这说明回归方程具有整体显著性。

（3）对于 K/L 和 W，其 T-Stat 绝对值大于 2，这说明 K/L 和 W 的回归系数都有显著性。

应用 Eviews 8.0 分析 2002—2013 年内蒙古自治区 R&D 活动的生产函数，回归参数如表 4－58 所示。

表 4－58　内蒙古自治区 R&D 活动的生产函数回归参数

Variable	Coefficient	Std. Error	T-Statistic	Prob.
C	5.861 1	0.415 2	14.117 2	0.000 0
K/L	−0.721 5	0.270 3	−2.669 2	0.025 7
W	1.283 7	0.345 7	3.713 1	0.004 8
R^2	0.833 1	Mean dependent var	5.171 7	
Adjusted R^2	0.796 0	S. D. dependent var	0.210 5	
S. E. of regression	0.095 1	Akaike info criterion	−1.655 6	
Sum squared resid	0.081 4	Schwarz criterion	−1.534 3	
Log likelihood	12.933 4	Hannan-Quinn criter.	−1.700 5	
F-statistic	22.462 0	Durbin-Watson stat	2.541 1	
Prob（F-statistic）	0.000 3			

2002—2013 年内蒙古自治区 R&D 活动的生产函数的回归效果，如图 4－11所示。

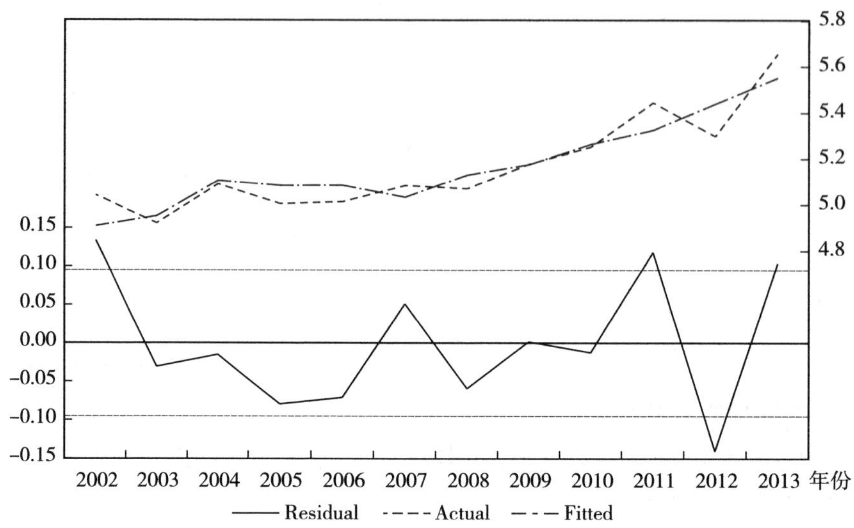

图 4－11　2002—2013 年内蒙古自治区 R&D 活动的生产函数的回归效果

综上所述，2002—2013 年内蒙古自治区 R&D 活动的生产函数为：

$$\frac{\hat{Y}_{t+2}}{L_t}=e^{5.8611}\left(\frac{K_t}{L_t}\right)^{-0.7215}\times W^{1.2831}\times\left(\frac{F_t}{L_t}\right)^{0} \qquad (4-15)$$

由 C—D 生产函数和式 4－15 可知：

（1）A 是反映影响 R&D 活动的综合系数，$A=351.1102$，这说明内蒙古自治区 R&D 活动的整体环境非常显著。

（2）β、λ 和 μ 分别是内蒙古自治区 R&D 经费内部支出产出、R&D 人才待遇产出和 R&D 环境产出的弹性系数，分别为－0.721 5、1.283 1 和 0，这首先说明内蒙古自治区 R&D 人才待遇的产出弹性系数更大，增加 R&D 人才待遇投入具有更大的产出效果；其次说明内蒙古自治区 R&D 活动的投入为递减报酬型（$\beta+\lambda+\mu<1$），表明扩大 R&D 活动的投入对增加产出不利。

4.4.2　广西壮族自治区

按照 2002—2013 年数据，对广西壮族自治区 R&D 活动的生产函数进行回归分析，计算相关系数 $R=0.7917$，$R^2=0.6267$，$R^2<0.7$，不符合回归相关显著性检验要求。经过假设科技产出有 1 年和有 2 年的时滞影响，其中有 2 年时滞影响的相关系数更大，且 $R=0.9487$，$R^2=0.9001$，$R^2>0.7$，因此，考虑科技产出有 2 年的时滞影响的回归结果更理想。

根据 2003—2016 年《中国统计年鉴》和《中国科技统计年鉴》，以及按照 4.1.2 数据来源的说明，整理计算得到广西壮族自治区 R&D 活动的投入产出要素，结果见附表 12，其中，广西壮族自治区 R&D 活动的回归原始数据如表 4-59 所示。

表 4-59　2002—2013 年广西壮族自治区 R&D 活动的原始数据

单位：件，万元

年份	每千人三种专利申请数 (Y/L)	每千人 R&D 经费支出 (K/L)	国有单位平均工资 (W)	每千人 R&D 环境投入 (F/L)	K/L—消物价因素	W—消物价因素	F/L—消物价因素
2002	185.35	7.58	1.12	5.28	10.36	1.53	7.22
2003	174.67	8.22	1.23	6.74	10.95	1.64	8.98
2004	178.35	7.62	1.41	4.62	9.89	1.84	6.00
2005	193.87	8.13	1.61	4.74	10.28	2.04	5.99
2006	205.07	9.61	1.90	5.41	11.84	2.34	6.67
2007	212.36	10.92	2.34	7.98	13.11	2.80	9.57
2008	220.18	14.11	2.76	9.10	16.50	3.23	10.64
2009	271.47	15.81	3.01	12.88	18.01	3.43	14.68
2010	400.41	18.51	3.26	10.55	20.54	3.62	11.71
2011	579.25	20.18	3.49	12.26	21.82	3.77	13.26
2012	782.03	23.54	3.77	16.30	24.79	3.97	17.17
2013	1 073.61	26.46	4.26	19.44	27.16	4.37	19.96

注：专利申请数为 2004—2015 年数据。

按照 C—D 生产函数的求解方法，首先对 C—D 生产函数取自然数，再进行线性回归分析。对表 4-59 的相关数据分别取对数，结果如表 4-60 所示。

表 4-60　2002—2013 年广西壮族自治区 R&D 人才投入回归变量值取对数后的结果

年份	每千人三种专利申请数 $\ln(Y/L)$	每千人 R&D 经费支出 $\ln(K/L)$	国有单位平均工资 $\ln W$	每千人 R&D 环境投入 $\ln(F/L)$
2002	5.222 3	2.337 6	0.425 0	1.977 5
2003	5.162 9	2.393 6	0.496 2	2.195 1
2004	5.183 7	2.291 8	0.607 1	1.791 5
2005	5.267 2	2.330 5	0.711 6	1.790 2

（续）

年份	每千人三种专利申请数 ln(Y/L)	每千人 R&D 经费支出 ln(K/L)	国有单位平均工资 lnW	每千人 R&D 环境投入 ln(F/L)
2006	5.323 3	2.471 2	0.848 8	1.897 1
2007	5.358 3	2.573 3	1.031 2	2.259 0
2008	5.394 4	2.803 5	1.172 8	2.364 5
2009	5.603 8	2.890 7	1.233 1	2.686 2
2010	5.992 5	3.022 3	1.285 6	2.460 8
2011	6.361 7	3.082 8	1.327 7	2.584 5
2012	6.661 9	3.210 6	1.379 3	2.843 2
2013	6.978 8	3.301 8	1.474 2	2.993 5

应用 Excel 对表 4－60 进行回归分析，观测值个数为 12，相关系数 $R=0.948\ 7$，$R^2=0.900\ 1$，标准误差 $S=0.234\ 8$；Sig. $F=0.000\ 2$；三元回归系数如表 4－61 所示。

表 4－61　三元回归系数

	Coefficients	标准误差	T-Stat	P-Value	Lower 95%	Upper 95%
Intercept	−0.653 3	1.250 9	−0.522 2	0.615 7	−3.537 9	2.231 4
K/L	3.240 3	0.997 1	3.249 8	0.011 7	0.941 0	5.539 5
W	−1.109 2	0.639 1	−1.735 6	0.120 8	−2.583 0	0.364 5
F/L	−0.586 7	0.570 6	−1.028 3	0.333 9	−1.902 4	0.729 0

显著性检验判断结果：

（1）$R^2=0.900\ 1>0.7$，这说明广西壮族自治区 R&D 活动的生产函数回归方程通过显著拟合度检验。

（2）Sig. $F=0.000\ 2<0.05$，这说明回归方程具有整体显著性。

（3）对于 K/L、W 和 F/L，有 T-Stat 值小于 2，这说明回归系数没有通过显著性检验，分别删除 T-Stat 绝对值更小的 $\ln(F/L)$ 和 $\ln W$ 列后，应用 Excel 对表 4－60 重新进行回归。

回归分析的结果：观测值个数为 12，相关系数 $R=0.927\ 2$，$R^2=0.859\ 7$，标准误差 $S=0.248\ 9$；Sig. $F=0.000\ 3$；一元回归系数如表 4－62 所示。

表 4-62　一元回归系数

	Coefficients	标准误差	T-Stat	P-Value	Lower 95%	Upper 95%
Intercept	1.386 4	0.556 9	2.489 7	0.0320	0.145 7	2.627 2
K/L	1.585 9	0.202 6	7.828 4	0.000 0	1.134 5	2.037 3

显著性检验判断结果：

(1) $R^2=0.859\ 7>0.7$，这说明广西壮族自治区 R&D 活动的生产函数回归方程通过显著拟合度检验。

(2) Sig. $F=0<0.05$，这说明：回归方程具有整体显著性。

(3) 对于 K/L，其 T-Stat 绝对值大于 2，这说明：K/L 的回归系数具有显著性。

应用 Eviews 8.0 分析 2002—2013 年广西壮族自治区 R&D 活动的生产函数，回归参数如表 4-63 所示。

表 4-63　广西壮族自治区 R&D 活动的生产函数回归参数

Variable	Coefficient	Std. Error	T-Statistic	Prob.
C	1.386 5	0.556 9	2.489 8	0.032 0
K/L	1.585 9	0.202 6	7.828 2	0.000 0
R^2	0.859 7	Mean dependent var	5.709 2	
Adjusted R^2	0.845 7	S. D. dependent var	0.633 5	
S. E. of regression	0.248 9	Akaike info criterion	0.207 2	
Sum squared resid	0.619 4	Schwarz criterion	0.288 1	
Log likelihood	0.756 6	Hannan-Quinn criter.	0.177 3	
F-statistic	61.280 0	Durbin-Watson stat	0.580 0	
Prob（F-statistic）	0.000 0			

2002—2013 年广西壮族自治区 R&D 活动的生产函数的回归效果，如图 4-12 所示。

综上所述，2002—2013 年广西壮族自治区 R&D 活动的生产函数为：

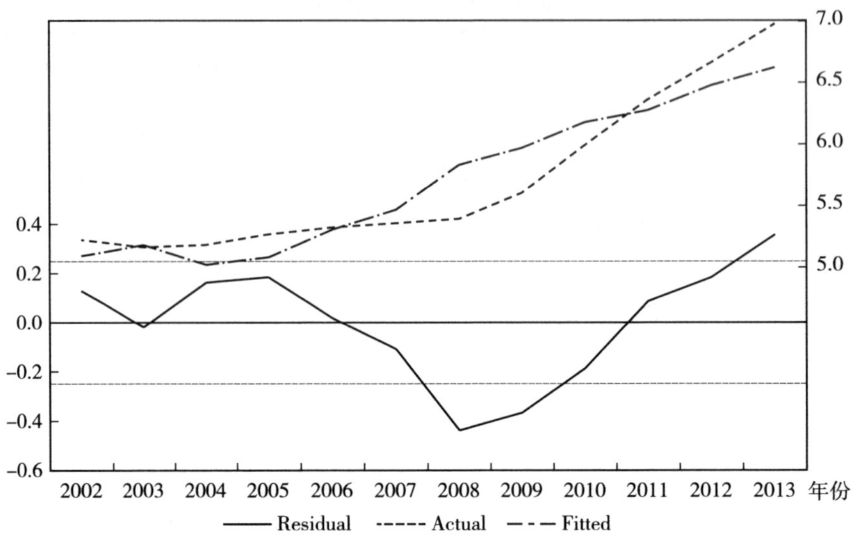

图 4－12　2002—2013 年广西壮族自治区 R&D 活动的生产函数的回归效果

$$\frac{\hat{Y}_{t+1}}{L_t}=\mathrm{e}^{1.3865}\left(\frac{K_t}{L_t}\right)^{1.5859}\times W^0\times\left(\frac{F_t}{L_t}\right)^0 \qquad (4-16)$$

由 C—D 生产函数和式 4－16 可知：

（1）A 是反映影响 R&D 活动的综合系数，$A=4.0008$，这说明广西壮族自治区 R&D 活动的整体环境显著。

（2）β、λ 和 μ 分别是广西壮族自治区 R&D 经费内部支出产出、R&D 人才待遇产出和 R&D 环境产出的弹性系数，分别为 1.585 9、0 和 0，这首先说明广西壮族自治区 R&D 经费内部支出的产出弹性系数更大，增加 R&D 经费内部支出投入具有更大的产出效果；其次说明广西壮族自治区 R&D 活动的投入为递增报酬型（$\beta+\lambda+\mu>1$），表明扩大 R&D 活动投入对增加产出有利。

4.5　西部地区

按照 2002—2013 年数据，对西部地区 12 省（自治区、直辖市）R&D 活动的生产函数进行回归分析，计算相关系数 $R=0.9839$，$R^2=0.9680$，$R^2>0.7$，符合回归相关显著性检验要求。假设科技产出有 1 年的时滞影响，计算相关系数 $R=0.9925$，$R^2=0.9850$，$R^2>0$，因此，考虑科技产出有 1 年时滞影响的回归结果更加理想。

根据 2003—2015 年《中国统计年鉴》和《中国科技统计年鉴》，以及按照 4.1.2 数据来源的说明，整理计算得到西部地区 R&D 活动的投入产出要素，结果见附表 13，其中，西部地区 R&D 活动的回归原始数据如表 4-64 所示。

表 4-64　2002—2013 年西部地区 R&D 活动的原始数据

单位：件，万元

年份	每千人三种专利申请数（Y/L）	每千人 R&D 经费支出（K/L）	国有单位平均工资（W）	每千人 R&D 环境投入（F/L）	K/L一消物价因素	W一消物价因素	F/L一消物价因素
2002	134.41	9.75	1.43	2.94	13.32	1.95	4.02
2003	128.35	11.05	1.57	3.12	14.71	2.09	4.15
2004	157.54	11.70	1.77	3.10	15.19	2.29	4.03
2005	175.16	13.47	1.96	3.73	17.03	2.48	4.72
2006	205.85	14.45	2.27	4.20	17.79	2.79	5.17
2007	231.64	15.93	2.82	6.45	19.12	3.39	7.74
2008	286.37	18.28	3.25	8.62	21.37	3.80	10.08
2009	350.72	22.56	3.65	10.56	25.69	4.16	12.03
2010	452.88	25.79	3.93	11.83	28.62	4.36	13.13
2011	579.37	29.27	4.44	15.10	31.65	4.80	16.33
2012	676.65	30.96	4.99	17.40	32.62	5.25	18.33
2013	690.64	32.20	5.53	17.86	33.05	5.67	18.33

注：专利申请数为 2003—2014 年数据。

按照 C—D 生产函数的求解方法，首先对 C—D 生产函数取自然数，再进行线性回归分析。对表 4-64 的相关数据分别取对数，结果如表 4-65 所示。

表 4-65　2002—2013 年西部地区 R&D 人才投入回归变量值取对数后的结果

年份	每千人三种专利申请数 ln(Y/L)	每千人 R&D 经费支出 ln(K/L)	国有单位平均工资 lnW	每千人 R&D 环境投入 ln(F/L)
2002	4.900 9	2.589 6	0.670 2	1.392 2
2003	4.854 7	2.688 7	0.737 2	1.423 8
2004	5.059 7	2.720 6	0.830 2	1.392 8

（续）

年份	每千人三种专利申请数 $\ln(Y/L)$	每千人 R&D 经费支出 $\ln(K/L)$	国有单位平均工资 $\ln W$	每千人 R&D 环境投入 $\ln(F/L)$
2005	5.165 7	2.834 9	0.907 8	1.550 9
2006	5.327 1	2.878 9	1.026 7	1.642 5
2007	5.445 2	2.950 9	1.219 7	2.046 6
2008	5.657 3	3.062 2	1.334 4	2.310 2
2009	5.860 0	3.246 3	1.424 8	2.487 3
2010	6.115 6	3.354 2	1.472 1	2.574 7
2011	6.361 9	3.454 9	1.568 7	2.793 2
2012	6.517 1	3.484 9	1.659 0	2.908 3
2013	6.537 6	3.497 9	1.735 7	2.908 6

应用 Excel 对表 4－65 进行回归分析，观测值个数为 12，相关系数 $R=0.992\ 5$，$R^2=0.985\ 0$，标准误差 $S=0.089\ 1$；Sig. $F=0$；三元回归系数如表 4－66 所示。

表 4－66　三元回归系数

	Coefficients	标准误差	*T*-Stat	*P*-Value	Lower 95%	Upper 95%
Intercept	0.781 7	0.963 1	0.811 7	0.440 5	−1.439 2	3.002 6
K/L	1.435 7	0.489 5	2.933 0	0.018 9	0.306 9	2.564 6
W	0.150 3	0.505 9	0.297 1	0.774 0	−1.016 3	1.316 9
F/L	0.135 6	0.311 8	0.434 7	0.675 2	−0.583 5	0.854 6

显著性检验判断结果：

（1）$R^2=0.985\ 0>0.7$，这说明西部地区 R&D 活动的生产函数回归方程通过显著拟合度检验。

（2）Sig. $F=0<0.05$，这说明回归方程具有整体显著性。

（3）对于 K/L、W 和 F/L，有 *T*-Stat 值小于 2，这说明回归系数没有通过显著性检验，删除 *T*-Stat 绝对值更小的 $\ln W$ 和 $\ln(F/L)$ 列后，应用 Excel 对表 4－65 重新进行回归。

回归分析的结果：观测值个数为 12，相关系数 $R=0.991\ 8$，$R^2=0.983\ 6$，标准误差 $S=0.083\ 3$；Sig. $F=0$；一元回归系数如表 4－67 所示。

表 4-67　一元回归系数

	Coefficients	标准误差	*T*-Stat	*P*-Value	Lower 95%	Upper 95%
Intercept	−0.009 7	0.232 3	−0.041 9	0.967 4	−0.527 3	0.507 8
K/*L*	1.847 5	0.075 4	24.497 8	0.000 0	1.679 4	2.015 5

显著性检验判断结果：

（1）$R^2=0.9836>0.7$，这说明西部地区 R&D 活动的生产函数回归方程通过显著拟合度检验。

（2）Sig. $F=0<0.05$，这说明回归方程具有整体显著性。

（3）对于 K/L，其 *T*-Stat 值大于 2，这说明 K/L 的回归系数具有显著性。

应用 Eviews 8.0 分析 2002—2013 年西部地区 R&D 活动的生产函数，回归参数如表 4-68 所示。

表 4-68　西部地区 R&D 活动的生产函数回归参数

Variable	Coefficient	Std. Error	*T*-Statistic	Prob.
C	−0.009 9	0.232 3	−0.042 7	0.966 8
K/*L*	1.847 5	0.075 4	24.498 9	0.000 0
R^2	0.983 6	Mean dependent var	5.650 2	
Adjusted R^2	0.982 0	S. D. dependent var	0.620 1	
S. E. of regression	0.083 3	Akaike info criterion	−1.982 6	
Sum squared resid	0.069 3	Schwarz criterion	−1.901 8	
Log likelihood	13.895 7	Hannan-Quinn criter.	−2.012 5	
F-statistic	600.194 0	Durbin-Watson stat	1.836 2	
Prob（*F*-statistic）	0.000 0			

2002—2013 年西部地区 R&D 活动的生产函数的回归效果，如图 4-13 所示。

综上所述，2002—2013 年西部地区 R&D 活动的生产函数为：

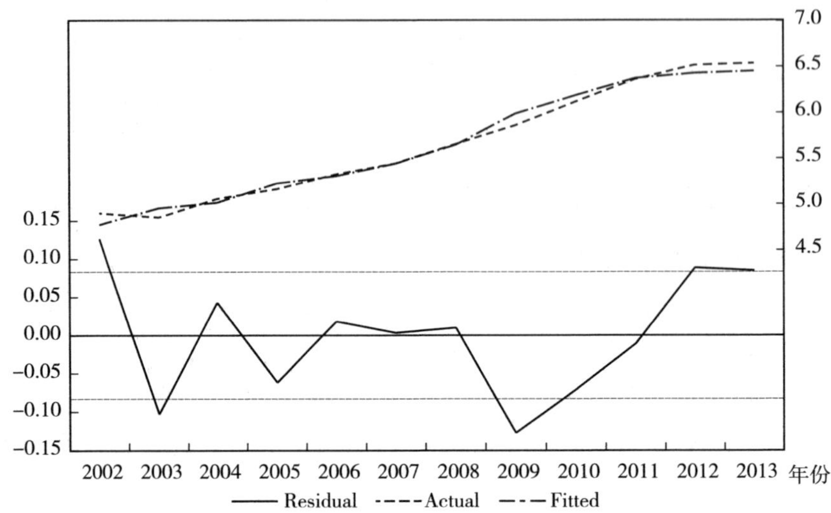

图 4-13　2002—2013 年西部地区 R&D 活动的生产函数的回归效果

$$\frac{\hat{Y}_{t+1}}{L_t}=e^{-0.0099}\left(\frac{K_t}{L_t}\right)^{1.8475}\times W^0\times\left(\frac{F_t}{L_t}\right)^0 \qquad (4-17)$$

由 C—D 生产函数和式 4-17 可知：

（1）A 是反映影响 R&D 活动的综合系数，$A=0.9901$，这说明西部地区 R&D 活动的整体环境一般。

（2）β、λ 和 μ 分别是西部地区 R&D 经费内部支出产出、R&D 人才待遇产出和 R&D 人才环境产出的弹性系数，分别为 1.847 5、0 和 0，这首先说明西部地区 R&D 经费内部支出的产出弹性系数更大，增加 R&D 经费内部支出投入有更大的产出效果；其次说明西部地区 R&D 活动投入产出为递增报酬型（$\beta+\lambda+\mu>1$），表明扩大 R&D 活动投入对增加产出有利。

第五章

西部地区 R&D 活动的产出比较

系统地归纳和分析西部地区 R&D 活动产出效果情况，不仅是开展研究必不可少的反馈环节，而且是优化西部地区 R&D 活动保障的现实依据。总体来讲，从 2000 年国家实施西部大开发战略以来，就有直接可比较性的 R&D 活动产出的科技成果而言，西部地区纵向比较成绩斐然，但是国内横向比较差距仍然较大；就无法直接比较的 R&D 活动产出的综合效果而言，可以通过建立经济效益和社会效益的综合评价模型，为探索 R&D 活动的效益评价提供理论支持。

5.1 科技成果总量比较

基于《中国科技统计年鉴》数据，整理和计算得到西部地区 R&D 活动产出的三种专利申请数量、国外主要检索工具收录科技论文、技术市场技术输出和流向地域三个方面的科技成果，对此分别进行纵向比较和横向比较。

5.1.1 纵向比较成绩斐然

根据首轮西部大开发战略实施以来的情况，根据《中国科技统计年鉴》，对 2002 年和 2016 年数据整理和计算得到西部地区 R&D 活动产出的三种专利申请数量、国外主要检索工具收录科技论文、技术市场技术输出和流向地域等科技成果，并纵向比较。

5.1.1.1 三种专利申请数

根据《中国科技统计年鉴》2003 年和 2017 年的数据，整理和计算得到西部地区 R&D 活动产出的三种专利申请数量（表 5－1）。

表 5-1　2002 年和 2016 年西部地区三种专利申请数比较

单位：件，%

地区	2002 年	2016 年	增长
内蒙古	1 202	10 672	787.85
广西	1 927	59 239	2 974.16
重庆	3 142	59 518	1 794.27
四川	5 997	142 522	2 276.55
贵州	1 260	25 315	1 909.13
云南	1 780	23 709	1 231.97
西藏	15	712	4 646.67
陕西	2 530	69 611	2 651.42
甘肃	781	20 276	2 496.16
青海	151	3 284	2 074.83
宁夏	503	6 149	1 122.47
新疆	1 239	14 105	1 038.42
西部地区	20 527	435 112	2 019.71

基于表 5-1，纵向比较 2002—2016 年的数据，得知西部地区 R&D 活动产出的三种专利申请数量有了很大增长，其中 2016 年三种专利申请数位列前三位的分别是四川省、陕西省和重庆市；15 年间增长率排名前三位的分别是西藏自治区、广西壮族自治区和陕西省。

5.1.1.2　国外主要检索工具收录科技论文

根据《中国科技统计年鉴》2003 年和 2017 年的数据，整理和计算得到西部地区 R&D 活动产出的国外主要检索工具（SCI、EI 和 ISTP）收录科技论文数量（表 5-2）。

表 5-2　2002 年和 2016 年西部地区国外主要检索工具收录科技论文数比较

单位：篇，%

地区	SCI 检索论文			EI 检索论文			ISTP 检索论文		
	2002 年	2016 年	增长	2002 年	2016 年	增长	2002 年	2016 年	增长
内蒙古	31	870	2 706.45	14	763	5 350.00	18	185	927.78
广西	68	1 973	2 801.47	27	1 215	4 400.00	18	347	1 827.78
重庆	183	5 913	3 131.15	118	4 505	3 717.80	137	646	371.53

（续）

地区	SCI 检索论文			EI 检索论文			ISTP 检索论文		
	2002 年	2016 年	增长	2002 年	2016 年	增长	2002 年	2016 年	增长
四川	655	10 846	1 555.88	588	9 219	1 467.86	269	1 516	463.57
贵州	63	857	1 260.32	9	504	5 500.00	8	186	2 225.00
云南	309	2 643	755.34	51	1 454	2 750.98	49	467	853.06
西藏	0	25		0	14		0	5	
陕西	887	13 195	1 387.60	1 108	13 443	1 113.27	541	1 934	257.49
甘肃	685	3 836	460.00	162	2 722	1 580.25	63	380	503.17
青海	19	186	878.95	2	95	4 650.00	1	28	2 700.00
宁夏	8	276	3 350.00	5	133	2 560.00	12	45	275.00
新疆	32	1 462	4 468.75	11	636	5 681.82	5	125	2 400.00
西部地区	2 940	42 082	1 331.36	2 095	34 703	1 556.47	1 121	5 864	423.10

基于表 5-2，纵向比较从 2002—2016 年的数据，得知西部地区 R&D 活动产出的国外主要检索工具（SCI、EI 和 ISTP）收录科技论文数量有了很大增长，其中 2016 年国外主要检索工具（SCI）收录科技论文数量列前三位的分别是陕西省、四川省和重庆市；15 年间 SCI 收录增长率排名前三位的分别是新疆维吾尔自治区、宁夏回族自治区和重庆市。

5.1.1.3　技术市场技术输出地域

根据《中国科技统计年鉴》2001 年和 2017 年的数据，整理和计算得到西部地区 R&D 活动产出的技术市场技术输出地域金额（表 5-3）。

表 5-3　2000 年和 2016 年西部地区技术市场技术输出地域金额

单位：万元，%

地区	2000 年	2016 年	增长
内蒙古	60 287	120 492	99.86
广西	17 741	339 922	1 816.03
重庆	296 594	1 471 870	396.26
四川	104 150	2 993 006	2 773.75
贵州	620	204 437	32 873.67
云南	187 742	582 559	210.30
西藏	—	—	—

（续）

地区	2000 年	2016 年	增长
陕西	92 560	8 027 887	8 573.17
甘肃	26 413	1 506 615	5 604.07
青海	—	569 190	—
宁夏	6 402	40 526	533.02
新疆	66 168	42 755	−35.38
西部地区	858 677	15 899 259	1 751.60

基于表 5－3，纵向比较 2000—2016 年的数据，得知西部地区 R&D 活动产出的技术市场技术输出地域金额总体上有了很大增长，其中 2016 年技术市场技术输出地域金额列前三位的分别是陕西省、四川省和甘肃省市；17 年间技术市场技术输出地域金额增长率排名前三位的分别是贵州省、陕西省和四川省；17 年间新疆维吾尔自治区的技术市场技术输出地域金额累计出现了负增长。

5.1.1.4 技术市场技术流向地域

根据《中国科技统计年鉴》2003 年和 2017 年的数据，整理和计算得到西部地区 R&D 活动产出的技术市场技术流向地域金额（表 5－4）。

表 5－4 2002 年和 2016 年西部地区技术市场技术流向地域金额

单位：万元，%

地区	2002 年	2016 年	增长
内蒙古	79 600	1 427 117	1 692.86
广西	38 736	687 700	1 675.35
重庆	164 500	5 248 893	3 090.82
四川	128 590	3 317 871	2 480.19
贵州	16 522	1 673 802	10 030.75
云南	228 497	1 714 434	650.31
西藏	2 994	195 055	6 414.87
陕西	84 188	3 590 984	4 165.43
甘肃	54 557	1 727 321	3 066.09
青海	7 628	792 632	10 291.09
宁夏	9 752	427 187	4 280.50
新疆	82 847	936 111	1 029.93
西部地区	898 411	21 739 108	2 319.73

基于表 5－4，纵向比较 2002—2016 年的数据，得知西部地区 R&D 活动产出的技术市场技术流向地域金额总体上有了很大增长，其中 2016 年技术市场技术流向地域金额列前三位的分别是重庆市、陕西省和四川省；17 年间技术市场技术流向地域金额增长率排名前三位的分别是青海省、贵州省和西藏自治区。

5.1.2　横向比较差距较大

5.1.2.1　三种专利申请数

根据 2017 年《中国科技统计年鉴》的数据，整理和计算得到西部地区与我国其他地区的三种专利申请数量（表 5－5）。

表 5－5　2016 年西部地区与我国其他地区三种专利申请数比较

单位：件，%

地区	三种专利数		发明		实用新型		外观设计	
	数量	全国比例	数量	全国比例	数量	全国比例	数量	全国比例
内蒙古	10 672	0.32	2 878	0.24	6 401	0.44	1 393	0.22
广西	59 239	1.79	43 078	3.57	11 599	0.79	4 562	0.72
重庆	59 518	1.80	19 981	1.66	32 099	2.19	7 438	1.18
四川	142 522	4.31	54 277	4.50	58 088	3.96	30 157	4.77
贵州	25 315	0.77	10 953	0.91	11 081	0.75	3 281	0.52
云南	23 709	0.72	7 907	0.66	13 549	0.92	2 253	0.36
西藏	712	0.02	176	0.01	410	0.03	126	0.02
陕西	69 611	2.11	22 565	1.87	27 149	1.85	19 897	3.15
甘肃	20 276	0.61	6 114	0.51	10 272	0.70	3 890	0.62
青海	3 284	0.10	1 381	0.11	1 569	0.11	334	0.05
宁夏	6 149	0.19	2 510	0.21	3 329	0.23	310	0.05
新疆	14 105	0.43	3 598	0.30	7 999	0.54	2 508	0.40
西部地区	435 112	13.16	175 418	14.56	183 545	12.50	76 149	12.05
东部地区	2 228 606	67.43	761 421	63.19	991 793	67.55	475 392	75.23
中部地区	510 682	15.45	210 268	17.45	232 915	15.86	67 499	10.68
东北地区	106 818	3.23	46 275	3.84	51 499	3.51	9 044	1.43
全　国	3 305 225	100	1 204 981	100	1 468 295	100	631 949	100

注：2016 年全国三种专利申请数量包括香港、澳门和台湾地区，合计为 24 007 件；其中，发明、实用新型和外观设计分别为 11 599 件、8 543 件和 3 865 件。

基于表 5-5，横向比较 2016 年数据，得知西部地区在三种专利申请数量和占全国的比例同东部地区差距很大，其中发明专利、实用新型和外观设计等占全国同类专利的比例分别为东部地区的 23.04%、18.50%和 16.68%。

5.1.2.2 国外主要检索工具收录科技论文

根据 2016 年《中国科技统计年鉴》的数据，整理和计算得到西部地区与我国其他地区的国外主要检索工具（SCI、EI 和 ISTP）收录科技论文数量，结果如表 5-6 所示。

表 5-6 2015 年西部地区与我国其他地区三种专利申请数比较

单位：篇，%

地区	SCI 检索论文		EI 检索论文		ISTP 检索论文	
	数量	全国比例	数量	全国比例	数量	全国比例
内蒙古	870	0.33	763	0.37	185	0.50
广西	1 973	0.74	1 215	0.59	347	0.94
重庆	5 913	2.23	4 505	2.20	646	1.75
四川	10 846	4.09	9 219	4.51	1 516	4.11
贵州	857	0.32	504	0.25	186	0.50
云南	2 643	1.00	1 454	0.71	467	1.27
西藏	25	0.01	14	0.01	5	0.01
陕西	13 195	4.97	13 443	6.58	1 934	5.25
甘肃	3 836	1.44	2 722	1.33	380	1.03
青海	186	0.07	95	0.05	28	0.08
宁夏	276	0.10	133	0.07	45	0.12
新疆	1 462	0.55	636	0.31	125	0.34
西部地区	42 082	15.85	34 703	16.98	5 864	15.91
东部地区	158 938	59.87	113 152	55.38	21 422	58.13
中部地区	40 426	15.23	34 530	16.90	5 395	14.64
东北地区	24 023	9.05	21 947	10.74	4 172	11.32
全　国	265 469	100	204 332	100	36 853	100

基于表 5-6，横向比较 2015 年数据，得知西部地区在国外主要检索工具（SCI、EI 和 ISTP）收录科技论文数量和占全国的比例同东部地区差距很大，其中 SCI 论文、EI 论文和 ISTP（现为 ICCP）等占全国同类专利的

比例分别为东部地区的 26.47%、30.66%和 27.37%。

5.1.2.3　技术市场技术输出和流向地域

根据 2017 年《中国科技统计年鉴》的数据，整理和计算得到西部地区与我国其他地区的技术市场技术输出和流向地域金额，结果如表 5-7 所示。

表 5-7　2016 年西部地区与我国其他地区的技术市场技术输出地域金额

单位：万元，%

地区	技术输出		技术流向	
	金额	全国比例	金额	全国比例
内蒙古	120 492.00	0.11	1 427 117	1.25
广西	339 922.30	0.30	687 700	0.60
重庆	1 471 870.00	1.29	5 248 893	4.60
四川	2 993 006.00	2.62	3 317 871	2.91
贵州	204 436.80	0.18	1 673 802	1.47
云南	582 559.00	0.51	1 714 434	1.50
西藏	0.00	0.00	195 055	0.17
陕西	8 027 887.00	7.04	3 590 984	3.15
甘肃	1 506 615.00	1.32	1 727 321	1.51
青海	569 189.60	0.50	792 632	0.69
宁夏	40 525.73	0.04	427 187	0.37
新疆	42 754.61	0.04	936 111	0.82
西部地区	15 899 259.00	13.94	21 739 108	19.06
东部地区	73 683 809.00	64.60	55 688 863	48.82
中部地区	14 071 180.00	12.34	15 220 043	13.34
东北地区	5 654 468.00	4.96	4 686 548	4.11
全　国	114 069 816.00	100.00	114 069 816	100.00

基于表 5-7，横向比较 2016 年，得知西部地区在技术市场技术输出和流向地域数量及占全国的比例同东部地区差距很大，其中技术输出地域和流向地域等占全国同类的比例分别为东部地区的 21.58%和 39.04%。

5.2　科技成果效率比较

主要针对 R&D 人员全时当量和 R&D 经费内部支出这两个投入要素，

比较分析西部地区与我国其他地区的三种专利申请数量和国外主要检索工具收录科技论文，这两个科技成果的投入产出效率问题。

5.2.1 R&D 人员全时当量的产出效率

5.2.1.1 对三种专利申请数的产出比

假设三种专利申请的平均产出时间与要素投入时间的滞后性为 1 年，从《中国科技统计年鉴》整理和计算得到西部地区与我国其他地区 R&D 人员全时当量投入对三种专利申请数量的产出比，结果如表 5－8 所示。

表 5－8 2002 年和 2015 年西部地区 R&D 人员全时当量投入对三种专利申请数的产出比较

单位：件，人・年，%

地区	2003 年三种专利申请数	2002 年 R&D 人员全时当量投入		2016 年三种专利申请数	2015 年 R&D 人员全时当量投入		环比发展速度
		数量	产出比		数量	产出比	
内蒙古	1 393	9 410	148.03	10 672	38 250	279.02	188.48
广西	2 250	11 880	189.39	59 239	38 270	1 547.96	817.32
重庆	4 589	19 070	240.64	59 518	61 520	967.46	402.04
四川	7 443	59 230	125.66	142 522	116 840	1 219.78	970.68
贵州	1 242	7 670	161.93	25 315	23 540	1 075.54	664.20
云南	1966	11 360	173.06	23 709	39 540	599.70	346.52
西藏	24	350	68.57	712	1 130	630.09	918.88
陕西	3 421	45 790	74.71	69 611	92 620	751.59	1 006.00
甘肃	961	14 870	64.63	20 276	25 860	784.10	1 213.27
青海	173	1 710	101.17	3 284	4 010	819.36	809.89
宁夏	441	2 850	154.74	6 149	9 250	664.97	429.74
新疆	1 473	4 600	320.22	14 105	16 950	832.20	259.89
西部地区	25 376	188 790	134.41	435 112	467 760	930.20	692.04
东部地区	42 520	554 220	76.72	2 228 606	2 467 662	903.12	1 177.16
中部地区	121 696	191 170	636.59	510 682	632 186	807.80	126.90
东北地区	240 344	118 481	2 028.54	106 818	191 239	558.56	27.53
全国	480 688	1 430 241	336.09	3 281 218	3 758 848	872.93	259.73

基于表 5－8，纵向比较 2002 年和 2015 年西部地区 R&D 人员全时当量

投入对三种专利申请数量的产出比，得知西部地区 R&D 人员全时当量投入的产出比增长很快，从 2002 年的 134.41%，增长至 2015 年的 930.20%；横向比较 2002 年和 2015 年西部地区与我国其他地区 R&D 人员全时当量投入对三种专利申请数量的产出比，得知西部地区 R&D 人员全时当量投入的产出比增长从明显优势到微弱领先，从 2002—2015 年产出比的环比发展速度来讲，东部地区为 1 177.16%，西部地区为 692.04%，东部地区大幅度领先西部地区；这在一定程度上说明了经济发展对 R&D 活动及 R&D 人员全时当量的支持作用。

5.2.1.2　对国外主要检索工具收录科技论文的产出比

假设国外主要检索工具收录科技论文的平均产出时间与要素投入时间的滞后性为 2 年，根据《中国科技统计年鉴》数据，整理和计算得到西部地区与我国其他地区 R&D 人员全时当量投入对国外主要检索工具（SCI）收录科技论文数量的产出比，结果如表 5－9 所示。

表 5－9　2002 年和 2013 年西部地区 R&D 人员全时当量投入对国外主要检索工具（SCI）收录科技论文数的产出比较

单位：篇，人·年，%

地区	2004 年 SCI 检索科技论文数	2002 年 R&D 人员全时当量投入		2015 年 SCI 检索科技论文数	2013 年 R&D 人员全时当量投入		环比发展速度
		数量	产出比		数量	产出比	
内蒙古	50	9 410	5.31	870	37 300	23.32	438.97
广西	156	11 880	13.13	1 973	40 700	48.48	369.17
重庆	417	19 070	21.87	5 913	52 600	112.41	514.09
四川	1 396	59 230	23.57	10 846	109 700	98.87	419.49
贵州	95	7 670	12.39	857	23 900	35.86	289.50
云南	386	11 360	33.98	2 643	28 500	92.74	272.93
西藏	—	350	0.00	25	1 200	20.83	0.00
陕西	1 611	45 790	35.18	13 195	93 500	141.12	401.12
甘肃	1 125	14 870	75.66	3 836	25 000	153.44	202.81
青海	33	1 710	19.30	186	4 800	38.75	200.80
宁夏	1	2 850	0.35	276	8 200	33.66	9 592.68
新疆	79	4 600	17.17	1 462	15 800	92.53	538.79
西部地区	5 349	188 790	28.33	42 082	441 200	95.38	336.64
东部地区	29 250	554 220	52.78	158 938	2 285 450	69.54	131.77

（续）

地区	2004年SCI检索科技论文数	2002年R&D人员全时当量投入		2015年SCI检索科技论文数	2013年R&D人员全时当量投入		环比发展速度
		数量	产出比		数量	产出比	
中部地区	6 521	191 170	34.11	40 426	600 620	67.31	197.32
东北地区	4 213	118 481	35.56	24 023	205 550	116.87	328.68
全国	45 333	1 241 451	36.52	265 469	3 532 820	75.14	205.78

基于表5－9，纵向比较2002年和2013年西部地区R&D人员全时当量投入对SCI检索科技论文数量的产出比，得知西部地区R&D人员全时当量投入的产出比增长显著，从2002年的28.33%，增长至2013年的95.38%；横向比较2002年和2013年西部地区与我国其他地区R&D人员全时当量投入对SCI检索科技论文数量的产出比，得知西部地区R&D人员全时当量投入的产出比从劣势到领先东部地区；从2002—2013年产出比的环比发展速度来讲，东部地区仅为131.77%，而西部地区为336.64%，西部地区的增长快速明显快于东部地区。SCI检索论文在一定程度上说明了西部地区的开发优势对R&D活动及R&D人员全时当量的支持作用。

同理，整理和计算得到西部地区与我国其他地区R&D人员全时当量投入对国外主要检索工具（EI）收录科技论文数量的产出比，结果如表5－10所示。

表5－10　2002年和2013年西部地区R&D人员全时当量投入对国外主要检索工具（EI）收录科技论文数的产出比较

单位：篇，人·年，%

地区	2004年EI检索科技论文数	2002年R&D人员全时当量投入		2015年EI检索科技论文数	2013年R&D人员全时当量投入		环比发展速度
		数量	产出比		数量	产出比	
内蒙古	22	9 410	2.34	763	37 300	20.46	874.95
广西	84	11 880	7.07	1 215	40 700	29.85	422.20
重庆	278	19 070	14.58	4 505	52 600	85.65	587.51
四川	1 251	59 230	21.12	9 219	109 700	84.04	397.89
贵州	48	7 670	6.26	504	23 900	21.09	336.97
云南	118	11 360	10.39	1 454	28 500	51.02	491.15

（续）

地区	2004 年 EI 检索科技论文数	2002 年 R&D 人员全时当量投入		2015 年 EI 检索科技论文数	2013 年 R&D 人员全时当量投入		环比发展速度
		数量	产出比		数量	产出比	
西藏	1	350	2.86	14	1 200	11.67	408.33
陕西	2 029	45 790	44.31	13 443	93 500	143.78	324.47
甘肃	480	14 870	32.28	2 722	25 000	108.88	337.30
青海	4	1 710	2.34	95	4 800	19.79	846.09
宁夏	6	2 850	2.11	133	8 200	16.22	770.43
新疆	40	4 600	8.70	636	15 800	40.25	462.91
西部地区	4 361	188 790	23.10	34 703	441 200	78.66	340.51
东部地区	20 222	554 220	36.49	113 152	2 285 450	49.51	135.69
中部地区	4 368	191 170	22.85	34 530	600 620	57.49	251.61
东北地区	3 930	118 481	33.17	21 947	205 550	106.77	321.89
全国	32 881	1 241 451	26.49	204 332	3 532 820	57.84	218.37

基于表 5 - 10，纵向比较 2002 年和 2013 年西部地区 R&D 人员全时当量投入对 EI 检索科技论文数量的产出比，得知西部地区 R&D 人员全时当量投入的产出比增长显著，从 2002 年的 23.10%，增长至 2013 年的 78.66%；横向比较 2002 年和 2013 年西部地区与我国其他地区 R&D 人员全时当量投入对 EI 检索科技论文数量的产出比，得知西部地区 R&D 人员全时当量投入的产出比从落后到领先东部地区，从 2002—2013 年产出比的环比发展速度来讲，东部地区仅为 135.69%，而西部地区为 340.51%，西部地区的增长速度明显快于东部地区。EI 检索论文在一定程度上说明了西部地区的开发优势对 R&D 活动及 R&D 人员全时当量的支持作用。

同理，整理和计算得到西部地区与我国其他地区 R&D 人员全时当量投入对国外主要检索工具（ISTP，CPCI-S）收录科技论文数量的产出比，结果如表 5－11 所示。

表 5－11　2002 年和 2013 年西部地区 R&D 人员全时当量投入对国外主要检索工具（ISTP，CPCI-S）收录科技论文数的产出比较

单位：篇，人·年，%

地区	2004 年 ISTP 检索科技论文数	2002 年 R&D 人员全时当量投入		2015 年 CPCI-S 检索科技论文数	2013 年 R&D 人员全时当量投入		环比发展速度
		数量	产出比		数量	产出比	
内蒙古	17	9 410	1.81	185	37 300	4.96	274.54
广西	88	11 880	7.41	347	40 700	8.53	115.10
重庆	350	19 070	18.35	646	52 600	12.28	66.92
四川	850	59 230	14.35	1 516	109 700	13.82	96.30
贵州	24	7 670	3.13	186	23 900	7.78	248.71
云南	35	11 360	3.08	467	28 500	16.39	531.84
西藏	—	350	0.00	5	1 200	4.17	0.00
陕西	854	45 790	18.65	1 934	93 500	20.68	110.91
甘肃	76	14 870	5.11	380	25 000	15.20	297.40
青海	4	1 710	2.34	28	4 800	5.83	249.38
宁夏	2	2 850	0.70	45	8 200	5.49	782.01
新疆	29	4 600	6.30	125	15 800	7.91	125.49
西部地区	2 329	188 790	12.34	5 864	441 200	13.29	107.74
东部地区	10 556	554 220	19.05	21 422	2 285 450	9.37	49.21
中部地区	2 375	191 170	12.42	5 395	600 620	8.98	72.30
东北地区	2 131	118 481	17.99	4 172	205 550	20.30	112.85
全国	17 391	1 241 451	14.01	36 853	3 532 820	10.43	74.47

基于表 5－10，纵向比较 2002 年和 2013 年西部地区 R&D 人员全时当量投入对 ISTP、CPCI-S 检索科技论文数量的产出比，得知西部地区 R&D 人员全时当量投入的产出比有一定增长，从 2002 年的 12.34%，增长至 2013 年的 13.29%；横向比较 2002 年和 2013 年西部地区与我国其他地区 R&D 人员全时当量投入对 ISTP、CPCI-S 检索科技论文数量的产出比，得知西部地区 R&D 人员全时当量投入的产出比从劣势到领先东部地区，从 2002—2013 年产出比的环比发展速度来讲，东部地区仅为 49.21%，而西部地区为 107.74%，西部地区的增长快速明显快于东部地区。ISTP、CPCI-S

检索论文在一定程度上说明了西部地区的开发优势对 R&D 活动及 R&D 人员全时当量的支持作用。

5.2.2　R&D 经费内部支出的产出效率

5.2.2.1　对三种专利申请数的产出比

假设三种专利申请的平均产出时间与要素投入时间的滞后性为 1 年，根据《中国科技统计年鉴》，整理和计算得到西部地区与我国其他地区就 R&D 经费内部支出投入对三种专利申请数量的产出比，结果如表 5－12 所示。

表 5－12　2002 年和 2015 年西部地区 R&D 经费内部支出投入对三种专利申请数的产出比较

单位：件，千万元，%

地区	2003 年三种专利申请数	2002 年 R&D 经费内部支出投入		2016 年三种专利申请数	2015 年 R&D 经费内部支出投入		环比发展速度
		数量	产出比		数量	产出比	
内蒙古	1 393	69.12	20.15	10 672	1 360.62	7.84	38.92
广西	2 250	129.60	17.36	59 239	1 059.12	55.93	322.17
重庆	4 589	181.44	25.29	59 518	2 470.01	24.10	95.27
四川	7 443	891.36	8.35	142 522	5 028.76	28.34	339.41
贵州	1 242	87.84	14.14	25 315	623.20	40.62	287.29
云南	1 966	141.12	13.93	23 709	1 093.57	21.68	155.62
西藏	24	7.20	3.33	712	31.24	22.79	683.70
陕西	3 421	874.08	3.91	69 611	3 931.73	17.70	452.37
甘肃	961	158.40	6.07	20 276	827.20	24.51	404.02
青海	173	30.24	5.72	3 284	115.84	28.35	495.53
宁夏	441	28.80	15.31	6 149	254.84	24.13	157.58
新疆	1 473	50.40	29.23	14 105	520.01	27.12	92.81
西部地区	25 376	2 649.60	9.58	435 112	17 316.15	25.13	262.37
东部地区	42 520	12 174.05	3.49	2 228 606	96 288.831	23.15	662.67
中部地区	121 696	2 305.01	52.80	510 682	21 469.134	23.79	45.05
东北地区	240 344	1 746.14	137.64	106 818	6 624.737	16.12	11.71
全国	480 688	21 524.40	22.33	3 281 218	141 698.846	23.16	103.69

注：按照平均 CPI 价格指数抵消物价对 2002—2015 年的 R&D 经费内部支出影响，即在 2002 年数量的基数上乘上 1.440 的系数。

基于表 5－12，纵向比较 2002 年和 2015 年西部地区 R&D 经费内部支出投入对三种专利申请数量的产出比，得知西部地区 R&D 经费内部支出投入的产出比有一定增长，从 2002—2015 年产出比的环比发展速度为 262.37％；横向比较 2002 年和 2015 年西部地区与我国其他地区 R&D 经费内部支出投入对三种专利申请数量的产出比，得知西部地区 R&D 经费内部支出投入的产出比增长从明显优势到微弱领先，从 2002—2015 年产出比的环比发展速度来讲，东部地区为 662.67％，西部地区为 262.37％，东部地区大幅度领先西部地区；这在一定程度上说明了经济发展对 R&D 活动及 R&D 经费内部支出的支持作用。

5.2.2.2 对国外主要检索工具收录科技论文的产出比

根据我国科技论文的相关统计年鉴数据的时间特点，假设国外主要检索工具收录科技论文的平均产出时间与要素投入时间的滞后性为 2 年，根据《中国科技统计年鉴》，整理和计算得到西部地区与我国其他地区 R&D 经费内部支出投入对国外主要检索工具（SCI）收录科技论文数量的产出比，结果如表 5－13 所示。

表 5－13 2002 年和 2015 年西部地区 R&D 经费内部支出投入对国外主要检索工具（SCI）收录科技论文数的产出比较

单位：篇，千万元，％

地区	2004 年 SCI 检索科技论文数	2002 年 R&D 经费内部支出投入		2015 年 SCI 检索科技论文数	2013 年 R&D 经费内部支出投入		环比发展速度
		数量	产出比		数量	产出比	
内蒙古	50	65.62	0.76	870	1 602.12	0.54	71.26
广西	156	123.03	1.27	1973	1 472.26	1.34	105.69
重庆	417	172.24	2.42	5 913	2 412.76	2.45	101.23
四川	1 396	846.17	1.65	10 846	5 468.00	1.98	120.23
贵州	95	83.39	1.14	857	645.22	1.33	116.59
云南	386	133.97	2.88	2 643	1 090.87	2.42	84.09
西藏	—	6.84	0.00	25	31.44	0.80	0.00
陕西	1 611	829.77	1.94	13 195	4 684.71	2.82	145.07
甘肃	1 125	150.37	7.48	3 836	914.52	4.19	56.07
青海	33	28.71	1.15	186	188.65	0.99	85.77
宁夏	1	27.34	0.04	276	285.70	0.97	2 641.15

（续）

地区	2004 年 SCI 检索科技论文数	2002 年 R&D 经费内部支出投入		2015 年 SCI 检索科技论文数	2013 年 R&D 经费内部支出投入		环比发展速度
		数量	产出比		数量	产出比	
新疆	79	47.85	1.65	1 462	621.99	2.35	142.36
西部地区	5 349	2 515.28	2.13	42 082	19 418.24	2.17	101.91
东部地区	29 250	11 556.89	2.53	158 938	108 329.87	1.47	57.97
中部地区	6 521	2 188.16	2.98	40 426	24 211.14	1.67	56.03
东北地区	4 213	1 657.62	2.54	24 023	9 984.62	2.41	94.67
全国	45 333	20 433.23	2.22	265 469	161 943.87	1.64	73.89

注：按照平均 CPI 价格指数抵消物价对 2002—2013 年的 R&D 经费内部支出影响，即在 2002 年数量的基数上乘上 1.367 的系数。

基于表 5－13，纵向比较 2002 年和 2013 年西部地区 R&D 经费内部支出投入对 SCI 检索科技论文数量的产出比，得知西部地区 R&D 经费内部支出投入的产出比基本没有增长；横向比较 2002 年和 2015 年西部地区与我国其他地区 R&D 经费内部支出投入对 SCI 检索科技论文数量的产出比，得知西部地区 R&D 经费内部支出投入的产出比从落后到领先东部地区，从 2002—2015 年产出比的环比发展速度来讲，东部地区仅为 57.97%，而西部地区为 101.91%，西部地区的增长快速明显快于东部地区。SCI 检索论文在一定程度上说明了西部地区的开发优势对 R&D 活动及 R&D 经费内部支出的支持作用。

同理，整理和计算得到西部地区与我国其他地区 R&D 经费内部支出投入对国外主要检索工具（EI）收录科技论文数量的产出比，结果如表 5－14 所示。

表 5－14　2002 年和 2015 年西部地区 R&D 经费内部支出投入对国外主要检索工具（EI）收录科技论文数的产出比较

单位：篇，千万元，%

地区	2004 年 EI 检索科技论文数	2002 年 R&D 经费内部支出投入		2015 年 EI 检索科技论文数	2013 年 R&D 经费内部支出投入		环比发展速度
		数量	产出比		数量	产出比	
内蒙古	22	65.616	0.34	763	1 602.124	0.48	142.04
广西	84	123.03	0.68	1 215	1 472.259	0.83	120.87

（续）

地区	2004 年 EI 检索科技论文数	2002 年 R&D 经费内部支出投入		2015 年 EI 检索科技论文数	2013 年 R&D 经费内部支出投入		环比发展速度
		数量	产出比		数量	产出比	
重庆	278	172.242	1.61	4 505	2 412.755	1.87	115.68
四川	1 251	846.173	1.48	9 219	5 468	1.69	114.04
贵州	48	83.387	0.58	504	645.224	0.78	135.70
云南	118	133.966	0.88	1 454	1 090.866	1.33	151.32
西藏	1	6.835	0.15	14	31.441	0.45	304.35
陕西	2 029	829.769	2.45	13 443	4 684.709	2.87	117.35
甘肃	480	150.37	3.19	2 722	914.523	2.98	93.24
青海	4	28.707	0.14	95	188.646	0.50	361.41
宁夏	6	27.34	0.22	133	285.703	0.47	212.12
新疆	40	47.845	0.84	636	621.985	1.02	122.31
西部地区	4 361	2 515.28	1.73	34 703	19 418.235	1.79	103.08
东部地区	20 222	11 556.891	1.75	113 152	108 329.869 8	1.04	59.69
中部地区	4 368	2 188.156 9	2.00	34 530	24 211.142 05	1.43	71.45
东北地区	3 930	1 657.624 2	2.37	21 947	9 984.622 68	2.20	92.71
全国	32 881	20 433.233	1.61	204 332	161 943.869 5	1.26	78.41

注：按照平均 CPI 价格指数抵消物价对 2002—2013 年的 R&D 经费内部支出影响，即在 2002 年数量的基数上乘上 1.367 的系数。

基于表 5－14，纵向比较 2002 年和 2015 年西部地区 R&D 经费内部支出投入对 EI 检索科技论文数量的产出比，得知西部地区 R&D 经费内部支出投入的产出比基本持平；横向比较 2002 年和 2015 年西部地区与我国其他地区 R&D 经费内部支出投入对 EI 检索科技论文数量的产出比，得知西部地区 R&D 经费内部支出投入的产出比从落后到领先东部地区，从 2002—2015 年产出比的环比发展速度来讲，东部地区仅为 59.69%，而西部地区为 103.08%，西部地区的增长快速明显快于东部地区。EI 检索论文在一定程度上说明了西部地区的开发优势对 R&D 活动及 R&D 经费内部支出的支持作用。

同理，整理和计算得到西部地区与我国其他地区 R&D 经费内部支出投入对国外主要检索工具（ISTP，CPCI-S）收录科技论文数量的产出比，结果如表 5－15 所示。

表 5-15 2002 年和 2013 年西部地区 R&D 经费内部支出投入对国外主要检索工具（ISTP，CPCI-S）收录科技论文数的产出比较

单位：篇，千万元，%

地区	2004 年 ISTP 检索科技论文数	2002 年 R&D 经费内部支出投入		2015 年 CPCI-S 检索科技论文数	2013 年 R&D 经费内部支出投入		环比发展速度
		数量	产出比		数量	产出比	
内蒙古	17	65.616	0.26	185	1 602.124	0.12	44.57
广西	88	123.03	0.72	347	1 472.259	0.24	32.95
重庆	350	172.242	2.03	646	2 412.755	0.27	13.18
四川	850	846.173	1.00	1 516	5 468	0.28	27.60
贵州	24	83.387	0.29	186	645.224	0.29	100.16
云南	35	133.966	0.26	467	1 090.866	0.43	163.86
西藏	—	6.835	0.00	5	31.441	0.16	0.00
陕西	854	829.769	1.03	1 934	4 684.709	0.41	40.11
甘肃	76	150.37	0.51	380	914.523	0.42	82.21
青海	4	28.707	0.14	28	188.646	0.15	106.52
宁夏	2	27.34	0.07	45	285.703	0.16	215.31
新疆	29	47.845	0.61	125	621.985	0.20	33.16
西部地区	2 329	2 515.28	0.93	5 864	19 418.235	0.30	32.61
东部地区	10 556	11 556.891	0.91	21 422	108 329.869 8	0.20	21.65
中部地区	2 375	2 188.156 9	1.09	5 395	24 211.142 05	0.22	20.53
东北地区	2 131	1 657.624 2	1.29	4 172	9 984.622 68	0.42	32.50
全国	17 391	20 433.233	0.85	36 853	161 943.869 5	0.23	26.74

注：按照平均 CPI 价格指数抵消物价对 2002—2013 年的 R&D 经费内部支出影响，即在 2002 年数量的基数上乘上 1.367 的系数。

基于表 5-15，纵向比较 2002 年和 2015 年西部地区 R&D 经费内部支出投入对 ISTP、CPCI-S 检索科技论文数量的产出比，得知西部地区 R&D 经费内部支出投入的产出比有明显减少，2002—2015 年产出比的环比发展速度为 32.61%；横向比较 2002 年和 2015 年西部地区与我国东部地区 R&D 经费内部支出投入对 ISTP、CPCI-S 检索科技论文数量的产出比，得知西部地区 R&D 经费内部支出投入的产出比从微弱优势到有比较明显的优势，从 2002—2015 年产出比的环比发展速度来讲，东部地区仅为 21.65%，而西部地区为 32.61%，西部地区的环比发展速度大于东部地区。总体来讲，我国各地区经 ISTP、CPCI-S 检索的论文数量都在减少，这在一定程度上说明了对此类检索工具的认可程度在下降。

第六章

西部地区 R&D 活动的多元投入

《国家中长期科学和技术发展规划纲要（2006—2020 年）》提出了 R&D 活动的基础研究采用中央和地方财政支持为主的经费投入方式，应用研究和试验开发研究鼓励企业和社会主体建立多元投入机制；《国家中长期人才发展规划纲要（2010—2020 年）》明确提出了健全政府、社会、用人单位和个人多元人才投入机制。由于历史和现实等多方面的复杂原因，西部地区 R&D 活动的多元投入滞后于区域科技进步和经济社会发展需要，按照国家和地方相关规划精神，基于利益相关者和人力资本理论的主要观点，提出西部地区 R&D 活动的资金和人才的多元投入关系。

6.1 R&D 活动的投入产出特点

根据联合国教科文组织（UNESCO）等关于 R&D 的概念，R&D 活动主要包括基础研究、应用研究和试验发展三类活动。其中，基础研究的投入多产出周期长，对科技进步具有“打基础、管长远”的作用；应用研究和试验发展的投入产出皆有高收益和高风险的特点。

6.1.1 R&D 活动的投入圈层特点

R&D 活动投入的基本问题是合理有效地确定 R&D 活动的投入要素、投入方向及投入结构，进一步提高 R&D 活动投入产出的综合效果，调动多方参与 R&D 活动投入的积极性。具体来讲，R&D 活动投入的基本问题就是 R&D 活动投什么、谁来投、投给谁、谁来用和谁受益等问题。首先，提出 R&D 活动的投入要素，主要包括人才、资金、环境和机会成本等；其次，分析 R&D 活动的投入方向问题，从影响的长远性讲，主要有长期影响的投入方向是人才本身，主要促进其形成人才资本，主要有短期影响的投入方向是问题本身，主要是解决 R&D 活动中的基础研究、应用研究和试验发展等方面的具体问题；最后分析 R&D 活动的投入结构问题，从兼顾当前现实需要和未来发展需要来讲，就是要处理好长期投入短期投入的比例，以及两大投入方向内部的比例问题。

对 R&D 活动的短期投入，用圈层结构表示投入主体的关系，圈层模型如图 6-1 所示。

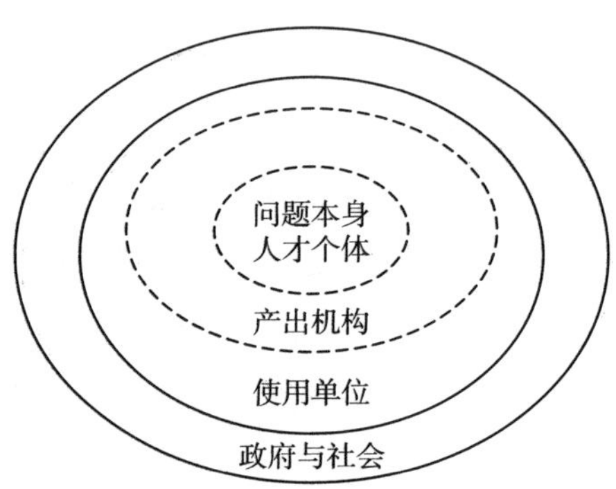

图 6-1　R&D 活动短期投入的圈层模型

从图 6-1 可知，基于解决问题本身的 R&D 活动短期投入主体主要包括人才个体、产出机构、使用单位和政府与社会。

人才个体是 R&D 活动短期投入圈层的核心层。面向 R&D 活动要解决的问题本身，人才个体需要在强有力的外部资源（如资金和环境）保障下，发挥人才个体的能动作用。人才个体的短期受益有工资待遇、工作机会和社会地位等。

产出机构是指 R&D 活动的主要依托单位，包括企业、研究与开发机构和高等学校等 R&D 活动人才主要集中的单位，主要发挥人才聚集效应和 R&D 活动产出递增的作用。公共财政应该为产出机构提供 R&D 活动的引导性资金，引导产出机构进行 R&D 活动投资。

使用单位是指 R&D 科研成果的转化使用单位，如技术成果主要以企业为使用单位，论文和著作主要以高等学校为使用单位。使用单位按照国家法律法规和市场规定要求，承担使用 R&D 科研成果的合理成本，提高 R&D 科研成果的转化和使用效率，促进人才个体和产出机构投入 R&D 活动。

政府与社会是指提供影响和作用于 R&D 活动短期投入产出因素集合，如研究平台、研究资源和研究条件等。

对 R&D 活动的长期投入，用圈层结构表示投入主体的关系，圈层模型如图 6-2 所示。

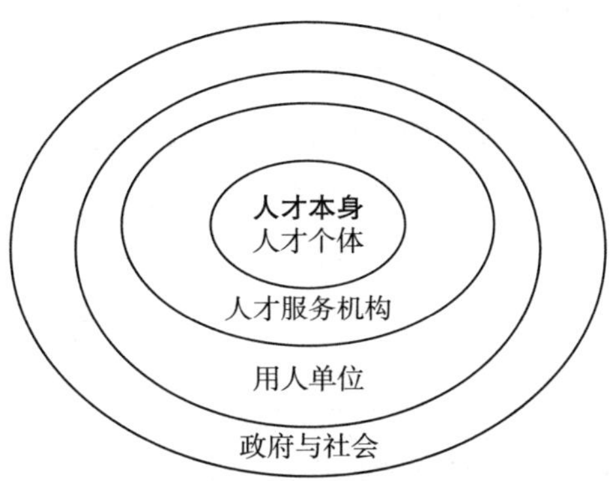

图 6-2　R&D 活动长期投入的圈层模型

从图 6-2 可知，基于人才本身的 R&D 活动长期投入主体主要包括人才个体、人才服务机构、用人单位和政府与社会。

人才个体是 R&D 活动投入圈层的核心层。所有 R&D 活动投入都最终将直接或间接作用于人才个体，人才个体本身是 R&D 活动的最直接投入主体，同时，在市场经济条件下，也是直接最大受益者。投向人才个体的主要形式有：教育培训、医疗保健和迁移投入等。人才个体的长期受益有长期激励、自我实现和社会贡献等。

人才开发服务中介机构是指直接为人才服务的各类机构，主要包括培训机构、人才市场和社会保障系统等，主要起促进人才的有序流动作用。

用人单位包括各级行政机关、事业单位、科研院所、各类企业及经济组织等。公共财政应该为用人单位提供人才开发的引导性资金，引导用人单位进行人才投入。

政府与社会是指影响和作用于人才成长的硬环境（包括图书馆、体育馆等）和软环境（公共信息和政策等），公共财政应为人才成长发展提供优质的公共服务，即加大社会环境对人才投入的力度。

6.1.2　R&D 活动投入的主要特点

R&D 活动投入的主要要求，一方面是增加和优化 R&D 经费内部、外部支出投入，以期产出更多高质量的科研成果；另一方面是要提高人才待遇和优化人才环境，促进人才形成人才资本。在这两方面的投入目标中，促进人才形成人才资本具有先导性和决定性的作用，因为在 R&D 活动的所有投入要素中，只有人才唯一具有能动性，人才作用的发挥在很大程度上又会影响资金和环境等投入要素的功效。

R&D 活动的投入从长期性讲就是人才投入。人才投入主体通过在教育、卫生保障和空间配置等方面投资，通过提高科技人才质量、发掘科技人才潜能和更好发挥科技人才作用的空间配置，提升科技人才为社会创造价值的能力，最终形成人才资本，形成关系如图 6-3 所示。

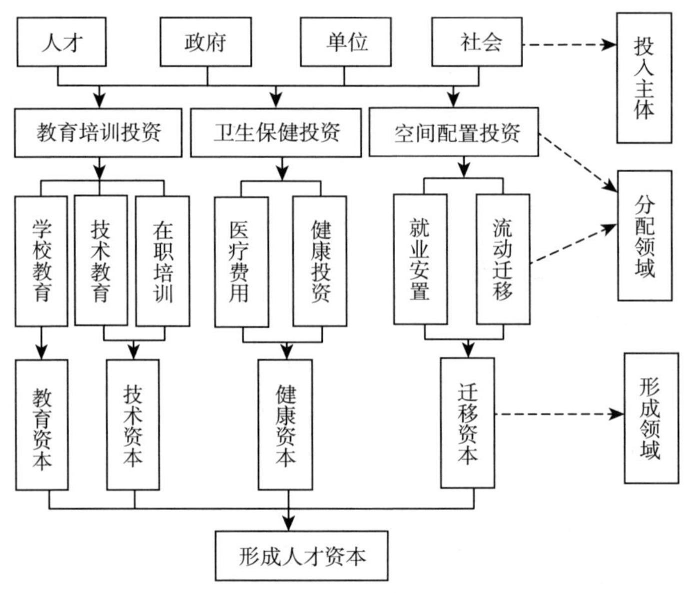

图 6-3　人才资本的形成关系

R&D 活动的人才投入产出关系主要包括五部分：

一是投资的主体。包括人才本身、政府、用人单位和社会等；

二是投资的对象。包括人才本身及其工作环境；

三是投资的分配领域。包括教育培训、卫生保健和空间配置等投资领域；

四是投资的形成领域。包括构成人才资本的主要方面，包括教育资本、技术资本、健康资本和迁移资本等；

五是投资的保障工作。人才资本的形成需要有比较明确的目标考核要求和过程控制作为保障，促进人才投入主体的多元化，人才投入的产出分配符合法律和“谁投资谁受益”和“谁受益谁投资”等人才资本理论的基本要求。

上述五个方面构成了 R&D 活动的人才多元投入关系的主要内容。其目的就是共同确保 R&D 活动的人才投入数量和质量符合要求、提升人才投入的产出效益水平，最终实现 R&D 活动的投入产出更加优化。

6.1.3 R&D 活动投入的产出特点

一般来讲，科技投入的产出效益包括经济效益和社会效益①。因此，R&D 活动的产出也包括经济效益和社会效益。

经济效益（Economic Benefit）是指通过商品和劳动的对外交换所取得的社会劳动节约，即以尽量少的劳动耗费取得尽量多的经营成果，或者以同等的劳动耗费取得更多的经营成果。经济效益指的是资金占用、成本支出与有用生产成果之间的比较，是衡量经济投入活动的首要综合指标。

对 R&D 活动的人才投入而言，其经济效益指的是人才在教育、医疗、卫生、社会保障等方面进行的投入，与人才个体、企业、政府与社会创造的经济产出之间的合理比较。

对 R&D 活动的产出机构和使用单位投入而言，经济效益就是其创造的生产总值同包括 R&D 活动在内的全部生产成本之间的比较关系。可以用公式表示为：经济效益=生产总值/生产成本。

评价指标及评价时间选择将影响 R&D 活动经济效益评价的有效性和合理性。如果按照是否反映了资金的时间因素来进行分类，经济评价指标主要可分为两类：第一类是静态评价指标，如静态投资回收期、投资收益率等，它们不考虑资金的时间因素，主要用于经济数据不完善和不精确的项目初选阶段；第二类是动态评价指标，如动态投资回收期、净现值、内部收益率等，它们考虑资金的时间因素，主要用于项目最后决策前的可行性研究。因为 R&D 活动投入有见效慢的特点，所以对 R&D 活动投入的经济效益评价，不仅要考虑静态指标，而且要考虑动态指标。具体来讲，各主体的经济效益指标有：人才个体的工资收入、福利待遇等，产出机构和使用单位的营业收入、营业利润、资本收益率等，政府和社会的地区生产总值、地区财政税收等。

---

① 李国锋，孟亚男，我国部属高校科技活动综合评价——基于 PLS 路径模型的实证研究[J]. 研究与发展管理，2013，25（2）：95－106.

社会效益（Social Benefit）是指最大限度地利用有限的资源满足社会中人们日益增长的物质文化需求。但是对于社会效益的理解并不一致，现分别从企业、高校、医疗行业、图书馆等各个方面进行表述如下：

对 R&D 活动的投入项目而言，社会效益是指该项目实施后为社会所作的贡献，也称外部间接经济效益。

R&D 活动短期投入的社会效益：

（1）对产出机构学校或研究机构而言，社会效益一般是指学校或研究机构在社会上的声誉、威信和信任程度，主要包括学校培养人才的数量与质量、毕业生在社会上做出的成绩与贡献、社会各界对学校毕业生的反映等；

（2）对使用单位（如企业）而言，社会效益是指企业 R&D 活动成果对社会发展的有利或不利影响，即企业所提供的社会贡献；

（3）对人才个体而言，科技人才个体的社会效益指标有单位尊重和职业能力等。

R&D 活动长期投入的社会效益：

（1）对人才个体而言，科技人才个体的社会效益指标有社会认可、自我成就、身体健康和家庭氛围等；

（2）对人才服务机构和用人单位而言，其社会效益指标有社会声誉、社会关系、行业影响、员工认可、政府态度等；

（3）对政府与社会而言，其社会效益指标有社会价值观念、创新能力建设、技术扩散效应、新增岗位数量、劳动生产效率。

6.2 西部地区 R&D 经费的多元投入依据

西部地区 R&D 活动经费的多元投入在遵守《国家中长期科学和技术发展规划纲要（2006—2020 年）》精神的基础上，以西部地区各省（自治区、直辖市）中长期科学和技术发展规划纲要的相关规定为直接依据。

6.2.1 国家规划依据

《国家中长期科学和技术发展规划纲要（2006—2020 年）》在“科技投入与科技基础条件平台”部分，提出了“建立多元化、多渠道的科技投入体系”的要求：

1. 建立多元化、多渠道的科技投入体系

充分发挥政府在投入中的引导作用，通过财政直接投入、税收优惠等多种财政投入方式，增强政府投入调动全社会科技资源配置的能力。国家财政投入主要用于支持市场机制不能有效解决的基础研究、前沿技术研究、社会公益研究、重大共性关键技术研究等公共科技活动，并引导企业和全社会的科技投入。中央和地方各级政府要按照《中华人民共和国科学技术进步法》的要求，在编制年初预算和预算执行中的超收分配时，都要体现法定增长的要求，保证科技经费的增长幅度明显高于财政经常性收入的增长幅度，逐步提高国家财政性科技投入占国内生产总值的比例。要结合国家财力情况，统筹安排规划实施所需经费，切实保障重大专项的顺利实施。国家继续加强对重大科技基础设施建设的投入，在中央和地方建设投资中作为重点予以支持。在政府增加科技投入的同时，强化企业科技投入主体的地位。总之，通过多方面的努力，使我国全社会研究开发投入占国内生产总值的比例逐年提高，到 2010 年达到 2%，到 2020 年达到 2.5%以上。

2. 调整和优化投入结构，提高科技经费使用效益

加强对基础研究、前沿技术研究、社会公益研究以及科技基础条件和科学技术普及的支持。合理安排科研机构（基地）正常运转经费、科研项目经费、科技基础条件经费等的比例，加大对基础研究和社会公益类科研机构的稳定投入力度，将科普经费列入同级财政预算，逐步提高科普投入水平。建立和完善适应科学研究规律和科技工作特点的科技经费管理制度，按照国家预算管理的规定，提高财政资金使用的规范性、安全性和有效性。提高国家科技计划管理的公开性、透明度和公正性，逐步建立财政科技经费的预算绩效评价体系，建立健全相应的评估和监督管理机制。

从上述规划要求得知：国家对 R&D 活动经费有明确的多元投入要求，即在政府投入引导下，更好发挥财政投入对市场机制不能有效解决的基础研究、前沿技术研究、社会公益研究、重大共性关键技术研究等公共科技活动的支持作用，引导企业和全社会增加科技投入；在政府增加科技投入的同时，强化企业科技投入主体的地位；2020 年，我国全社会研究开发（R&D

活动）投入占国内生产总值的比例达到2.5%以上。

6.2.2 西部地区的规划依据

按照《国家中长期科学和技术发展规划纲要（2006—2020年）》精神，西部地区各省（自治区、直辖市）分别制定了科技投入的多元投入措施。

《四川省中长期科学和技术发展规划纲要（2006—2020年）》在“对策措施”部分提出“加大科技投入力度，提高投入效益”时，提出：

> 科技投入是科技创新、科技持续发展的重要前提和根本保障，今天的科技投入，就是对未来竞争力的投资。从增强自主创新能力和核心竞争力出发，建立符合四川实际、合理高效的科技投入体系，推动科技投入由“政府主导型”向“政府与企业并重，社会广泛参与”的多元化科技投入体系转变，形成政府引导、企业主体、金融机构及其他社会力量参与的多元化科技投入格局。大幅度增加对科技的投入，为完成本纲要提出的各项重大任务提供必要保障。通过多方面努力，使我省R&D投入占GDP的比例逐年提高，到2010年达到2%，到2020年达到2.5%。

《贵州省中长期科学和技术发展规划纲要（2006—2020年）》在“保障措施”部分提出“加大科技投入，创造科技发展的良好条件”的措施，具体为：

> 落实各项税收减免政策，采取多种激励措施，引导企业增加研发资金投入，使其逐步成为科技投入的主导力量；加快建立创业风险投资机构，降低风险投资机构准入门槛，吸引社会资本进入风险投资领域，建立和完善风险投资、科技成果贷款担保机制，健全中小企业贷款担保机制；进一步发挥科技型中小企业创新基金、中药现代化科技产业资金等专项资金的作用，引导全社会特别是金融机构增加对科技的支持，形成多层次、多渠道的科技投融资体系，使资本市场成为科技发展的强有力支撑。

《云南省中长期科学和技术发展规划纲要（2006—2020年）》在“若干

重要政策和措施”部分，提出“提高全社会科技经费投入”的措施：

各级人民政府要按照《中华人民共和国科学技术进步法》的要求，确保财政用于科学技术经费投入的增长幅度高于财政经常性收入的增长幅度。充分发挥政府科技资金的引导作用，激励、引导企业成为科技投入的主体，开展技术创新与技术集成。建立以政府投入为引导，企业投入为主体，金融资金参与，吸引民间、海外资金等多渠道、多层次的社会化投融资体系，不断提高全社会科技经费投入的总体水平。加快技术产权制度改革，建立产权多元化的投融资体系，形成完善的管理体制和合理、有效的激励机制。建立和完善风险投资机制，建立加速科技产业化的多层次资本市场体系，促进更多资本进入创业风险投资市场。鼓励金融机构对重大科技产业化项目、科技成果转化项目等给予优惠的信贷支持，建立健全鼓励中小企业技术创新的知识产权信用担保制度和其他信用担保制度，为中小企业融资创造良好条件。搭建多种形式的科技金融合作平台，政府引导各类金融机构和民间资金参与科技开发。鼓励金融机构改善和加强对高新技术企业，特别是对科技型中小企业的金融服务。鼓励保险公司加大产品和服务创新力度，为科技创新提供全面的风险保障。

《重庆市中长期科学和技术发展规划纲要（2006—2020 年）》在“保障措施”部分，提出“增加科技投入，提高经费使用效益”的措施：

建立多元化、多渠道的科技投入体系。充分发挥政府在投入中的引导作用，增强调动全社会科技资源配置的能力。一要加大财政资金的投入力度，形成政府科技投入的稳定增长机制。政府科技投入要按照《重庆市科学技术投入条例》，确保市级财政科技投入的增长幅度明显高于财政经常性收入的增长幅度，市级科技三项费（不含上级拨款部分）占财政支出的比例应在 2% 以上。科技三项费应优先向重大科技项目倾斜，保障重大科技项目所需经费投入。政府基础设施建设计划要重点加强对科技基础设施建设的投入。二要通过政策引导，推动企业成为技术创新投入的主体。到 2010 年，规模以上企业研究开发投入占全社会研究开发投入的比例达到80%以上，2020年提高到85%以上。三要拓宽科技投融资渠道。进一步完善科技创业投资机制和科技创业补偿机制，鼓励发展科技创业投资机构。政府加大对创业投资引导资金的投入，引导和鼓励民间资本进入创业投资领域，提高创业投资的社会化程度。到2010年，全社会研究开发投入占国内生产总值的比例达到1.7%，到2020年达到2.5%以上。

《陕西省中长期科学和技术发展规划纲要（2006—2020年）》在“主要措施”部分，提出“多渠道、多层次地增加科技投入”的措施：

从“十一五”开始，省上和市、县每年财政用于科技经费的增长幅度都要高于经常性财政收入的增长幅度。要运用经济杠杆和政策手段，促使企业增加科技投入。重点、骨干企业用于研究与开发的投入不少于企业销售收入的2%，高技术企业应高于5%。大力推动创业投资和多层次资本市场发展。省上建立高新技术产业发展资金和科技型小企业发展专项资金。有条件的行业可以根据各自发展的需要，建立行业技术发展基金，用于行业共性技术的科技攻关和增强行业发展的后劲。支持具备条件的高新技术企业发行企业债券。扩大商业科技贷款规模，对于综合性的高技术重大工程项目，国家政策银行要增加科技信贷规模，重点支持。运用贴息等手段，支持科技成果的转化工作。逐步使投入走上法制化、规范化的道路。

《甘肃省中长期科学和技术发展规划纲要（2006—2020年）》在“保障措施”部分，提出“持续增加科技投入，提高科技投入效益”的措施：

持续增加财政科技投入。充分发挥政府在科技投入中的引导作用，通过财政直接投入、税收优惠等多种财政投入方式，增强政府投入调动全社会科技资源配置的能力，引导企业和全社会的科技投入。各级政府要按照《中华人民共和国科学技术进步法》和《甘肃省科学技术进步条例》的要求，在编制年初预算和预算执行中的超收分配时，都要达到法定增长的要求，保证科技经费的增长幅度明显高于财政经常性收入的增长幅度，逐步提高财政性科技投入占国内生产总值的比例。适当集中财力，统筹安排规划实施所需专项经费，切实保障规划确定的重点领域和重大专项的顺利实施。各级政府要按照法律法规要求，将科普经费列入同级财政预算，逐步提高科普投入水平。

《广西壮族自治区中长期科学和技术发展规划纲要（2006—2020 年）》在“科技投入与科技基础条件平台”部分提出“建立多元化、多渠道的科技投入体系”的措施：

充分发挥政府在投入中的引导作用，通过财政直接投入、税收优惠等多种财政投入方式，增强政府投入调动全社会科技资源配置的能力。自治区财政科技投入主要用于支持市场机制不能有效解决的基础研究、前沿技术研究、社会公益研究、重大共性关键技术研究等公共科技活动，并引导企业和全社会的科技投入。自治区和地方各级政府要按照《中华人民共和国科学技术进步法》和《广西壮族自治区科学技术进步条例》的要求，在编制年度预算和预算执行中的超收分配时，都要体现法定增长的要求，保证科技经费的增长幅度明显高于财政经常性收入的增长幅度，逐步提高全区财政性科技投入占生产总值的比例。要结合财力情况，统筹安排规划实施所需经费，切实保障重大专项的顺利实施。自治区继续加强对重大科技基础设施建设的投入，并把科技基础条件平台建设作为自治区基础建设投资的重点予以支持。在政府增加科技投入的同时，强化企业科技投入主体的地位。通过多方面的努力，使我区全社会研究开发投入占生产总值的比例逐年提高，2010 年达到 1.2%，2020 年达到 2.0%以上。

《新疆维吾尔自治区中长期科学和技术发展规划纲要（2006—2020 年）》在“重大措施”部分，提出“多渠道加大对科技的资金投入”的措施：

在继续增加财政科技拨款的同时，充分利用市场机制和政策调

> 控的作用，吸引社会资金参与科技的研究开发，建立健全多元化科技投融资体制，形成科技经费稳定增长和有效投入的机制，多渠道地加大对科技的支持力度。

《青海省“十二五”科学技术发展规划》《宁夏回族自治区“十二五”科学技术发展规划》和《内蒙古自治区中长期科学和技术发展规划纲要（2006—2020年）》等也都分别提出了：建立社会化、市场化、多元化的科技投入体系。

因此，整体来讲，西部地区在R&D活动经费多元投入主要有两方面的特点：

一是探索形成市场经济条件下多元化、多层次的R&D活动投入格局，即形成政府财政投入为引导、企业投入为主体、银行贷款为支撑、社会集资和引进外资为补充、优惠政策作扶持的全社会科技投入格局。从而实现政府、企业、金融体系、第三部门在市场资源配置基础机制之上的科技投入合理分工和协调配合，保证科技投入战略规划的实施和战略目标的实现。

二是拓宽科技投融资渠道，建立多元化、多渠道、多层次的R&D活动投入的投融资体系，即努力实现投资主体多元化、资金筹措市场化，建立健全以政府引导、以直接融资和间接融资相结合的科技投融资体系。

6.3 西部地区R&D人才的多元投入依据

西部地区R&D人才作为我国专业技术人才的主体，其多元投入是在《国家中长期人才发展规划纲要（2010—2020年）》精神的基础上，以西部地区各省（自治区、直辖市）中长期人才发展规划纲要的相关规定为直接依据。

6.3.1 国家规划依据

《国家中长期人才发展规划纲要（2010—2020年）》在“总体部署”中提出：

> 一是实行人才投资优先，健全政府、社会、用人单位和个人多元人才投入机制，加大对人才发展的投入，提高人才投资效益。二

是加强人才资源能力建设，创新人才培养模式，注重思想道德建设，突出创新精神和创新能力培养，大幅度提升各类人才的整体素质。三是推动人才结构战略性调整，充分发挥市场配置人才资源的基础性作用，改善宏观调控，促进人才结构与经济社会发展相协调。四是造就宏大的高素质人才队伍，突出培养创新型科技人才，重视培养领军人才和复合型人才，大力开发经济社会发展重点领域急需紧缺专门人才，统筹抓好党政人才、企业经营管理人才、专业技术人才、高技能人才、农村实用人才以及社会工作人才等人才队伍建设，培养造就数以亿计的各类人才，数以千万计的专门人才和一大批拔尖创新人才。五是改革人才发展体制机制，完善人才管理体制，创新人才培养开发、评价发现、选拔任用、流动配置、激励保障机制，营造充满活力、富有效率、更加开放的人才制度环境。六是大力吸引海外高层次人才和急需紧缺专门人才，坚持自主培养开发与引进海外人才并举，积极利用国（境）外教育培训资源培养人才。七是加快人才工作法制建设，建立健全人才法律法规，坚持依法管理，保护人才合法权益。八是加强和改进党对人才工作的领导，完善党管人才格局，创新党管人才方式方法，为人才发展提供坚强的组织保证。

推进人才发展，要统筹兼顾，分步实施。到 2015 年，重点在制度建设、机制创新上有较大突破。到 2020 年，全面落实各项任务，确保人才发展战略目标的实现。

这里明确地提出了我国“多元人才投入机制”的要求，符合人才资本理论中的“谁受益谁投资”和“谁投资谁受益”的基本要求，对西部地区 R&D 人才的多元投入关系有重要的指导意义。

6.3.2　国外借鉴经验

改善科技创新人才环境作为人才开发投入的重点，是一些国家人才开发的基本特点[①]。根据我国加入 WTO 后，加快包括人才服务在内的多项服务市场开放的实际情况，西部地区 R&D 人才多元投入应具有一定国际视野，

① 宋克勤，国外科技创新人才环境研究［J］. 中国科技奖励，2011（8）：52 - 55.

所以有必要了解国外关于科技人才开发投入的基本经验。

主要发达国家对本土科技人才极为重视，特别是重视高层次科技人才，主要体现在，通过制定人才培养计划、加强研究生教育、鼓励企业人才的继续教育、设立特种奖学金和奖励、加强国际科技合作等方式，加强对科技人才的开发。

6.3.2.1 美国

美国重视科技人才，特别是高层次科技人才培养，为此各部门设立了多种培养计划：1995 年实施了“教育与培训战略计划”，强调教育和对公民职业培训的作用，并且将提高全体国民的科技素质、培养杰出科学家和工程师作为确保美国领先世界科技的重大措施；国家科学基金会设立了“总统青年研究奖”，每年奖励 200 名在国家急需的科学和工程领域作出突出贡献的优秀青年人才；美国海军设立了“青年研究员计划”，在一些大学和私人研究机构设立专项基金，支持获得博士学位不超过 5 年的青年研究人员启动研究工作。

第二次世界大战以来，为吸引外国科技人才入境，美国曾经多次修订《移民法》。现在美国计划扩大外国科技人员移民的限额，从 11.5 万人每年增加到 19.5 万人每年。德国计划在欧盟之外的地区吸引科技专业人员；为使英国企业能够更容易地从亚洲国家征聘科技人才，英国正酝酿通过修改有关法律。据美国国家科学基金会统计，在美国的外国留学生学成后定居美国并被纳入美国国家人才库的占到了 25%；美籍诺贝尔奖获得者中，有 35%出生在国外；美国科学院院士中外国人占 22%；75%的印度软件专家在为美国工作。

为了吸纳技术移民，1990 年美国开始实施“H－1B 签证计划”，专门吸纳国外专业技术人才、高科技人才到美国工作；德国颁布了特别法规，以吸引国外高级电脑人才，2000 年又启动了针对性极强的“绿卡”项目，主要目的是吸引印度等发展中国家的高级信息技术人才；英国政府也提出了“高技术移民计划（HSMP）”等。

美国在推动产学研一体化，培养复合型和实用型科技人才方面积累了经验。美国在多所大学建立了工程研究中心，集中各学科的科研人员和工程技术人才，共同研究国家产业发展面临的重点课题。加拿大自然科学与工程研究理事会设立了博士后工业奖学金计划和工业研究奖学金计划，引导博士和博士后到企业做研究工作。

6.3.2.2　日本和韩国

日本在科技人才开发投入的经验，主要表现在以下两方面：

一方面建立科技创新良性循环机制。日本政府在面对向知识经济转型的战略中，强调大学和公共研究机构的创新能力的关键作用，重视将它们所产生的新知识应用于社会，用来产生经济价值和社会价值。尤为重要的是，日本注重将其中的部分收益返还到科研活动中，这就形成了科技创新的良性循环。这种良性循环，有效促进了官、研、产之间的合作，形成了能够有效根据国家发展战略需求、市场需求和社会需求组织研究的创新体制，有效推动了研究成果的产业化。

另一方面实行科技人才开发计划。日本有三个著名的科技人才培养计划：一是自 2002 年开始实行的“240 万科技人才综合推进计划”，旨在改变现有教育体制，培养大量企业需求的实用型科技人才。二是从 2002 年起实行的“21 世纪卓越研究基地计划”，旨在建立一流的科技人才培养基地，培养世界顶尖的科技创新人才。三是“科学技术人才培养综合计划”，该计划有四个目标，分别是：培养具有世界顶尖水平的科技创新人才；培养产业发展所需人才；创造优良的科研环境吸引人才，并使他们充分发挥才能；打造有利于科技创新人才成长的社会环境。

2006 年日本颁布了《第三期科学技术基本计划》，明确提出了科技人才培养的具体措施，包括：第一，构筑公正透明的人才聘用与管理体系；第二，搭建青年学者施展才华的平台；第三，严格控制高校使用自己培养人才的比率；第四，激发外国科技人才的研究积极性；第五，大学教育应注重培养人才的创造力；第六，促进学校教育与企业内部教育的交流与共享，培养创新性与实用性兼顾的人才。

韩国也把创新科技人才作为开发投入重点，主要从三大方面来体现：

（1）重视研发经费的投入和有效利用。过去几十年韩国科技实力不断增强，这首先得益于韩国政府科技投入总量的持续增长。到 1997 年，韩国研发投入高达 128 亿美元，居世界第六位，研发投入占 GDP 的比重为 2.69%，居世界第三位。在不断增加研发投入的同时，韩国也非常重视和强调研发资源的合理分配，注重研发投入的有效利用。

（2）大力培养科技创新人才。韩国非常重视科技创新人才的开发利用，主要措施包括：改革科学技术教育体系，把培养创造性人才作为科学技术教育的首要目标；制定以研究为导向的研究生培养计划，提高大学科研水平，加大高级科技人才培养力度，促进科技人才结构的优化升级；实施“国家战略领域人才培养综合计划”，在关乎国家核心竞争力的6个战略领域加大投入力度；制定“聘用海外科学技术人才制度”，注重海外高技术人才的引进。

（3）支持以产业为导向的科技创新活动。韩国强化多种形式的产学研合作研究，建设产学研均衡发展的国家创新体系，尤其重视企业在技术开发和创新中的作用。韩国历来积极扶持企业研究结构的发展，近年来，韩国企业研究开发投资占国家研究开发投资的比重一直保持在75%以上，高于美国、日本等发达国家。韩国还对技术开发实施税收优惠政策。

6.3.2.3 新加坡和印度

新加坡被称为亚洲“四小龙”之一，而印度则属“金砖国家”之一，这两国同属新兴经济国家，两国政府在科技人才开发投入机制建设方面的经验值得学习和借鉴。视人才资源为推动经济发展的“第一资源”，重视人才开发投入的“经济引擎”作用。新加坡原总理李光耀认为“开发人才，尊重人才，依靠人才”是新加坡的“第一要务”，“新加坡几乎没有什么天然资源，要维持经济增长，保持每年提高生产力6%～8%，必须充分开发人才资源”。印度政府则将人才开发投入提升到“决定国家和人民的命运”的战略高度。可见，两国目前的人才竞争优势与政府上述理念密不可分。

6.3.3 东部地区借鉴经验

我国东部地区在人才投入开发方面的成功经验和西部地区又好又快发展的紧迫需要，为西部地区建立R&D人才多元投入的机制奠定了可行基础。

6.3.3.1 上海市

20世纪90年代以来，上海市对科技人才投入方式逐步发展，从支持对象从个人发展到团队；支持范围从高校、科研院所扩大到支持高校、科研单位与企业；支持阶段从前期研究阶段延伸至研究和产业化等阶段。稳定科技人才队伍建设的投入经费。每年投入6 000多万元，通过青年科技启明星计划、优秀学科带头人计划、博士后科研资助计划、浦江人才计划、白玉兰科技人才基金等一系列资助计划已培养造就了一大批高层次科技人才。为了满足建设国际经济、金融、贸易、航运“四个中心”的需要，不断加快人才队伍开发投入力度与建设步伐。其科技人才开发投入的主要特点和重点有以下几个方面：

一是支持领军人才和创新团队建设。2005 年，上海市委组织部、市人事局等就出台了《关于加强上海领军人才队伍建设的指导意见》，2006 年进一步出台了《上海领军人才队伍建设实施办法》和《上海领军人才队伍建设专项资金资助暂行办法》等具体措施。上海的目标是：到 2010 年，形成 500 名以两院院士、“国家百千万人才”、突出贡献专家等为主的领军人才“国家队”，1 000 名左右覆盖各行各业的领军人才“地方队”，5 000 名左右以优秀青年人才为主的领军人才后备队等三个层次的梯队结构。近年来，上海领军人才队伍建设已初见成效，至 2007 年已遴选两批共 221 名领军人才培养对象。

二是加快集聚海外优秀人才。2005 年出台了《鼓励留学人员来上海工作和创业的若干规定》，为海外高层次留学人员来沪创新创业提供便利，可享受办理《上海市居住证》B 证、个人所得税按规定享受加计扣除、聘用外籍专家薪金计入成本等优惠。

三是支持企事业单位培养和吸引创新人才。主要措施包括：从 2005 年开始，每年编制上海市重点领域人才开发目录，引导各类人才向重点领域集聚；加大高新技术成果转化人才引进；设立上海市人才发展资金，加大人才资助力度；完善专业技术职务评聘制度，充分发挥高级职称评审在专业技术人员评价中的导向作用。

6.3.3.2　福建省

《福建省中长期（2006—2010 年）科学技术发展规划纲要》中，提出其科技发展的六条保障措施，其中之一就是致力于建立多元化科技投入体制。

（1）建立多元化科技、科技人才投融资体制。充分利用市场机制和政策调控的作用，鼓励金融资本和知识资本结合，发展科技风险投资事业。设立高新技术创业投资种子基金。通过财政、金融、产业以及收入分配等政策引导，推动企业成为科技投入的主体。引导商业银行提供优质的科技金融产品与服务，建立、健全鼓励中小企业技术创新的知识产权信用担保制度，为中小企业技术创新和科技成果产业化创造良好科技融资环境。

（2）完善政府投入稳定增长机制。在确保财政科技投入法定增长的同时，设立专项资金，加大对科技、科技人才的支持力度。“十一五”期间，省级财政安排的科学支出和科技三项费用以 2005 年初财政预算为基数，继续确保每年递增 10%。在此基础上，每年新增科技专项投入主要用于省重大科技专项、科技条件平台建设。

福建科技人才开发投入机制的特点在于，注重企业的自主创新主体作用。2011 年以来，出台了《福建省重大科技成果企业落地转化资助办法》《关于促进科技成果转化和产业化的若干意见》等政策措施，设立科技创新与成果转化专项资金，通过基地、项目、人才“三位一体”的推进机制，全方位推动企业科技创新。以 2011 年为例，福建由企业牵头承担了大批科技创新平台、科技重大专项、区域科技重大项目等，包括 7 个科技创新平台项目，7 项科技重大专项，83 个区域科技重大项目。福建还大力扶持重大科技项目转化，单个项目最高资助总额可达 2 000 万元，2011 年，为促进中小企业和初创型科技企业技术创新和科技成果转化，实施了 70 项科技型中小企业技术创新资金计划项目。福建在全国率先建立了企业研究与开发经费专账制度，研发经费实行专账专户管理，要求企业将所接受的财政资金补助、享受的财税优惠和获得的奖励全部用于研究开发。

福建的这些措施已经取得了明显成效。统计数据显示，2012 年 7 月，福建全省共有国家级、省级创新型企业 443 家，知识产权试点示范企业 1 085家，高新技术企业 1 493 家，由企业完成的研发投入占全省研发投入的 85.8%，来自企业的省级科技获奖成果占全部的 60.8%，由企业产生的专利授权占全省的 61%，高新技术企业产值占全省高新技术产业产值的比重为 60.3%。

6.3.3.3 浙江省

浙江省的科技人才投入机制的特点在于注重经济的长远发展，关注科技人才的总体需求，通过财政投入和非财政投入两种方式，充分利用国际国内两个人才市场，开发两种人才资源，在科技人才的培养、吸引、应用三个环节上创新投入机制和加大投入力度，实现科技人才的有效开发。

浙江省科技人才开发投入的目标是：一是持续加大科技人才开发投入总量，确保全社会科技人才开发投入占 GDP 的比例逐年提高，使科技人才开发投入水平与浙江打造创业、创新强省相适应；二是确保财政用于科技人才开发的投入稳定增长，把科技人才开发投入作为财政预算的一个重点，使科技人才开发投入的增幅不低于财政经常性收入的增幅；三是切实落实科技人才开发专项投入，统筹落实专项经费，使重大专项与科技投入专项、教育投入专项有机结合，保障重大专项的顺利实施；四是优化财政科技人才开发投入的结构，在统筹兼顾的基础上，强化教育投入，重点支持高层次人才的培养，加强对农业实用人才和社会工作人才的培养；五是建立多元化的科技人才开发投入体系，发挥财政资金对企业、用人单位和个人人才培养的激励引导作用，充分调动各方面的积极性，引导社会各界加大科技人才开发投入。六是创新财政科技人才开发投入管理机制，强化管理，明确人才投入绩效目标，建立严格规范的人才投入经费监管制度，建立财政人才投入经费的绩效评价体系，建立协调高效的管理平台，提高人才投入的使用效率。

浙江省科技人才开发投入的主要特点和重点有以下几个方面：一是建立多元化、多渠道的科技人才投入体系；二是优化财政人才投入结构，使科技人才投入与发展战略相配套；三是确立重大科技人才投入专项；四是创新管理机制，改善科技人才投入的效益；五是发挥政府资金导向作用，营造良好的人才环境。

6.3.4　西部地区的规划依据

《四川省中长期人才发展规划纲要（2010—2020 年）》在“优化人才发展环境”部分，提出“完善人才投入政策机制”的要求：

> 逐步调整经济社会发展的要素投入结构，加大人才投入力度，推动人才优先发展。完善政府人才投入管理政策，整合各种人才开发资金，提高人才投资效益。加大对民族地区、边远贫困地区、革命老区人才发展的财政支持力度。创新人才投入机制，鼓励和支持企业、社会组织建立人才发展基金；积极争取用于人才开发的国债资金项目和基础设施投入资金，利用国家政策性银行贷款、国际金融组织和外国政府贷款投资于人才开发项目；落实中央有关财政税收政策，提高企业职工培训经费的提取比例；落实税收、贴息等优惠政策，鼓励用人单位和社会组织投资人才开发；在重大建设和科研项目经费中，应安排部分经费用于人才培训；在各类用人单位普遍实行在职学历教育和知识更新培训单位资助制度，引导个人投资自身发展。

《贵州省中长期人才发展规划纲要（2010—2020 年）》在“人才发展的主要政策措施”部分，提出“坚持人才资本投资优先”的要求：

> 各级政府要优先加大对人才发展的投入，将人才发展经费纳入

财政预算，确保教育、科技支出增长幅度高于财政经常性收入增长幅度，卫生投入增长幅度高于财政经常性支出增长幅度。进一步加大人才发展资金投入力度，确保人才发展重大项目、重点工程的实施。鼓励和引导用人单位、个人和社会投资人才资源开发，建立多元的人才投入机制。落实好党政机关、企事业单位职工教育培训经费，推动企业加大人才培养、人才资源开发投入。积极争取国家人才项目资金，利用国家政策性银行贷款、国际金融组织和外国政府贷款投资人才开发项目。

《云南省中长期人才发展规划纲要（2010—2020年）》在“重大政策”部分，提出“实施促进人才资本优先积累的财税金融政策”的要求：

各级政府优先保证对人才发展的投入，确保教育、科技支出增长幅度高于财政经常性收入增长幅度，卫生投入增长幅度高于财政经常性支出增长幅度。逐步改善经济社会发展的要素投入结构，较大幅度提高人才资本投资比重。各级政府应加大资金清理整合力度，统筹安排建立人才发展专项资金，并视财力情况逐步加大对人才培养的投入，保障人才发展重大项目实施。建立重大项目人才保证制度，提高项目建设中人才开发经费提取比例。切实落实机关、企事业单位职工教育培训经费的提取和使用。通过税收、贴息等优惠政策，鼓励和引导用人单位、个人和社会投资人才资源开发。加大省级财政对边疆民族地区财政转移支付力度，引导贫困地区加大人才资源开发投入力度。利用国家政策性银行贷款、国际金融组织和外国政府贷款优先投资人才开发项目。

《西藏自治区中长期人才发展规划纲要（2010—2020年）》在“体制机制创新”部分，提出“人才经费投入机制”的目标要求和主要任务：

目标要求：建立以政府投入为主体，用人单位和社会投入、个人投入为补充，中央关心和全国支援相结合的多元化人才经费投入机制。

主要任务：改善经济社会发展要素投入结构，逐年增加人力资本投资比重，优先保证对人才发展的投入。用好自治区人才资源开发专项资金。政府鼓励并在资金上对个人和中小企业开展发明创造活动给予资助。制定优惠政策，鼓励和支持企业、社会组织建立人才发展基金，鼓励和引导社会、用人单位加大人才发展投入。

《重庆市中长期人才发展规划纲要（2010—2020 年）》在“人才发展保障措施”部分，提出“加大人投入”的要求：

健全多元化投入机制。建立健全政府适当投入为引导，用人单位和个人投入为主体，社会投入为补充的多元化人才开发投入机制。机关、企事业单位按照一定比例设立专门培训经费，实行专款专用。适当调整财政税收政策，提高企业计税工资标准，增加企业职工培训经费提取规模。通过税收、贴息等优惠政策，鼓励和引导用人单位、个人和社会投资人才资源开发。

《陕西省中长期人才发展规划纲要（2010—2020 年）》在“保障措施”部分，提出“实施人才发展的若干政策”的要求：

加大对人才发展的投入。确保教育、科技支出增长幅度高于财政经常性收入增长幅度，卫生投入增长幅度高于财政经常性支出增长幅度，继续加大对文化事业的投入。省、市、县三级财政建立人才发展专项资金，纳入财政预算体系，保障人才发展重大项目实施。进一步整合投入资源，改善经济社会发展的要素投入结构，大幅度提高人力资本投资比重。建立重大项目、重点发展领域（区域）人才保证制度，提高项目建设、重点领域创新和区域发展中人才开发经费比例。继续加大省财政对市县转移支付力度，支持财政困难地方保证人才开发投入。充分发挥财政资金的导向作用，鼓励和引导企业、金融机构和社会加大对人才发展的投入，鼓励和引导用人单位、个人和社会机构投资人才资源开发。积极争取国家对人才发展的资金和政策扶持，争取国际组织、金融机构和外国政府对人才发展的资金支持。

《甘肃省中长期人才发展规划纲要（2010—2020年）》在“政策完善与机制创新”部分，提出“人才开发投入”的要求：

落实促进人才投资优先保证的财税金融政策，建立政府投入为主导，用人单位、社会和个人积极参与的多元化人才投入机制。各级政府优先保证对人才发展的投入，确保教育、科技支出增长幅度高于财政经常性收入增长幅度，卫生投入增长幅度高于财政经常性支出增长幅度。逐步改善经济社会发展的要素投入结构，较大幅度提高人力资本投资比重。省、市、县三级设立人才发展专项资金，纳入财政年度预算，保障人才开发项目的实施。建立高层次人才创新创业基金，落实人才创业扶持政策，扶持高层次人才创新创业，推动科技成果转化。建立引进海外人才专项资金，积极引进海外高层次人才，扶持中国兰州留学回国人员创业园建设与发展，帮助留学回国人员创新创业。国有骨干企业要建立人才开发专项资金，每年从税前利润中提取一定比例资金，用于人才开发、职工技能培训和科技人员继续教育。发挥财政资金杠杆作用，利用国家政策性银行贷款、政府担保、财政贴息等手段，吸引各方面资金投资人才开发项目。

《青海省中长期人才发展规划纲要（2010—2020年）》在“完善人才发展的重大政策”部分，提出“实施人才资本优先积累的投入政策”的要求：

把人才发展主要指标列入各级政府经济社会发展规划和年度目标，实行目标责任管理。改善经济社会发展中资源利用和要素投入的结构，实现人才投入优先。加大公共财政投入力度，建立人才发展财政预决算制度，设立人才发展重大项目专项资金，确保政府教育、科技支出增长幅度高于财政经常性收入增长幅度，卫生投入增长幅度高于财政经常性支出增长幅度，到2020年，人才投入占财政支出的比例达到中西部省份平均水平。

《宁夏回族自治区中长期人才发展规划纲要（2010—2020年）》在“主要政策措施”部分，提出“实施人才发展优先保证的投入政策”的要求：

各级政府要优先保证对人才发展的投入，确保教育、科技支出增长幅度高于财政经常性收入增长幅度，卫生投入增长幅度高于财政经常性支出增长幅度。逐步改善经济社会发展的要素投入结构，较大幅度增加人力资本投资比重，提高投资效益。自治区本级财政要设立人才发展专项资金和重大人才项目专项资金，各市、县（区）政府也要设立人才发展专项资金，保障人才重大项目的实施。在重大建设和科研项目经费中，应安排部分经费用于人才培训。研究制定财政税收、投融资等方面的优惠政策，鼓励和支持用人单位、个人和社会多渠道进行人才投入。适当调整财政税收政策，提高企业职工培训经费的提取比例。鼓励企业和社会组织设立不同的人才资助或发展基金。到 2020 年，人力资本的投入占全区生产总值的比例由现在的 13.9%提高到 16%左右。在重大项目建设上，重视依托项目吸引区外力量进行人才发展投入。

6.4　西部地区 R&D 人才的多元投入关系

西部地区 R&D 人才投入的多元投入关系主要包括投入主体、投入对象和投入领域等内容。

6.4.1　R&D 人才的投入主体

西部地区 R&D 人才投入的主体，包括人才个体、政府、用人单位和社会，它们在 R&D 活动投入中扮演着相互关联而又相互区别的角色，由此建立起西部地区 R&D 活动投入的多元投入关系：

（1）人才个体：R&D 活动人才个体的投资是指在某领域得到或提升个人的职业专业技能，接纳专业的职业培训以及学习深造而进行的个人投资，同时为了得到更好的工作职位及提高生活质量在企业间流动或迁移的投资方式。

（2）政府：政府通过设立 R&D 活动的公共财政支出，以及人才培养、引进和使用的专项资金，在 R&D 活动投入中发挥政策引导和投资示范作用，也是 R&D 活动人才投入的最大提供方；政府还可以在政策上鼓励各类用人单位和人才个体加大 R&D 活动及人才投入。

（3）用人单位：用人单位包括机关单位、企事业单位、社会团体以及个体经济组织等，用人单位的投资是从单位的经费中安排一部分人才专项资金，用于职工技能培训、继续教育、科研项目开发及奖励等，针对本部门本单位的人才进行有计划、有目的培养，以便达到单位的所需人才要求，同时吸纳外界的有用的人才，扩充部门单位的人才资源；积极鼓励部门单位的科研人员进行科研活动，尤其要针对拔尖人才所需资金进行投入。

（4）社会：社会投资是指利用市场的效应发展对科技人才和人才投入的根本性的配置作用，激励和刺激社会各界、企业财团以及个人参与人才的投入，也可以通过一些社会慈善募捐等公益资金的形式来筹集所需的人才资金，提供各种形式货币或物资捐助的一种社会保障制度。

6.4.2 R&D人才的投入对象

R&D活动的投入对象主要分为两类：一类是人才本身，这属于长期投入，即促进从R&D活动人才向人才资本转变，主要投入主体有包括科技人才个人、人才开发服务机构、用人单位和社会；另一类是问题本身，这属于短期投入，即解决R&D活动的三大领域（基础研究、应用研究和试验发展等）中的科学问题。主要投入主体有：

（1）科技人才个人：它是R&D人才投入的核心，包括为开发个体的各种潜能、提高科技人才个人的质量而进行的直接投资。

（2）直接为R&D人才投入服务机构：主要包括培训机构、人才市场、社会保障系统等。对这科技人才服务机构进行投资，是为了保证各系统（包括培训机构、人才市场以及社会保障系统）的正常有效运行，向科技人才的就业服务、教育、社会保障等提供公共的服务需求，进一步发挥其公益性。

（3）用人单位：主要包括机关单位、企事业单位、社会团体以及个体经济组织等，在对员工的招聘、培训、激励等方面的投入。

（4）社会：指除用人单位以外的其他R&D人才投入客体，比如社区服务、基础设施以及文化娱乐等方面的投入。

6.4.3 R&D人才的投入领域

这里重点只分析R&D活动的长期投入，即人才投入领域的情况，具体讲包括人才的教育培训、医疗保健及迁移投资三方面。

（1）教育投资：教育投资是人力资本投资一种最重要的投资方式，在人力资源投资中起到决定性的作用。教育按照投资对象可分为学校教育投资和职业教育投资两大不同的种类。学校教育投资是针对学生或未来的劳动者的。学校教育培训则以服务于现实的人力资源为直接对象，以便扩大人力资源的技能储存量。而学校教育培训又分为就业前的培训和在职培训两大方面。就业前培训广义上是指劳动者在被雇用前在技工学校或职业高中等专业学校进行的职业技术培训。在职培训则指有酬劳动者在已有的工作岗位上的培训。在职培训的种类各式各样，比如说开办职业业余学校、举办技术培训班、岗前练兵以及派送员工到专业院校学习或其他对口单位进修等方式，这些都是比较正式的在职培训；还有一些非正式的在职培训，如企业在新员工上岗前对新员工进行的“入厂培训”“安全教育”，这些培训都有利于新员工熟悉工作的环境和设施的操作及性能，从而提高新员工的劳动生产率和劳动的效率。

（2）医疗保健投资：医疗保健的投资最本质的效应就是改善人们的健康水平，提高群众的平均寿命，然而健康水平提高寿命的延长，不仅大大提高了生命的价值，使人们在较长的寿命中得到实质性的充实，而且显著地提升了人力资本的价值。

（3）迁移投资：迁移投资是为科技人才提供更好的工作环境和职位、改善生活条件所进行的单位间、区域间或迁移的投资，促进科技人才合理的迁移流动、以利于调剂和合理配置各地区、各部门劳动力的余缺，并有利于充分发挥科技人才的专业技术特长。

6.4.4　R&D 人才的投入要求

为有效解决西部地区 R&D 活动的投入总量相对不足问题，需要构建其多元投入关系。多元投入关系是指建立以政府投入为引导，用人单位投入为主体，个人投入为前提，社会投入为补充的责任分担的新型投入关系。

多元投入关系主要解决投入主体及其职责分担问题。其核心是解决“谁来投”的问题，这也是建立投入新关系的关键和重点。在人才开发中，人才本体是直接受益者，用人单位是主要受益者，社会是广泛和间接受益者，国家是最终受益者。人才开发的受益方，理应成为人才投入的主体。根据社会经济的发展状况和人才开发的阶段性特征，投入主体的角色定位及相互关系也应作相应的调整。构建良性的多元投入机制，关键是厘清政府与市场的职责关系。

西部地区 R&D 人才投入的主体包括个人、国家、用人单位和社会。从历史数据和市场经济发展的历程来看，政府对人才投入的干预程度与市场机制的发育程度成负相关关系，即市场机制发育得越成熟，政府对人才投入的干预就越少。

经过首轮西部大开发，西部地区经济社会发展迅速，经济总量不断增加，针对人才的专项经费投入也在大幅增加。但是政府、用人单位、个人和社会多元投入机制尚未形成。尤其在支持高层次科技人才创新创业和科研成果转化方面，缺乏有力政策扶持、资金投入的配套和跟进，风险投资市场也只是雷声大、雨点小，科技人才创新创业融资非常困难。由于我国西部地区R&D人才投入市场发育不足，目前用于人才投入的支出仍主要来自政府的财政资金，用人单位对人才投入的积极性不高，对现有政策落实也不到位，社会资助机制也有待发展完善。

一方面，西部地区各级政府在推动构建R&D人才投入多元投入机制初期，应充分发挥行政宏观调控、法律政策支持和财政投入的主导作用，引导用人单位和人才个体进行人才投入；另一方面，要坚持以市场为导向和“谁受益、谁投入”的原则，积极转变政府职能，加快培育市场主体责任分担的多元投入机制，逐步发挥市场机制在人才投入中的主体作用，保证人才投入不断增长。具体而言，按照多元投入要求，主要增加以下四个方面投入：

(1) 公共财政投入。政府通过设立人才培养、引进和使用的专项资金，在R&D人才投入中发挥政策引导和投资示范作用，也是R&D人才投入的最大供给方；政府还可以在政策上鼓励各类用人单位和人才个体加大R&D人才投入。政府应主要担当“管理者、推动者、服务者和仲裁者”四个角色，并应该转变工作理念、改进管理方式，把资金支持、政策引导和提高资金使用效益视为重中之重，坚持科学规划、有序运作，切实履行好自身职能，确保人才开发战略的顺利实施。从历史上看，许多后发地区在与先行地区的经济追赶中，大都采取了人才资源优先开发战略，即人才投入水平要优于或超前经济社会发展水平。西部地区要实施人才资源优先开发战略，其面临的困难更大，不仅要尽快弥补投入上的历史欠账，还应立足新一轮西部大开发的科技人才需求，加大对R&D人才投入的财政投入力度。

首先应加大中央政府对西部地区R&D人才投入的力度。按照中共十九大精神、国家“十三五”规划、国家发展和改革委员会与中国科学院《科技助推西部地区转型发展行动计划（2013—2020年）》等，中央应加大对西部地区R&D人才投入的财政支持力度。依托西安统筹科技资源改革示范基地、成渝和关中-天水创新型区域、绵阳科技城、贵州科学城等择重点区域，以及生态建设环境保护、煤炭高值清洁转化利用、特色能源矿产资源综合开发利用、先进制造技术集成应用、特色生物资源综合高效利用、特色农牧业等重点领域，以及科技人才培养、引进、使用、评价等各个环节，加强 R&D 人才投入，积极打造西部地区本土化、高水平人才队伍。其次，西部地区各级政府也应积极调整优化现有科技计划、专项、基金和其他科技经费结构，加大向 R&D 人才投入的倾斜力度。

（2）用人单位投入。用人单位主要包括各级企事业单位和个体经济组织等。用人单位的投资是从单位的经费中安排一部分人才专项资金，用于职工技能培训、继续教育、科研项目开发及奖励等，有计划地培养本部门本单位的人才，积极引进外来人才。各企事业单位如国有企业、民营企业、外资企业、高等院校、科研院所等应担当“主导者、服务者和执行者”三个角色，为科技人才提供施展的平台和机会，同时为科技人才提供相应的服务和支持。

（3）科技人才个体投入。科技人才个体的投资是为获得或提高职业技能，接受职业培训以及进修深造而进行的个人投资，为获得更好的工作职位及改善生活条件进行企业间流动或迁移所进行的投资，以及父母为发现和开发孩子的天赋潜能而进行的各种各样的投资等。科技人才个人是 R&D 人才投入的核心，包括为开发个体的各种潜能、提高科技人才个人的质量而进行的直接投资。个人投入是 R&D 人才投入的最终和最大受益方，应主要担当“投入者和受益者”角色。科技人才在大的方面为单位、社会服务，在小的方面，是为自己服务，加大投入力度，可以提升科技人才本身的技能、综合素质以及创新能力。

（4）社会投入。社会投入包括民间资本、社会捐赠等已有或潜在的投入主体，主要起到补充和辅助投入的作用。社会投资是发挥市场对科技人才和人才投入的基础性配置作用，鼓励和吸引社会各界、企业财团、个人参与人才投入，也可通过发行彩票等社会募捐形式筹集人才资金，提供各种形式货币或物资捐助的一种社会保障制度。西部地区尤其要注意探索建立 R&D 人才投入风险投资机制。

美国、德国、新加坡等发达国家大力支持风险投资进入人才投入机制，为科技人才创新创业提供了良好环境。比如，新加坡政府规定风险投资基金可以享有免税权，管理风险基金的公司能够享受政府让税的优惠。国内一些地方也进行了积极探索，取得了很好效果。比如，上海浦东根据企业生命周期大胆创新科技投融资体系，设立 4 亿元企业初创期“种子基金”，设立 20 亿元企业成长期的“政府引导基金”，所带动的社会资本、风险投资高达 300 多亿元；深圳市政府出资兴办的风险投资公司和贷款担保公司，专门对处于起步阶段的高新技术企业予以扶持，带动了民营风险投资和贷款担保公司的发展。

第七章

西部地区 R&D 活动的保障优化

2000 年来，西部地区 R&D 活动的投入产出成效显著，R&D 人员全时当量和 R&D 经费内部支出等主要投入要素取得的专利申请、检索科技论文等科技成果产出比结果都高于我国东部地区。按照 2020 年决胜全面建成小康社会的奋斗目标和更好实施新一轮西部大开发战略的要求，R&D 活动对促进西部地区又好又快发展具有不可替代的重要作用。由于多方面的复杂原因，导致西部地区 R&D 活动同自身区域发展需要，以及相比于东部地区 R&D 活动的保障条件，都有很明显的优化空间。对此，建议从转变发展理念和人才观念，重视人才激励和人才资本，加大资金投入和政策协调力度三方面优化西部地区 R&D 活动的保障。

7.1 进一步转变发展理念和人才观念

随着中国特色社会主义进入新时代，我国社会主要矛盾已经转化为人民日益增长的美好生活需要和不平衡不充分的发展之间的矛盾，西部地区的发展需要建立与之相适应的发展理念和人才观念，才能更好实现区域的新发展和新目标。

7.1.1 全面贯彻新的发展理念

西部地区 R&D 活动保障优化的前提是改变过去传统的粗放式经济增长发展方式，按照“创新、协调、绿色、开放、共享”的新发展理念要求，转向依靠科技进步和提高劳动者素质，实现区域民生改善、经济增长和生态保护三方协调发展。

西部地区是我国自然资源富集区和重要的生态屏障，疆域辽阔，地广人稀，土地占全国总面积 78%，人口约占全国总人口 28%（第六次人口普查量结果）。西部地区在新中国政权建设、边疆巩固、环境保护、文化传承和经济社会发展过程中具有重要的战略作用。由于受历史、自然和人文等多方面的复杂因素影响，西部地区成为我国改革开放以来经济社会发展相对滞后区域，2016 年全国 592 个国家贫困县中，西部地区占 375 个，占比为 63.3％，中部地区 8 省占比为 36.7％。因此，西部地区存在扶贫攻坚和特殊而复杂的“三农”问题，是我国 2020 年决胜全面建成小康社会的重点难点区域。

在国家实施“两个大局”战略过程中，西部地区为东部地区率先发展贡献了大量的自然资源和人力资源。东部地区从改革开放以来率先抓住了“以经济建设为中心”的重大历史发展机遇，充分利用国家政策和国内国外两种资源，积极发挥区位优势，经济建设取得了举世瞩目的发展成就，积累了相应的资金、人才、技术和管理等经验。基于东部地区已经发展起来的背景，东部地区在继续发展壮大自己的同时，有愿望也有能力支持西部地区的加快发展；与此同时，西部地区有东部地区无法比拟的丰富自然资源和人力资源，尚未激活的巨大市场潜力，这也将会为东部地区继续发展创造重要的资源和市场条件。2000 年 10 月，中共十五届五中全会通过的《中共中央关于制定国民经济和社会发展第十个五年计划的建议》，开始落实“两个大局”战略构想，把实施西部大开发、促进地区协调发展作为一项战略任务，标志着西部大开发正式成为国家战略。在西部大开发战略强力的政策推动下，西部地区经济社会发展取得了巨大的成就，民生改善总体取得了历史性成效。但是由于西部地区经济发展方式转型还面临较大困难，生态保护压力不断增大，借鉴国内和国外的发展经验，西部地区加快发展不能再采取“资源消耗型”和“环境污染型”的传统粗放式增长方式。

西部地区结合本区域的实际情况，全面贯彻习近平新时代中国特色社会主义思想和中共十九大精神，统筹推进“五位一体”总体布局，协调推进“四个全面”战略布局要求，进一步落实“创新、协调、绿色、开放、共享”的新发展理念。经济社会发展是解决西部地区社会主要矛盾问题的基础和关键。按照新时代国家发展新理念要求，国家以资源环境为主要代价、以廉价劳动力为主要生产要素和模仿型、排浪式消费的经济高速发展阶段已成为过去式，经济发展全面转向更加注重质量与可持续性的发展。同时，全面依法治国要求社会治理更加法制化，全社会将形成与之相适应的价值观。总之，西部地区社会经济生态发展已经并将进一步面临新机遇和新挑战。

西部地区不仅是我国经济社会主要欠发展地区，而且是我国重要的生态保障屏障和少数民族聚居区，大多数地区的民生改善水平相对滞后，面临民生改善、经济发展与生态保护之间不协调的矛盾，由于过去粗放型发展模式和客观条件限制，造成了西部地区自然资源过度开发使用、生态破坏严重、社会矛盾比较集中及民生改善诉求多等多重矛盾的相互叠加效应，也是国家精准扶贫、精准脱贫的重点难点区域。因此，社会经济生态三方协同发展在西部地区，尤其是西部民族地区决胜全面建成小康社会过程中具有十分重要的地位和作用。

西部地区坚持“以人民为中心”的发展观，按照新时代和新发展理念要求，结合西部地区经济社会发展的战略目标，重点任务是着力补齐民生短板、转变经济发展方式、夯实社会稳定基础和加强生态环境保护。

西部地区补齐民生短板和转变经济发展方式有很强的内在联系，其中民生改善内容又可细分为教育、医疗、养老、治安和社区服务等多方面，经济发展虽然有助于改善民生，但是又受制于自然资源和生态保护要求。对此，西部地区转变经济发展方式是贯彻新发展理念要求的基础和关键，其核心是在资源和生态约束下，提高经济发展的质量效益和可持续性，突破“小而全”和“低效率”的经济发展模式，建议从全国，甚至从世界范围的资源禀赋相对优势及其市场结构考虑，按照“大市场分工”和“高效率”配置经济资源，因地制宜发展特色产业，实现提高经济发展质量效益和可持续性。

7.1.2 R&D 人才优先投入观念

西部地区 R&D 活动保障优化的关键是进一步树立“尊重知识”“尊重人才”的人才优先投入观念。经济全球化和全球信息化交织快速发展的时代，使得科技人才成为战略性稀缺资源。

1988 年，邓小平先生提出“科学技术是第一生产力”。R&D 活动对促进国家科技进步和经济社会又好又快发展具有决定性作用。党和国家高度重视科技人才工作，中共十九大报告提出“培养造就一大批具有国际水平的战略科技人才、科技领军人才、青年科技人才和高水平创新团队”。2016 年，全国共投入 R&D 经费 15 676.7 亿元，R&D 经费投入强度（与国内生产总值之比）为 2.11%，R&D 人员全时工作量计算的人均经费为 40.4 万元。R&D 是一项以人才和资金为主要资源投入的知识创造活动，其中人才是 R&D 活动中唯一能动的投入要素，是国家科技人才资源中最富有创新性的群体，是科技创新最关键的骨干力量，是推动国家经济社会发展的重点优势资源。从根本上讲，R&D 活动投入的关键是人才投入。按照《国家中长期科技人才发展规划（2010—2020 年）》和《“十三五”国家科技人才发展规划》目标，我国 R&D 人员全时当量由 2014 年的 371 万人年将达到 2020 年的 480 万人年以上，科技人才队伍建设将取得新的伟大成就。

纵向比较 2002 年和 2015 年西部地区 R&D 人员全时当量投入对三种专利申请数量的产出比，得到西部地区 R&D 人员全时当量投入的产出比增长很大，从 2002 年的 134.41%，增长至 2015 年的 930.20%；横向比较 2002 年和 2015 年西部地区与我国其他地区 R&D 人员全时当量投入对三种专利申请数量的产出比，得到西部地区 R&D 人员全时当量投入的产出比增长从明显优势到微弱领先，从 2002 年至 2015 年产出比的环比发展速度来讲，东部地区为 1 177.16%，西部地区仅为 692.04%，东部地区大幅度领先西部地区。

纵向比较和横向比较 2002 年和 2013 年西部地区 R&D 人员全时当量投入对国外主要检索工具（SCI、EI 和 ICIP-S）检索科技论文数量的产出比，得到西部地区 R&D 人员全时当量投入的产出比增长显著。纵向比较 2002—2013 年西部地区 SCI、EI 和 ICIP-S 检索科技论文产出比，其中 2002 年分别为 28.33%、23.10%和 12.34%，2013 年分别为 95.38%、78.66%和 13.29%；横向比较 2002 年和 2013 年西部地区与我国其他地区 R&D 人员全时当量投入对 SCI、EI 和 ICIP-S 检索科技论文数量的产出比，得到西部地区 R&D 人员全时当量投入的产出比从劣势到领先东部地区，2002—2013 年的产出比增长率的环比发展速度来讲，东部地区 SCI、EI 和 ICIP-S 检索科技论文产出比增长率的环比发展速度分别为 131.77%、135.69%和 49.21%，而西部地区分别为 336.64%、340.51%和 107.74%，西部地区的增长快速明显快于东部地区。

西部地区全面贯彻“科学技术是第一生产力”和“人才资源是第一资源”的“两个第一”的思想，切实保障对 R&D 人才开发的优先投入，对实现 2020 年决胜全面建成小康社会和促进西部地区又好又快发展具有不可替代的重要作用。在进一步系统培养和开发现有 R&D 人才的基础上，加大引进国内国外高端 R&D 人才的力度；建议设立人才基金，持续增加用于 R&D 人才引进、培养开发、容错纠错、人才流动和保障多方面的资金投入。

7.2 进一步重视人才激励和人才资本

科技人才发挥作用有主观能动性和环境依赖性，因此需要做好人才激励工作。发达国家或我国东部地区的经济社会发展历程表明，每一次成功的经济赶超，都伴随着人才资本的先行赶超，因此人才资本具有先导作用。在借鉴发展经验的基础上，西部地区需要进一步重视科技人才激励和人才资本，才能有效调动科技人才的积极性，更好发挥科技人才的积极作用。

7.2.1 完善科技人才的激励体系

西部地区 R&D 活动保障优化的重点是在国家政策指导下，结合西部地区科技人才的实际需要，进一步完善科技人才的激励体系。

激励是做好科技人才管理的基本要求和重点职能。在科技人才资源管理中，建立包括物质激励和精神激励、短期激励和长期激励相结合的激励体系具有非常重要的意义。对此，党和国家历来高度重视各类人才工作，不仅为人才发挥作用创造良好工作环境，而且把激励政策作为人才工作的主要措施之一。从 2002 年实施“人才强国”战略以来，党和国家在人才激励方面出台了很多重要的政策：

2002 年，中共中央提出“人才强国”战略；2003 年 12 月，中共中央国务院召开了首次全国人才工作会议，印发了《关于进一步加强人才工作的决定》。明确提出了“以鼓励劳动和创造为根本目的，加大对人才的有效激励和保障”要求。

2010 年 5 月，中共中央国务院召开了第二次全国人才工作会议并印发了《国家中长期人才发展规划纲要（2010—2020 年）》，明确提出了“建立产权激励制度，制定知识、技术、管理、技能等生产要素按贡献参与分配的办法。健全国有企业人才激励机制，推行股权、期权等中长期激励办法，重点向创新创业人才倾斜”措施。

2015 年 3 月，李克强总理在政府工作报告中首次提出“推进大众创业、万众创新”，2015 年 6 月，国务院印发《关于大力推进大众创业万众创新若干政策措施的意见》（国发〔2015〕32 号文件），文件明确指出：随着中国资源环境约束日益强化，要素的规模驱动力逐步减弱，传统的高投入、高消耗、粗放式发展方式难以为继，经济发展进入新常态，需要从要素驱动、投资驱动转向创新驱动。推进大众创业、万众创新，就是要通过结构性改革、体制机制创新，消除不利于创业创新发展的各种制度束缚和桎梏，支持各类市场主体不断开办新企业、开发新产品、开拓新市场，培育新兴产业，形成小企业“铺天盖地”、大企业“顶天立地”的发展格局，实现创新驱动发展，打造新引擎、形成新动力。

2016 年 2 月，国务院印发《实施〈中华人民共和国促进科技成果转化法〉若干规定》，为了加快实施创新驱动发展战略，落实《中华人民共和国促进科技成果转化法》，打通科技与经济结合的通道，促进大众创业、万众创新，鼓励研究开发机构、高等院校、企业等创新主体及科技人员转移转化科技成果，推进经济提质增效升级。

2016 年 3 月，《中华人民共和国国民经济和社会发展的第十三个五年规划纲要》关于“实施人才优先发展战略”的规划提出：

> 完善人才评价激励机制和服务保障体系，营造有利于人人皆可成才和青年人才脱颖而出的社会环境。发挥政府投入引导作用，鼓励人才资源开发和人才引进。完善业绩和贡献导向的人才评价标准。保障人才以知识、技能、管理等创新要素参与利益分配，以市场价值回报人才价值，强化对人才的物质和精神激励，鼓励人才弘扬奉献精神。营造崇尚专业的社会氛围，大力弘扬新时期工匠精神。实施更积极、更开放、更有效的人才引进政策，完善外国人永久居留制度，放宽技术技能型人才取得永久居留权的条件。加快完善高效便捷的海外人才来华工作、出入境、居留管理服务。扩大来华留学规模，优化留学生结构，完善培养支持机制。培养推荐优秀人才到国际组织任职，完善配套政策，畅通回国任职通道。

2018 年 2 月，中共中央办公厅和国务院办公厅印发《关于分类推进人才评价机制改革的指导意见》，提出“创新基层人才评价激励机制”和“完善青年人才评价激励措施。”针对青年人才评价激励的具体要求就是：破除论资排辈、重显绩不重潜力等陈旧观念，重点遴选支持一批有较大发展潜力、有真才实学、堪当重任的优秀青年人才。加大各类科技、教育、人才工程项目对青年人才支持力度，鼓励设立青年专项，促进优秀青年人才脱颖而出。探索建立优秀青年人才举荐制度。

从宏观层面讲，R&D活动是一项有组织的科技活动。按照R&D活动的组织类型，分为企业R&D活动、研究与开发机构R&D活动和高等学校R&D活动。一般情况下，企业R&D活动与企业效益、规模和所处市场结构等多因素有关，而研究与开发机构和高等学校R&D活动与国家政策支持和获得国家经费投入力度正向相关。总之，R&D活动是一项投入多产出周期长的高风险高收益型创新活动，对于国家科技进步和经济社会长远发展具有不可替代的重要作用。事实上，所有从事R&D活动的科技人才都会面临成果产出周期长和成功风险大等实际问题。在开展科技人才激励的时候，应体现R&D活动具有高风险的特殊性；同时，由于科技活动在工作的性质、范围和复杂性等多方面都有差异性，科技人才在不同行业里所追求的自我价值不尽相同，对科技人才实施激励措施时，仅仅依靠工资加奖金的方式物质激励方式很难达到预期的激励效果。

西部地区12省（自治区、直辖市）为提高科技人才待遇和其他激励作用，已经探索了很多有益的做法与经验。

如《四川省中长期人才发展规划纲要（2010—2020年）》在“优化人才发展环境”部分提出“完善人才激励政策机制”的措施：

> 制定高层次领军型人才创新创业激励办法。建立产权激励制度，探索知识、技术、管理等生产要素按贡献参与分配的办法。健全国有企业人才激励机制，推行期权股权等中长期激励办法。贯彻落实事业单位岗位绩效工资制度。探索高层次人才、高技能人才年薪制、协议工资制和项目工资制等多种分配方式。完善优秀人才奖励制度，构建主体多元的人才奖励体系。实施知识性财产保护政策，完善政府资助开发的科研成果权利归属和利益分享机制，提高主要发明人对职务发明的受益比例，制定职务发明人流动中的利益共享办法；加大政府对个人和中小企业进行发明创造的资助力度，建立非职务发明评价体系，鼓励创造知识性财产。完善知识产权工作体系，加大知识产权宣传普及和执法保护力度。

《云南省中长期人才发展规划纲要（2010—2020年）》在“重大政策”部分，提出“实施促进人才资本优先积累的财税金融政策”的措施：

> 各级政府优先保证对人才发展的投入，确保教育、科技支出增长幅度高于财政经常性收入增长幅度，卫生投入增长幅度高于财政经常性支出增长幅度。逐步改善经济社会发展的要素投入结构，较大幅度提高人才资本投资比重。各级政府应加大资金清理整合，统筹安排建立人才发展专项资金，并视财力情况逐步加大对人才培养的投入，保障人才发展重大项目实施。建立重大项目人才保证制度，提高项目建设中人才开发经费提取比例。切实落实机关、企事业单位职工教育培训经费的提取和使用。通过税收、贴息等优惠政策，鼓励和引导用人单位、个人和社会投资人才资源开发。加大省级财政对边疆民族地区财政转移支付力度，引导贫困地区加大人才资源开发投入力度。利用国家政策性银行贷款、国际金融组织和外国政府贷款优先投资人才开发项目。

《重庆市中长期人才发展规划纲要（2010—2020 年）》在“人才发展主要政策”部分，提出“人才激励保障”的要求：

> 实施创业扶持政策。制定知识产权质押融资、创业贷款等办法，完善支持人才创业金融服务。实施扶持创业风险投资基金、促进科研成果转化和技术转移的税收、贴息等优惠政策，支持高层次人才创办科技型企业。加强创业技能培训和创业服务指导，提高创业成功率。加大对创业孵化器等基础设施投入，创建创业服务网络。制定高等学校、科研机构科技人员向科技型企业流动的激励保障政策，妥善解决在企事业单位工作及退休后的待遇差别问题。在创业培训、项目审批、信贷发放、土地使用等方面对农村实用人才创业兴业予以支持。

针对西部地区从事 R&D 活动的科技人才而言，因为面临自然条件相对艰苦、经济发展条件相对滞后、科研基础相对薄弱等不少制约科技成果产出的因素，所以，建立符合科技人才实际需要的激励体系具有更加重要的作用。

影响西部地区科技人才稳定和工作效率的典型情况有：

首先，科技人才的家庭成员流动性需要影响稳定性，特别是在高度重视小孩优质教育和更好生活工作环境的社会大背景下，“为了不让小孩输在起跑线上”，由于西部地区自然条件相对艰苦，导致一些科技人才为了自己小孩的未来生活、学习成长和工作环境需要，而放弃在西部地区大有发展前途的 R&D 活动。

其次，科技人才的总待遇偏低影响稳定性，特别是西部地区省会城市房价的大幅度增长和 R&D 活动的低收入，形成了收入与支出的新“剪刀差”，严重地影响了西部地区青年科技人才安心于 R&D 活动稳定性。

第三，科研支撑条件不足影响科技人才的工作效率，R&D 活动需要持续较大规模的经费投入和前期研究积累作为科研支撑条件，由于西部地区经济发展水平滞后和前期科研基础相对薄弱，导致西部地区 R&D 活动的科技支撑条件不足，科技人才需要付出更大的努力才有可能取得相应的科技成果产出，明显降低了科技人才的工作效率。

总的来讲，西部地区科技人才的大量流失和 R&D 活动的科技成果产出效率低，不仅直接影响了科技人才队伍的稳定，而且对西部地区经济社会发展也有长期的不利影响。

怎样完善西部地区科技人才的激励体系呢？关键是要在国家政策和财政的大力支持下，结合 R&D 活动的特殊性，从关爱科技人才本身延伸至关爱家庭成员的合理需要、包容 R&D 活动的失败和提高科技人才的社会地位；从提高 R&D 活动的科技成果产出效率和科技人才物质待遇拓宽到激励科技成果产出能够有效转化为直接经济效益和建立人才资本分配模式。

7.2.2 提高人才资本的收益水平

西部地区 R&D 活动保障优化的难点在于人才资本形成相对很困难的条件下，如何在国家政策指导下，结合西部地区人才资本的形成和使用特点，进一步提高人才资本的收益水平。

西部地区 R&D 活动对促进决胜全面建成小康社会和实施新一轮西部大开发战略都具有重要作用，提高人才资本的收益水平对激励科技人才加快成长、创造条件稳定本区域科技人才队伍和吸引国内外高水平科技人才及团队加入西部大开发都具有重要意义。

西部地区的自然条件和现有经济社会发展环境，对各类人才的开发，以及有效形成人才资本的支持能力远不及我国东部地区。因此，提高西部地区人才资本的收益水平，不仅可以弥补人才资本形成的更大代价，稳定现有人才资源队伍，而且可以进一步促进人才开发的积极性，增加对优秀人才的吸引力。

按照我国经济发展新常态的要求，西部地区迫切需要转变以资源消耗和生态环境破坏为代价的粗放式经济发展方式，依靠科技进步和提高劳动者综合素质，突破传统的“低水平重复发展”的瓶颈，发挥自然资源禀赋和后发展的相对优势，实现西部地区特点发展和创新发展。对此，树立人才资本优先投入和优先积累的发展理念，对实现西部地区发展方式转变具有非常重要的作用。

比较研究表明①：经济发展水平与科技投入水平之间显著相关，说明了科技投入水平要受到经济发展水平的制约。地区在不同的经济发展阶段，经济发展对科技投入的依赖程度不尽相同。如在人均 GDP 相对较低的阶段，经济主要呈现出技术引进、仿制的特点，其研究经费占 GDP 的比例一般不超过 1%；当经济水平发展到一定程度，经济上对技术的依赖进入以消化、吸收并改进为主的阶段，研究经费与开发经费占 GDP 的比例往往超过 1%；随着经济的进一步发展，到了以自主创新为主的阶段，研究经费占 GDP 的比重一般会超过 2%。

就科技人才资本的一般形成过程而言，它不仅要远比物质资本的形成过程更加复杂和更加困难，而且还比其他类型人才资本的形成过程更加复杂和更加特殊。所有人才投入的对象都主要是具有能动性和环境依赖性的人才本身，正因为人才的能动性和环境依赖性，所以人才资本不能像物质资本那样有明确的形成标志和可精确测量的产出结果。随着科学技术的快速发展，经典的科学技术问题要么已经基本解决，要么属于长期以来确实很难解决的“硬骨头”，然而，现代科学技术中的很多问题要么呈现“过度”细分化的特点，要么必须借助大型高精尖设备才有可能“研究”。总之，从事 R&D 活动的科技人才要么面临的是“硬骨头”，要么就必须借助大型高精尖设备，其人才资本的形成比其他类型人才资本的形成相对更加复杂和更加特殊。

根据市场经济较发达的国家和地区的发展经验，科技人才资本的形成不仅要有多元化的投入主体，而且与区域经济发展水平紧密相关。一般来讲，

① 柯忠义，韩兆洲，地区经济发展、市场化程度与科技投入的量化对比分析 [J]. 科技管理研究，2007 (4)：68-70.

人才资本形成的投入主体主要包括人才本身、政府、用人单位和社会等，人才资本投入主体正在逐渐由国家和用人单位向人才个体的方向转移。

西部地区 R&D 活动和科技人才投入的多元主体格局建立与发展相对滞后。西部地区 R&D 经费内部支出投入总额远低于我国东部地区，但是政府投入比例明显高于东部地区，企业投入比例显著地低于东部地区。当然，政府在 R&D 活动及人才投入方面具有良好的及时和集中效应，能在短时间内快速解决 R&D 活动及人才投入绝对量不足的问题。

西部地区在科技经费投入方面存在较多问题，主要表现为：资金投入来源相对单一，造成西部科技人才资本投资不足，相对于东部地区而言，西部地区 R&D 活动投入和人才开发对政府财政的依赖更强。同时，西部地区经济发展滞后，一些基层行政区域（如市、县级）财政比较困难，特别是西部民族地区的主要资金来源是“财政转移支付”，未能有效采用市场机制调动人才投入多元主体的积极性，非常不利于扩大人才资金投入。

但是，政策性投入与市场需求的相关性不一定强，难以保障 R&D 活动及人才投入的质量和效益。西部地区 R&D 活动及人才资本的现行投入结构现状，不有利于提升 R&D 活动的科技成果产出和经济效益，也不利于科技人才资本的有效形成，不利于提高人才资本收益的市场化水平。

根据人才资本理论中的“谁投资谁受益”和“谁受益谁投资”的一般要求，科技人才的投入主体都应是人才资本的受益者。国家和社会是人才投入最终的受益者，应该作为人才投资的主要渠道。同时，人才资源开发的直接受益者——用人单位和人才个体也应该承担相应的人才投资费用。

西部地区应尽快建立科技人才资本优先投资的发展观念和政策安排。人才资源开支是政府财政支出的一个重要方面。国际上国家综合国力、核心能力的竞争呈现出日益激烈的态势，西部地区政府在大力发展经济的同时，要根据人才工作实际需要，出台相应的政策，在财政预算中不断提高政府用于人才资源开发的资金比例。

西部地区党委和政府不仅要负责对科技人才投入项目的总体设计和项目的论证，而且还要直接参与重点项目的投资，因此设置科技人才开发投资专项是必要的。要“坚持在创新实践中发现人才、在创新活动中培育人才、在创新事业中凝聚人才”的重要原则。依托国家重大人才培养计划、重大科研和重大工程项目、重点学科和重点科研基地、国际学术交流和合作项目，努力创建行业创新团队，培养一批专业技术顶尖、德才兼备的科技拔尖人才，特别是要培养一批造诣高深的中青年高级专业人才。因此，党委和政府通过设立奖励基金鼓励科技人才的投入，并且要对现有分散的科技人才投资项目进行整合、调整，规范科技人才投资项目的名称、内容、资金来源、配套资金的分配比例，做到统一管理和突出要点，加强监督和服务管理，合理安排和规范使用。

西部地区需要进一步拓宽科技人才的开发投入的方式，鼓励科技人才投资的多样化，动员全社会力量，提高科技人才投资的积极性，加快推进科技人才资源开发主体的多元化，健全各行业各部门多样化人才投入机制，共享科技人才资源投资的体系，实现政府主导、各方力量齐聚的发展投资模式。提升科技人才投资的收益率，促进参与 R&D 人才投入的资源的投资回报率，依法分享人才资源的收益。创建多元化风险投资体系，由政府领导，各种资本共参与的模式。激励社会、企业、个人对人才投资，进一步完善人才资源投资主体多元化，增加全社会对人才投资的总体投入。科学规划，结合市场机制，完成人才资源投资体系结构的调整；提高人才投资的使用率，保证投资主体的合法权益。①

西部地区要把科技人才资源的开发利用和科技人才资源能力建设放在突出位置，努力营造尊重知识、尊重人才、鼓励创新创业的良好氛围，形成培养人才、吸引人才、用好人才的良好环境。

7.3　进一步加大资金投入和政策协调力度

随着经济全球化和全球信息化的交织快速发展，科学技术进步与经济社会发展日趋紧密融合，受“人往高处走”的影响，对于发展相对滞后的西部地区而言，加大 R&D 经费支出的资金投入与政策保障，成为促进 R&D 活动的重要保障措施。

7.3.1　加大 R&D 经费支出投入

西部地区 R&D 活动保障优化的基础是在加大 R&D 经费支出总量投入的基础上，进一步促进企业加大投入 R&D 活动。

① 谭果林，加快中国科技人才资源开发的对策 [J]. 中国科技论坛，2004 (3).

按照国务院关于实施《国家中长期科学和技术发展规划纲要（2006—2020年）》若干配套政策的通知（国发〔2006〕6号）要求，提出："大幅度增加科技投入——建立多元化、多渠道的科技投入体系，全社会研究开发投入占国内生产总值的比例逐年提高，使科技投入水平同进入创新型国家行列的要求相适应。"

根据国家统计局、科学技术部和财政部等发布的《全国科技经费投入统计公报》数据，整理和计算2015年和2016年西部地区R&D经费内部支出投入情况，结果如表7-1所示。

表7-1　2015年和2016年西部地区R&D经费内部支出投入汇总

单位：亿元，%

地区	2015年		2016年	
	R&D经费内部支出	R&D经费占全国比例	R&D经费内部支出	R&D经费占全国比例
内蒙古	136.1	0.96	147.5	0.94
广西	105.9	0.75	117.7	0.75
重庆	247	1.74	302.2	1.93
四川	502.9	3.55	561.4	3.58
贵州	62.3	0.44	73.4	0.47
云南	109.4	0.77	132.8	0.85
西藏	3.1	0.02	2.2	0.01
陕西	393.2	2.77	419.6	2.68
甘肃	82.7	0.58	87	0.55
青海	11.6	0.08	14	0.09
宁夏	25.5	0.18	29.9	0.19
新疆	52	0.37	56.6	0.36
西部地区	1 731.7	12.22	1 944.3	12.40
全国	14 169.9	100.00	15 676.7	100.00

从表7-1得知，2015年和2016年全国R&D经费内部支出投入分别为14 169.9亿元和15 676.7亿元，其中西部地区占比分别仅为12.22%和

12.40%，西部地区有 12 个省（自治区、直辖市），人口占全国总人口 28%，这说明西部地区 R&D 经费内部支出投入占全国的比例明显偏低。就西部地区内部来讲，2016 年 R&D 经费内部支出投入占比位列前三位的是四川省、陕西省和重庆市，占全国 R&D 经费内部支出投入的比例分别为 3.58%、2.68%和 1.93%；位列后三位的是西藏自治区、青海省和宁夏回族自治区，占全国 R&D 经费内部支出投入的比例分别分别为 0.01%、0.09%和 0.19%，这说明西部地区内部 R&D 经费内部支出投入差异明显。

根据 2017 年《中国科技统计年鉴》数据，整理和计算得到 2016 年西部地区及我国其他地区 R&D 经费内部支出的结构比较，结果如表 7－2 所示。

表 7－2　2016 年西部地区和我国其他地区 R&D 经费内部支出的结构比较

单位：万元，%

地区	R&D 经费内部支出	政府资金		企业资金		国外资金		其他资金	
		金额	比例	金额	比例	金额	比例	金额	比例
内蒙古	1 475 124	194 348	0.62	1 232 722	1.03	1 727	0.17	46 328	0.91
广西	1 177 487	272 643	0.87	851 352	0.71	743	0.07	52 750	1.04
重庆	3 021 830	440 241	1.40	2 441 753	2.05	4 895	0.47	134 941	2.65
四川	5 614 193	2 404 210	7.65	2 930 224	2.46	10 611	1.03	269 147	5.29
贵州	734 006	152 854	0.49	537 892	0.45	752	0.07	42 508	0.83
云南	1 327 616	376 839	1.20	876 963	0.74	2 742	0.27	71 072	1.40
西藏	22 184	17 790	0.06	3 952	0.00		0.00	442	0.01
陕西	4 195 554	2 231 466	7.10	1 856 926	1.56	2 774	0.27	104 388	2.05
甘肃	869 850	300 201	0.96	532 536	0.45	958	0.09	36 156	0.71
青海	139 977	52070	0.17	85 925	0.07		0.00	1 982	0.04
宁夏	299 269	62 996	0.20	232 029	0.19	63	0.01	4 181	0.08
新疆	566 301	154 364	0.49	398 028	0.33	54	0.01	13 855	0.27
西部地区	19 443 390	6 660 021	21.20	11 980 301	10.05	25 320	2.45	777 749	15.28
东部地区	106 893 836	19 134 800	60.92	83 263 203	69.83	971 531	94.10	3 524 302	69.22
中部地区	23 781 377	3 533 276	11.25	19 589 858	16.43	25 136	2.43	633 109	12.43
东北地区	6 648 880	2 079 980	6.62	4 402 084	3.69	10 439	1.01	156 378	3.07
全国	156 767 484	31 408 076	100	119 235 446	100.00	1 032 424	100.00	5 091 538	100

从2016年全国R&D经费内部支出投入的金额看，企业和政府是两大投入主体，分别占比为76.06%和20.03%（表7-2）。但是西部地区的政府投入比例为34.25%，企业投入比例为61.62%，两者所占比例与全国的平均情况恰恰相反，即政府投入大于全国平均水平，企业投入低于全国平均水平。这反映出在现阶段，政府在西部地区R&D经费内部支出的投入方面具有更大的实际作用，也说明R&D经费内部支出的企业投入积极性有待于提升。

从表7-2得知，2016年，在全国各地政府投入R&D经费内部支出的比例中，西部地区占21.20%，明显低于东部地区的60.92%；在全国企业投入R&D经费内部支出的比例中，西部地区仅占2.45%，显著低于东部地区的94.10%；这说明西部地区企业R&D经费内部支出的投入还远远落后于东部地区。

加大R&D经费内部支出投入是优化西部地区R&D活动保障的物质基础。没有持续加大的R&D经费内部支出投入，西部地区难以达到全国科技成果产出的平均水平。与此同时，西部地区还需改善R&D经费内部支出投入的比例，在政府投入持续加大的基础上，通过多种方式调动企业主体的积极性，显著加大企业投入R&D经费内部支出的金额及比例，不仅从政策上要求企业成为R&D经费内部支出的投入主体，而且更要从经济利益和市场机制上着手，保护企业知识产权和根据市场需要自行选择R&D活动的主要方向，增加企业加大R&D经费内部支出投入的内在驱动力量。

7.3.2 加大R&D活动政策协调

西部地区R&D活动保障优化的支撑在于进一步加大国家层面对R&D活动的政策支持，以及地方各级党委和政府对R&D活动政策执行的协调性。

7.3.2.1 国家政策的支持

从国家政策层面讲，贯彻落实国民经济和社会发展“十三五”规划关于“实施创新驱动发展战略”的各项要求、国务院关于实施《国家中长期科学和技术发展规划纲要（2006—2020年）》若干配套政策的通知（国发〔2006〕6号）、《实施〈中华人民共和国促进科技成果转化法〉若干规定》和《关于分类推进人才评价机制改革的指导意见》等具体政策时，对R&D活动增加西部项目，为西部地区设立科技人才专项。

改革开放初期，中共中央国务院根据我国的实际情况和加快发展的紧迫需要，实施了优先发展东部沿海地区的国家战略，在国家各项优惠政策的支持下，东部地区迅速集中了全国的众多人才资源，特别是西部地区紧缺的优秀人才资源也源源不断地流向了东部地区。众多优秀人才为我国东部地区的经济建设和社会发展做出了巨大的贡献。然而，我国“人才东南飞”的现状至今未得到根本扭转，造成西部地区人才短缺，形成人才与经济社会发展的“恶性循环”现象，将直接影响西部地区决胜全面建成小康社会奋斗目标的实现。

在我国财政体制改革过程中，西部地区 R&D 活动经费支出、科技拨款、各类教育、医疗卫生，以及其他人才保障经费等领域的财政投入都受制于财政收入的限制，导致 R&D 活动及人才投入很难得到充分保障。随着实施新一轮西部大开发战略，迫切需要国家尽快调整中央政府与地方政府的支出责任，加重中央和省级政府在科技、教育、医疗卫生投入方面的职责，尤其应加大对西部地区和广大农村地区基层人才投入的扶持力度。建立西部地区人才开发成本补偿机制，开展东部地区对口支援西部地区人才开发工作，加大东部地区向西部地区人才开发财政转移支付力度。

国家要持续支持西部地区企业加大 R&D 活动投入的政策支持力度。根据西部地区的发展需要，制定促进科技成果转化应用的优惠政策措施，包括税收减免、资金配套、创业支持、分配激励等，切实提高市场主体进行人才投入的主动性、积极性。加大对新技术、新工艺、新产品应用推广的支持力度，实施科技人员成果转化的股权、期权激励和奖励等收益分配政策，为科技创新提供有力保障。

国家要持续加大对西部地区科技人才的激励政策支持力度。给予西部地区科技人才西部项目支持，对有突出成绩和突出贡献的科技人才给予表彰和奖励，开展优秀专业技术人才等评比奖励活动。创新薪酬激励，确保科技人才的待遇福利稳步提高，对于在边远地区工作的科技人才，给予各类相应保障和待遇。在现有国家科技奖励体系之外，由中央财政拨款为主设立“西部地区科技创新奖励基金”，奖励为西部地区经济社会发展作出重大贡献的科技人才及科技创新成果。支持和引导用人单位对具有自主知识产权项目，或作出突出贡献的科技人才给予表彰和奖励，逐步形成以政府奖励为导向，用人单位和社会力量奖励为主体的奖励机制。促进西部地区拔尖人才、领军人物、创新人才和掌握关键技术、核心工艺的专业技术人员的工作环境和生活条件逐步达到东部地区同类人员的平均水平。

7.3.2.2 西部地区的政策措施

建立健全西部地区各级党委和政府“一把手”抓“第一资源”和 R&D 活动的政策要求，将科技人才工作和 R&D 活动纳入各级党政领导班子工作目标责任制。加强组织部门的牵头抓总作用和科技部门的主体作用，抓好人才投入规划及 R&D 活动投入专项规划制定、科技创新体系建设、科技人才投入政策统筹、科技成果转化实施等工作，推动政策、制度、规划、项目和资金等的有效落实。

建立健全科技创新重大决策机制，完善西部地区之间、科技相关部门之间、科技部门与其他部门之间的沟通协调机制，整合 R&D 活动的人才资源和其他投入力量，不断提高 R&D 活动和人才投入的产出效益。

完善西部地区 R&D 活动投入和人才工作的政策体系，确保西部地区科技人才的培养、引进、激励和保障。各级政府加大政策支持力度，逐步提高教育、科研、医疗卫生、社会保障等经费占地方政府财政支出的比重，确保财政对人才开发投资的增长，并制定和实施人才开发的援助计划、技术革新援助计划、研究开发援助计划等。

加强 R&D 活动人才的学习、工作和生活环境的保障措施。西部地区科技人才发展的学术环境、科研环境与市场环境亟待改善。要进一步加强西部地区 R&D 人才投入平台建设。采取加大科技投入、加强科研基础设施建设、落实各项配套资金和优惠政策等举措，积极发挥好西部地区现有各类重点实验室、工程技术研究中心、企业技术开发中心、博士后科技流动站等科研载体的作用；加强国家引导，推进省部共建，在西部地区新建一批省级和部门的重点实验室、工程技术研究中心；以技术产权交易机构、大学科技园区、企业孵化器、风险投资机构等为重点，构建成果转化服务平台，为加快西部地区成果转化提供支撑。进一步完善西部地区科技人才市场体系建设，集成中央和西部地区各地的科技人才信息资源，建立西部地区科技人才的统一市场，连通省、地、县科技人才信息网络，建立县（市）科技人才服务站，为基层提供方便、快捷的科技人才信息服务；推进西部地区农林牧渔业、金融业、制造业、建筑业、公共管理等专业性科技人才市场建设，完善专业化服务功能。

国家加强对西部地区 R&D 活动和人才工作的统一规划和指导，适时制定西部地区 R&D 活动和科技人才发展规划。西部地区各省（自治区、直辖市）在 R&D 人才投入方面，尚缺乏完善统一的规划，导致 R&D 人才投入上的主观性、随意性、滞后性和被动性。在缺乏统一规划的情况下，各级政府和部门在科技人才经费投入上，容易形成各自为政和投入分散的局面。容易出现急功近利现象，根据短期规划确定 R&D 人才投入计划，在资金渠道和用途没有完全明确的情况下，会出现有政策无资金的情况，以及资金低效浪费的情况。建议西部地区省（自治区、直辖市）在中央政策和有关部门的指导下，建立由多个部门共同组成的规划工作小组，共同制定和完善 R&D 活动及科技人才投入专项规划。

西部地区在建立 R&D 活动和科技人才投入专项规划时，主要参考依据有以下三方面：

一是西部地区经济社会发展目标。中共十九大提出“2020 年决胜全面建成小康社会”“强化举措推进西部大开发形成新格局”和“2035 年我国经济实力、科技实力将大幅跃升，跻身创新型国家前列”等重要奋斗目标，强调“必须把教育事业放在优先位置，加快教育现代化，办好人民满意的教育”。这些应作为指导西部地区开展 R&D 活动及科技人才投入的总体依据。

二是西部地区科技人才队伍建设情况。加强科技人才投入的统计工作，提供完整的历史数据是开展预测分析的重要依据。为做好今后西部地区 R&D 活动和科技人才专项规划工作，应着手制定一套 R&D 人才投入的统计指标体系，包括政府、人才本体、用人单位和社会投入等统计指标，并规范统计分析工作。

三是西部地区各地财政总体状况。一方面，分析 R&D 活动投入和人才投入的需求量，主要有科技经费、教育经费和人才开发专项经费等；另一方面，确定 R&D 活动投入和人才投入的供给量，如地区生产总值、财政收入等，进一步提高西部地区 R&D 活动和科技人才专项规划的科学性和有效性。

第八章

研　究　结　论

遵照“科教兴国”战略和“人才强国”战略的指导思想，基于西部地区R&D活动投入产出的整体研究视角，应用人才资本理论和利益相关者理论，研究有效提升科技水平和更好发挥人才作用，是结合西部地区实际贯彻落实中共十九大报告提出的“强化举措推进西部大开发形成新格局”要求的重要举措。本书通过研究西部地区 R&D 活动的投入产出关系，得到了关于西部地区 R&D 活动的重要性、投入产出特征、多元投入机制和保障优化重点等方面的研究结论。

8.1　R&D 活动对西部地区发展的重要性

1978 年中共十一届三中全会以来，坚持了“一个中心两个基本点”的中共基本路线，国家经济建设和社会发展取了举世瞩目的重大成就。我国国内生产总值（GDP）从 2010 年超过日本，仅次于美国，成为世界第二大经济体。教育、科技和民生等多领域的发展速度和总量水平同样位居世界前列。在充分肯定国家发展巨大成就和增强“四个自信”的基础上，应长期面对我国“人多和人均资源占有量少”的基本国情，正视我国区域发展不平衡和不充分的矛盾依然比较严峻的现实情况，尤其是西部地区和东北地区面临更多发展难题的突出问题。对此，有效提升科学技术水平和更好发挥人才作用是西部地区加快“补短板”和实现“跨越发展”的有效之策。

R&D 活动作为三项主要科技活动之一，对有效提升科学技术水平和更好发挥人才作用具有集成作用。本书主要是在国家西部大开发战略和提升区域持续发展能力的大背景下，从四方面分析了 R&D 活动对西部地区发展的重要研究意义：

一是促进西部地区发展的紧迫现实需要。基于实现 2020 年决胜全面建成小康社会，更好实施新一轮西部大开发战略，促进西部地区又好又快发展的紧迫现实需要。

二是贯彻国家科技和人才战略的需要。基于结合西部地区实际情况，全面贯彻国家“科教兴国”战略和“人才强国”战略精神，以及国家科技和人才领域的中长期规划和重大决策部署。

三是提升西部地区长远发展核心能力的需要。基于科技进步和人才是西部地区长远发展的核心能力，从国家东部和西部区域发展严重不均衡到未来相对均衡发展，所提出的应进一步加强科技进步和人才工作的需要。

四是优化西部地区科技人才发展环境的需要。基于科技人才是 R&D 活动的投入要素中唯一具有能动性和环境依赖性的特点，结合西部地区实际情况，提出优化科技人才发展环境的需要。

按照全面贯彻习近平新时代中国特色社会主义思想和中共十九大精神，西部地区进一步转变发展理念和人才观念的重点就是要加强和优化 R&D 活动的人才、资金和政策等投入，转向更多依靠科技进步和提高劳动者素质的高质量发展轨道上来。

8.2 西部地区 R&D 活动的投入产出特征

2000 年，国家实施首轮西部大开发战略以来，在国家政策支持和全国各地区的热忱帮助下，经西部地区各族干部职工和广大群众的不懈努力和奋斗，西部地区 R&D 活动的人才和资金等要求的投入、主要科技成果的产出指标比较整体成效显著，但是内部不平衡的矛盾也很突出。按照 2020 年决胜全面建成小康社会的奋斗目标和更好实施新一轮西部大开发战略的要求，与促进西部地区又好又快发展的紧迫现实需要相比，西部地区 R&D 活动的人才和经费投入也还面临诸多问题。

本书从西部地区 R&D 活动的投入概况、生产函数和产出比较三方面研究了西部地区 R&D 活动的投入产出关系，主要结论如下。

8.2.1 关于西部地区 R&D 活动的投入概况

2002—2013 年西部地区 R&D 活动在人才和资金要素投入上都取得了重大的历史成效，探索了许多行之有效的做法和经验。

纵向比较西部地区 R&D 活动的人才和资金要素投入，整体增长效果显著：2013 年，西部地区 12 省（自治区、直辖市）合计 R&D 人员全时当量为 441 200 人·年，2002 年为 188 797 人·年，12 年间西部地区 12 省（自治区、直辖市）合计 R&D 人员全时当量增长效果显著；2013 年，西部地区 12 省（自治区、直辖市）合计 R&D 经费支出 14 205 千万元，2002 年为 1 840千万元，12 年间西部地区 12 省（自治区、直辖市）合计 R&D 经费支出增长效果显著。

纵向比较西部地区 R&D 活动的人才和资金要素投入，内部发展不均衡的问题突出：从 2013 年 R&D 人员全时当量排名来讲，四川省、陕西省和重庆市位列前三位，分别为 109 700 人·年、93 500 人·年和 52 600 人·年；西藏自治区、青海省和宁夏回族自治区位列后三位，分别为 1 200 人·年、4 800 人·年和 8 200 人·年。从 2013 年 R&D 经费支出排名来讲，四川省、陕西省和重庆市位列前三位，分别为 4 000 千万元、3 427 千万元和1 765千万元；西藏自治区、青海省和宁夏回族自治区位列后三位，分别为 23 千万元、138 千万元和 209 千万元。

横向比较西部地区与东部地区 R&D 活动的人才和资金要素投入，整体差距依然很大：

2016 年西部地区 12 省（自治区、直辖市）合计 R&D 人才、R&D 全时人才和 R&D 全时当量占全国的比例分别为 14.79%、13.68% 和 13.01%，这不仅与东部地区有很大差距，而且与西部地区土地占全国总面积 78%，人口占全国总人口 28%的比例不相适应。此外，西部地区内部 R&D 人才投入数量分布不平衡的矛盾也比较突出，西藏自治区、青海省和宁夏回族自治区 3 个自治区（省）的 R&D 人才、R&D 全时人才和 R&D 全时当量数量不仅在西部地区位列后三位，而且在全国排名的情况亦是如此。

2016 年西部地区 12 省（自治区、直辖市）合计 R&D 人才的博士和硕士学位人数占全国的比例分别为 15.60%和 17.46%，与东部地区相比有很大差距，同中部地区基本持平，好于东北地区。

2016 年，全国共投入 R&D 经费内部支出为 15 676.7 亿元，R&D 经费投入强度（与国内生产总值之比）为 2.11%，然而西部地区共投入 R&D 经费内部支出仅为 1 944.3 亿元，只占全国的 12.4%。其中，R&D 经费投入强度仅为 1.01%，不足全国平均水平的 50%。

2016 年西部地区 12 省（自治区、直辖市）合计 R&D 经费内部支出中的政府资金、企业资金、国外资金和其他资金分别占其总额的比例为35.25%、61.62%、0.13%和4%，其中政府资金占相对最高，这不仅比东部地区多16.32%，而且比全国多14.22%。这说明了政府资金在西部地区R&D经费内部支出中具有引导性和重要性，但是也说明西部地区R&D经费内部支出中作为市场主体的企业作用还不够。

按照国家西部大开发的重大政策，以及国家关于人才与科技的中长期发展规划和专项政策精神，西部地区12省（自治区、直辖市）都分别制定了中长期人才发展规划纲要（2010—2020年）、中长期科学和技术发展规划纲要（2006—2020年）以及“十三五”科技人才规划等，提出了加大科技投入和优化人才成长环境、完善人才激励措施和多元投入机制等多方面的相关措施。

影响西部地区R&D活动投入的主要因素有自然和社会环境、经济和产业水平、教育和科技孵化等方面存在的客观问题，以及经济社会发展过程中存在的不平衡和不充分问题。

8.2.2 关于西部地区R&D活动的生产函数

为有效解释西部地区12省（自治区、直辖市）R&D活动投入产出的内在关系和相对有效性，根据我国有关统计数据，借鉴和扩展柯布—道格拉斯生产函数，建立了西部地区R&D活动的C—D生产函数，其中：R&D活动的主要投入要素为R&D人员全时当量、R&D经费内部支出、国有单位人均工资、R&D人才环境投入，主要产出要素为科技产出的三种专利申请数。生产函数模型为评价西部地区R&D活动的投入产出关系提供了一种定量研究的视角，同时也为提出西部地区R&D活动的保障优化提供了事实依据。

2002—2013年西部地区R&D活动的生产函数为：

$$\frac{\hat{Y}_{t+1}}{L_t}=e^{-0.0099}\left(\frac{K_t}{L_t}\right)^{1.8475}\times W^0\times\left(\frac{F_t}{L_t}\right)^0 \quad (8-1)$$

由C—D生产函数和式8-1可知：

（1）A是反映影响R&D活动的综合系数，$A=0.9901$，这说明西部地区R&D活动的整体环境一般。

（2）β、λ和μ分别是西部地区R&D经费内部支出产出、R&D人才待遇产出和R&D人才环境产出的弹性系数，分别为1.8475、0和0，这首先说明西部地区 R&D 经费内部支出的产出弹性系数更大，增加 R&D 经费内部支出投入有更大的产出效果；其次说明西部地区 R&D 活动投入产出为递增报酬型（$\beta+\lambda+\mu>1$），表明扩大 R&D 活动投入对增加产出有利。

2002—2013 年四川省 R&D 活动的生产函数为：

$$\frac{\hat{Y}_t}{L_t}=e^{2.7023}\left(\frac{K_t}{L_t}\right)^{0.7002}\times W^{1.1692}\times\left(\frac{F_t}{L_t}\right)^{0} \quad (8-2)$$

由 C—D 生产函数和式 8－2 可知：

（1）A 是反映影响 R&D 活动的综合系数，$A=7.9431$，这说明四川省 R&D 活动的整体环境显著。

（2）β、λ 和 μ 分别是四川省 R&D 经费内部支出产出、R&D 人才待遇产出和 R&D 人才环境产出的弹性系数，分别为 0.700 2、1.169 2 和 0，这首先说明四川省 R&D 人才待遇产出的弹性系数更大，增加人才待遇具有更大的产出效果；其次说明四川省 R&D 活动投入产出为递增报酬型（$\beta+\lambda+\mu>1$），表明扩大 R&D 活动投入对增加产出有利。

2002—2013 年贵州省 R&D 活动的生产函数为：

$$\frac{\hat{Y}_t}{L_t}=e^{4.5827}\left(\frac{K_t}{L_t}\right)^{0}\times W^{1.0864}\times\left(\frac{F_t}{L_t}\right)^{0} \quad (8-3)$$

由 C—D 生产函数和式 8－3 可知：

（1）A 是反映影响 R&D 活动的综合系数，$A=97.7780$，这首先说明贵州省 R&D 活动的整体环境非常显著。

（2）β、λ 和 μ 分别是贵州省 R&D 经费内部支出产出、R&D 人才待遇产出和 R&D 人才环境产出的弹性系数，分别为 0、1.086 4 和 0，这首先说明贵州省 R&D 人才待遇产出的弹性系数更大，增加人才待遇具有更大的产出效果；其次说明贵州省 R&D 活动投入产出为递增报酬型（$\beta+\lambda+\mu>1$），表明扩大 R&D 活动投入对增加产出有利。

2002—2013 年云南省 R&D 活动的生产函数为：

$$\frac{\hat{Y}_{t+1}}{L_t}=e^{2.5419}\left(\frac{K_t}{L_t}\right)^{0.5636}\times W^{0}\times\left(\frac{F_t}{L_t}\right)^{0.5238} \quad (8-4)$$

由 C—D 生产函数和式 8－4 可知：

（1）A 是反映影响 R&D 活动的综合系数，$A=15.3943$，这说明云南省 R&D 活动的整体环境较显著。

（2）β、λ 和 μ 分别是云南省 R&D 经费内部支出产出、R&D 人才待遇产出和 R&D 人才环境产出的弹性系数，分别为 0.421 8、0 和 0.534 4 这首先说明云南省 R&D 活动的人才环境产出的弹性系数更大，增加人才环境投入有更大的产出效果；其次说明云南省 R&D 活动投入为递增报酬型（$\beta+\lambda+\mu>1$），表明扩大 R&D 活动投入对增加产出有利。

2002—2013 年西藏自治区 R&D 活动的生产函数为：

$$\frac{\hat{Y}_{t-1}}{L_t}=e^{1.2851}\left(\frac{K_t}{L_t}\right)^0\times W^{2.1988}\times\left(\frac{F_t}{L_t}\right)^0 \tag{8-5}$$

由 C—D 生产函数和式 8-5 可知：

（1）A 是反映影响 R&D 活动的综合系数，$A=3.6150$，这说明西藏自治区 R&D 活动的整体环境一般。

（2）β、λ 和 μ 分别是西藏自治区 R&D 经费内部支出产出、R&D 人才待遇产出和 R&D 环境产出的弹性系数，分别为 0、2.198 8 和 0，这首先说明西藏自治区 R&D 人才待遇产出的弹性系数更大，增加人才待遇具有更大的产出效果；其次说明西藏自治区 R&D 活动投入产出为递增报酬型（$\beta+\lambda+\mu>1$），表明扩大 R&D 活动投入对增加产出有利。

2002—2013 年重庆市 R&D 活动的生产函数为：

$$\frac{\hat{Y}_{t+1}}{L_t}=e^{4.3910}\left(\frac{K_t}{L_t}\right)^0\times W^0\times\left(\frac{F_t}{L_t}\right)^{0.8918} \tag{8-6}$$

由 C—D 生产函数和式 8-6 可知：

（1）A 是反映影响 R&D 活动的综合系数，$A=80.7211$，这说明重庆市 R&D 活动的整体环境非常显著。

（2）β、λ 和 μ 分别是重庆市 R&D 经费内部支出产出、R&D 人才待遇产出和 R&D 环境产出的弹性系数，分别为 0、0 和 0.891 8，这首先说明重庆市 R&D 活动环境产出的弹性系数更大，增加环境投入具有更大的产出效果；其次说明重庆市 R&D 活动的人才投入产出为递减报酬型（$\beta+\lambda+\mu<1$），表明扩大 R&D 活动投入对增加产出不利。

2002—2013 年陕西省 R&D 活动的生产函数为：

$$\frac{\hat{Y}_{t+1}}{L_t}=e^{3.7563}\left(\frac{K_t}{L_t}\right)^0\times W^0\times\left(\frac{F_t}{L_t}\right)^{1.0634} \tag{8-7}$$

由 C—D 生产函数和式 8-7 可知：

（1）A 是反映影响 R&D 活动的综合系数，$A=42.7898$，这说明陕西省 R&D 活动的整体环境显著。

（2）β、λ 和 μ 分别是陕西省 R&D 经费内部支出产出、R&D 人才待遇产出和 R&D 环境产出的弹性系数，分别为 0、0 和 1.063 4，这首先说明陕西省 R&D 活动环境产出的弹性系数更大，增加环境投入具有更大的产出效果；其次说明陕西省 R&D 活动投入产出为递增报酬型（$\beta+\lambda+\mu>1$），表明扩大 R&D 活动投入对增加产出有利。

2002—2013 年甘肃省 R&D 活动的生产函数为：

$$\frac{\hat{Y}_{t+1}}{L_t}=e^{3.1749}\left(\frac{K_t}{L_t}\right)^0\times W^0\times\left(\frac{F_t}{L_t}\right)^{0.9742} \quad (8-8)$$

由 C—D 生产函数和式 8-8 可知：

（1）A 是反映影响 R&D 活动的综合系数，$A=23.9244$，这说明甘肃省 R&D 活动的整体环境显著。

（2）β、λ 和 μ 分别是甘肃省 R&D 经费内部支出产出、R&D 人才待遇产出和 R&D 环境产出的弹性系数，分别为 0、0 和 0.974 2，这首先说明甘肃省 R&D 活动环境产出的弹性系数更大，增加环境投入具有更大的产出效果；其次说明甘肃省 R&D 活动投入产出为递减报酬型（$\beta+\lambda+\mu<1$），表明扩大 R&D 活动投入对增加产出不利。

2002—2013 年青海省 R&D 活动的生产函数为：

$$\frac{\hat{Y}_{t+1}}{L_t}=e^{3.6742}\left(\frac{K_t}{L_t}\right)^0\times W^{1.0108}\times\left(\frac{F_t}{L_t}\right)^0 \quad (8-9)$$

由 C—D 生产函数和式 8-9 可知：

（1）A 是反映影响 R&D 活动的综合系数，$A=39.4171$，这说明青海省 R&D 活动的整体环境显著。

（2）β、λ 和 μ 分别是青海省 R&D 经费内部支出产出、R&D 人才待遇产出和 R&D 环境产出的弹性系数，分别为 0、1.010 8 和 0，这首先说明青海省 R&D 活动的人才待遇产出的弹性系数更大，增加人才待遇投入具有更大的产出效果；其次说明青海省 R&D 活动投入产出为递减报酬型（$\beta+\lambda+\mu>1$），表明扩大 R&D 活动投入对增加产出有利。

2002—2013 年宁夏回族自治区 R&D 活动的生产函数为：

$$\frac{\hat{Y}_{t+2}}{L_t}=e^{2.6590}\left(\frac{K_t}{L_t}\right)^{1.0277}\times W^0\times\left(\frac{F_t}{L_t}\right)^0 \quad (8-10)$$

由 C—D 生产函数和式 8-10 可知：

（1）A 是反映影响 R&D 活动的综合系数，$A=14.282$，这说明宁夏回族自治区 R&D 活动的整体环境显著。

（2）β、λ 和 μ 分别是宁夏回族自治区 R&D 经费内部支出产出、R&D 人才待遇产出和 R&D 环境产出的弹性系数，分别为 1.027 7、0 和 0.974 2，这首先说明宁夏回族自治区R&D经费内部支出的产出弹性系数更大，增加R&D经费内部支出投入具有更大的产出效果；其次说明宁夏回族自治区R&D活动投入产出为递减报酬型（$\beta+\lambda+\mu>1$），表明扩大R&D活动投入对增加产出有利。

2002—2013年新疆维吾尔自治区R&D活动的生产函数为：

$$\frac{\hat{Y}_{t+2}}{L_t}=e^{5.3054}\left(\frac{K_t}{L_t}\right)^{0}\times W^{0.7508}\times\left(\frac{F_t}{L_t}\right)^{0} \quad (8-11)$$

由C—D生产函数和式8-11可知：

（1）A是反映影响R&D活动的综合系数，$A=201.4216$，这说明新疆维吾尔自治区R&D活动的整体环境非常显著。

（2）β、λ和μ分别是新疆维吾尔自治区R&D经费内部支出产出、R&D人才待遇产出和R&D环境产出的弹性系数，分别为0、0.7508和0，这首先说明新疆维吾尔自治区R&D人才待遇的产出弹性系数更大，增加R&D人才待遇投入具有更大的产出效果；其次说明新疆维吾尔自治区R&D活动投入产出为递减报酬型（$\beta+\lambda+\mu<1$），表明扩大R&D活动投入对增加产出不利。

2002—2013年内蒙古自治区R&D活动的生产函数为：

$$\frac{\hat{Y}_{t+2}}{L_t}=e^{5.8611}\left(\frac{K_t}{L_t}\right)^{-0.7215}\times W^{1.2831}\times\left(\frac{F_t}{L_t}\right)^{0} \quad (8-12)$$

由C—D生产函数和式8-12可知：

（1）A是反映影响R&D活动的综合系数，$A=351.1102$，这说明内蒙古自治区R&D活动的整体环境非常显著。

（2）β、λ和μ分别是内蒙古自治区R&D经费内部支出产出、R&D人才待遇产出和R&D环境产出的弹性系数，分别为-0.7215、1.2831和0，这首先说明内蒙古自治区R&D人才待遇的产出弹性系数更大，增加R&D人才待遇投入具有更大的产出效果；其次说明内蒙古自治区R&D活动投入为递减报酬型（$\beta+\lambda+\mu<1$），表明扩大R&D活动投入对增加产出不利。

2002—2013年广西壮族自治区R&D活动的生产函数为：

$$\frac{\hat{Y}_{t+1}}{L_t}=e^{1.3865}\left(\frac{K_t}{L_t}\right)^{1.5859}\times W^{0}\times\left(\frac{F_t}{L_t}\right)^{0} \quad (8-13)$$

由C—D生产函数和式8-13可知：

（1）A是反映影响R&D活动的综合系数，$A=4.0008$，这说明广西壮族自治区R&D活动的整体环境一般。

（2）β、λ 和 μ 分别是广西壮族自治区 R&D 经费内部支出产出、R&D 人才待遇产出和 R&D 环境产出的弹性系数，分别为 1.585 9、0 和 0，这首先说明广西壮族自治区 R&D 经费内部支出的产出弹性系数更大，增加 R&D 经费内部支出投入具有更大的产出效果；其次说明广西壮族自治区 R&D 活动投入产出为递增报酬型（$\beta+\lambda+\mu>1$），表明扩大 R&D 活动投入对增加产出有利。

8.2.3 关于西部地区 R&D 活动的产出比例

根据《中国科技统计年鉴》数据整理和计算得到了西部地区 R&D 活动产出的三种专利申请数量、国外主要检索工具收录科技论文、技术市场技术输出和流向地域三个方面的科技成果，对此分别进行了纵向比较和横向比较。

（1）根据《中国科技统计年鉴》2002 年和 2016 年的数据，整理和计算得到西部地区 R&D 活动产出的三种专利申请数量、国外主要检索工具收录科技论文、技术市场技术输出和流向地域等科技成果，纵向比较 2002—2016 年的 15 年间数据，西部地区 R&D 活动产出的数量都有了很大增长。

（2）经横向比较，2016 年，西部地区三种专利申请数量和占全国的比例同东部地区差距很大，其中发明专利、实用新型和外观设计等占全国同类专利的比例分别为东部地区的 23.04%、18.50%和 16.68%。

（3）经横向比较，2015 年，西部地区在国外主要检索工具（SCI、EI 和 ISTP）中收录科技论文数量和占全国的比例同东部地区差距很大，其中 SCI 论文、EI 论文和 ISTP（现为 ICCP）等占全国同类专利的比例分别为东部地区的 26.47%、30.66%和 27.37%。

（4）经横向比较，2016 年，西部地区在技术市场技术输出和流向地域数量及占全国的比例同东部地区差距很大，其中技术输出地域和流向地域等占全国同类的比例分别为东部地区的 21.58%和 39.04%。

主要比较分析了 R&D 人员全时当量和 R&D 经费内部支出这两个主要投入要素对应的主要科技成果的投入产出效率问题：

（1）经纵向比较，2002 年和 2015 年西部地区 R&D 人员全时当量投入对三种专利申请数量的产出比，得到西部地区 R&D 人员全时当量投入的产出比增长很快，从 2002 年的 134.41%，增长至 2015 年的 930.20%；纵向比较 2002 年和 2013 年西部地区 R&D 人员全时当量投入对 SCI 检索科技论文数量的产出比，得到西部地区 R&D 人员全时当量投入的产出比增长显著，从 2002 年的 28.33%，增长至 2013 年的 95.38%。

（2）经横向比较，2002 年和 2015 年西部地区与我国其他地区 R&D 人员全时当量投入对三种专利申请数量的产出比，得到西部地区 R&D 人员全时当量投入的产出比增长从明显优势到微弱领先，2002—2015 年产出比的环比发展速度来讲，东部地区为 1 177.16%，西部地区为 692.04%，东部地区大幅度领先西部地区，这在一定程度上说明了经济发展对 R&D 活动及 R&D 人员全时当量的支持作用；横向比较 2002 年和 2013 年西部地区与我国其他地区 R&D 人员全时当量投入对 SCI 检索科技论文数量的产出比，得到西部地区 R&D 人员全时当量投入的产出比从劣势到领先东部地区，2002—2013 年产出比的环比发展速度来讲，东部地区仅为 131.77%，而西部地区为 336.64%，西部地区的增长快速明显快于东部地区，SCI 检索论文在一定程度上说明了西部地区的开发优势对 R&D 活动及 R&D 人员全时当量的支持作用。

（3）经纵向比较，2002 年和 2015 年西部地区 R&D 经费内部支出投入对三种专利申请数量的产出比，得到西部地区 R&D 经费内部支出投入的产出比有一定增长，2002—2015 年产出比的环比发展速度为 262.37%；纵向比较 2002 年和 2013 年西部地区 R&D 经费内部支出投入对 SCI 检索科技论文数量的产出比，得到西部地区 R&D 经费内部支出投入的产出比基本没有增长。

（4）经横向比较，2002 年和 2015 年西部地区与我国其他地区 R&D 经费内部支出投入对三种专利申请数量的产出比，得到西部地区 R&D 经费内部支出投入的产出比增长从明显优势到微弱领先，2002—2015 年产出比的环比发展速度来讲，东部地区为 662.67%，西部地区为 262.37%，东部地区大幅度领先西部地区，这在一定程度上说明了经济发展对 R&D 活动及 R&D 经费内部支出的支持作用；横向比较 2002 年和 2015 年西部地区与我国其他地区 R&D 经费内部支出投入对 SCI 检索科技论文数量的产出比，得到西部地区 R&D 经费内部支出投入的产出比从劣势到领先东部地区，2002—2015 年产出比的环比发展速度来讲，东部地区仅为 57.97%，而西部地区为 101.91%，西部地区的增长快速明显快于东部地区，SCI 检索论文在一定程度上说明了西部地区的开发优势对 R&D 活动及 R&D 经费内部支出的支持作用。

8.3 西部地区 R&D 活动的多元投入机制

根据《国家中长期科学和技术发展规划纲要（2006—2020 年）》和《国家中长期人才发展规划纲要（2010—2020 年）》的精神，基于利益相关者和人力资本理论的主要观点，提出西部地区 R&D 活动的资金和人才的多元投入关系。

在分析 R&D 活动采用短期投入和长期投入圈层结构特点的基础上，梳理了 R&D 经费和人才的多元投入依据，提出了 R&D 人才的多元投入关系。

西部地区 R&D 活动采用基础研究以中央和地方财政支持为主的经费投入方式，应用研究和试验开发研究鼓励企业和社会主体建立多元投入机制；科技人才开发要健全政府、社会、用人单位和个人多元人才投入机制。

西部地区 R&D 人才投入的主体，包括人才个体、政府、用人单位和社会，它们在 R&D 活动投入中扮演着相互关联而又相互区别的角色，由此建立起西部地区 R&D 活动投入的多元投入关系。

R&D 活动的投入对象主要分为两类：一类是人才本身，这属于长期投入，即促进从 R&D 活动人才向人才资本转变，主要投入主体包括科技人才个人、人才开发服务机构、用人单位和社会；另一类是问题本身，这属于短期投入，即解决 R&D 活动的三大领域（基础研究、应用研究和试验发展）中的科学问题。

重点分析了 R&D 活动的长期投入，即人才投入领域的情况，具体讲包括人才的教育培训、医疗保健及迁移投资三方面。

为有效解决西部地区 R&D 活动的投入总量相对不足问题，需要构建其多元投入关系。多元投入关系是指建立以政府投入为引导，用人单位投入为主体，个人投入为前提，社会投入为补充的责任分担的新型投入关系。

在国家西部大开发战略重大政策的支持下，西部地区经济社会发展迅速，经济总量不断增加，针对人才的专项经费投入也在大幅增加。但是，西部地区不同省（自治区、直辖市）在政府、用人单位、个人和社会的多元投入机制尚未有效形成。尤其在支持高层次科技人才创新创业和科研成果转化方面，缺乏有力的政策扶持、资金投入的配套和跟进，风险投资市场也只是雷声大、雨点小，科技人才创新创业融资非常困难。由于我国西部地区

R&D人才投入市场发育不足，目前用于人才投入的支出仍主要来自政府的财政资金，用人单位对人才投入的积极性不高，对现有政策落实也不到位，社会资助机制也有待发展完善。

一方面，西部地区各级政府在推动构建R&D人才多元投入机制的初期，依然要充分发挥行政的宏观调控、法律政策支持和财政投入的主导作用，引导用人单位和人才个体加大科技人才投入；另一方面，要坚持以市场为导向和“谁受益、谁投入”的原则，积极转变政府职能，加快培育市场主体责任分担的多元投入机制，逐步发挥市场机制在科技人才投入中的主体作用，保证科技人才投入的持续增长。

8.4 西部地区R&D活动的保障优化重点

按照2020年决胜全面建成小康社会和新发展理念的新要求，R&D活动对促进西部地区又好又快发展具有不可替代的决定性作用。然而，由于多方面的复杂原因，导致西部地区R&D活动同自身区域发展需要和东部地区R&D活动的保障相对比，都还有非常明显的优化空间。对此，提出从转变发展理念和人才观念，重视人才激励和人才资本，加大资金投入和政策协调力度三方面优化西部地区R&D活动的保障。

一是要进一步转变发展理念和人才观念。在首轮西部大开发战略和新一轮西部大开发战略的强力推动下，西部地区经济社会发展取得了巨大的成就，民生改善取得了历史性成效。与此同时，经济发展方式转型还面临较大困难，生态保护压力不断增大，借鉴国内和国外的发展经验，西部地区加快发展不能再采取“资源消耗型”和“环境污染型”的传统粗放式增长方式。

西部地区结合本区域的实际情况，全面贯彻习近平新时代中国特色社会主义思想和中共十九大精神，统筹推进“五位一体”总体布局，协调推进“四个全面”战略布局要求，按照“创新、协调、绿色、开放、共享”的发展理念，西部地区社会经济生态发展面临新机遇和新挑战。西部地区转变经济发展方式是贯彻新发展理念要求的基础和关键，其核心是在资源和生态约束下，提高经济发展的质量效益和可持续性，突破“小而全”和“低效率”的经济发展模式，建议从全国，甚至从世界范围的资源禀赋相对优势及其市场结构考虑，按照“大市场分工”和“高效率”配置经济资源，因地制宜发展特色产业，实现提高经济发展质量效益和可持续性。

西部地区R&D活动保障优化的关键是进一步树立"尊重知识""尊重人才"的人才优先投入观念。经济全球化和全球信息化交织快速发展时代，更好发挥科技人才作为西部地区又好又快发展战略性稀缺资源的作用。全面贯彻"科学技术是第一生产力"和"人才资源是第一资源"的"两个第一"的思想，切实保障对R&D人才开发的优先投入，对实现2020年决胜全面建成小康社会和促进西部地区又好又快发展具有不可替代的重要作用。在进一步系统培养和开发现有R&D人才的基础上，加大引进国内国外高端R&D人才的力度；建议设立人才基金，持续增加用于R&D人才引进、培养开发、容错纠错、人才流动和保障多方面的资金投入。

二是要进一步重视人才激励和人才资本。党和国家历来高度重视各类人才工作，不仅为人才发挥作用创造良好工作环境，而且把激励政策作为人才工作的主要措施之一。西部地区R&D活动保障优化的重点是在国家政策指导下，结合西部地区科技人才的实际需要，进一步完善科技人才的激励体系。

针对西部地区从事R&D活动的科技人才而言，因为面临自然条件相对艰苦、经济发展条件相对滞后、科研基础相对薄弱等不少制约科技成果产出的因素，所以，建立和完善符合科技人才实际需要的激励体系具有更加重要的作用。在国家政策和财政的大力支持下，结合R&D活动的特殊性，从关爱科技人才本身延伸至关爱家庭成员的合理需要、包容R&D活动的失败和提高科技人才的社会地位；从提高R&D活动的科技成果产出效率和科技人才物质待遇拓宽到激励科技成果产出能够有效转化为直接经济效益和建立人才资本分配模式。

西部地区需要进一步拓宽科技人才的开发投入方式，鼓励科技人才投资的多样化，动员全社会力量，提高科技人才投资的积极性，加快推进科技人才资源开发主体的多元化，健全各行业各部门多样化人才投入机制，共享科技人才资源投资的体系，实现政府主导、各方力量齐聚的发展投资模式。提升科技人才投资的收益率，促进参与R&D人才投入的资源投资回报率，依法分享人才资源的收益。

三是要进一步加大资金投入和政策协调力度。加大R&D经费内部支出投入是优化西部地区R&D活动保障的物质基础。没有持续加大的R&D经费内部支出投入，西部地区难以达到全国科技成果产出的平均水平。与此同时，西部地区还需改善R&D经费内部支出投入的比例，在政府投入持续加大的基础上，通过多种方式调动企业主体的积极性，显著加大企业投入R&D经费内部支出的金额及比例，不仅从政策上要求企业成为R&D经费内部支出的投入主体，而且更要从经济利益和市场机制上着手，保护企业知识产权和根据市场需要自行选择R&D活动的主要方向，增加企业加大R&D经费内部支出投入的内在驱动力量。

按照国务院关于《国家中长期科学和技术发展规划纲要（2006—2020年）》若干配套政策的通知（国发〔2006〕6号）要求，提出："大幅度增加科技投入——建立多元化、多渠道的科技投入体系，全社会研究开发投入占国内生产总值的比例逐年提高，使科技投入水平同进入创新型国家行列的要求相适应。"

2015年和2016年全国R&D经费内部支出投入分别为14 169.9亿元和15 676.7亿元，其中西部地区占比分别仅为12.22%和12.40%，西部地区有十二个省（自治区、直辖市），人口占全国总人口的28%，这说明西部地区R&D经费内部支出投入占全国的比例明显偏低。就西部地区内部来讲，R&D经费内部支出投入占比位列前三位的是四川省、陕西省和重庆市，占全国R&D经费内部支出投入的比例分别为3.58%、2.68%和1.93%；位列后三位的是西藏自治区、青海省和宁夏回族自治区，占全国R&D经费内部支出投入的比例分别分别为0.01%、0.09%和0.19%，这说明西部地区内部R&D经费内部支出投入差异明显。

2016年从全国R&D经费内部支出投入的金额看，企业和政府是两大投入主体，分别占比为76.06%和20.03%。但是西部地区的政府投入比例为34.25%，企业投入比例为61.62%，两者所占比例与全国的平均情况恰恰相反，即政府投入大于全国平均水平，企业投入低于全国平均水平。这反映出在现阶段，政府在西部地区R&D经费内部支出的投入方面具有更大的实际作用，也说明R&D经费内部支出的企业投入积极性有待于提升。

国家要持续提高西部地区企业加大R&D活动投入的政策支持力度和西部地区科技人才的激励政策支持力度。西部地区各省（自治区、直辖市）在中央政策和有关部门的指导下，成立R&D活动和科技人才专项规划领导小组，制定和逐步完善R&D活动和科技人才投入专项规划，增强相关政策措施的吸引力和执行力。建立健全和落实西部地区各级党委政府"一把手抓第一资源"和R&D活动的政策要求，将科技人才工作和R&D活动纳入各级党政领导班子工作目标责任制，定期进行考核。

参 考 文 献

曹贤忠，曾刚，邹琳，2015. 长三角城市群 R&D 资源投入产出效率分析及空间分异［J］. 经济地理（1）：104－111.

陈丽，2012. 人力资本理论研究述评［J］. 湖北财经高等专科学校学报（2）：25－27.

陈楠，范琦，2009. 基于 R&D 人员行为特征的激励因素研究［J］. 科学学与科学技术管理（10）：195－199.

程俊杰，2015. 转型时期中国地区产能过剩测度——基于协整法和随机前沿产出函数法的比较分析［J］. 经济理论与经济管理（4）：13－29.

董晓花，王欣，陈利，2008. 柯布—道格拉斯生产函数理论研究综述［J］. 生产力研究（3）：148－150.

窦运来，黄希庭，2012. 中国企业 R&D 人员工作价值观结构实证研究［J］. 科学学研究（3）：434－440，336.

杜栋，庞庆华，吴炎，2008. 现代综合评价方法与案例精选［M］. 北京：清华大学出版社.

杜兴强，曾泉，杜颖洁，2012. 政治联系对中国上市公司的 R&D 投资具有“挤出”效应吗？［J］. 投资研究（6）：98－113.

段钢，2003. 人力资本理论研究综述［J］. 中国人才（5）：26－29.

冯静颖，2006. 西部科技人才开发的问题与对策［J］. 中国人才（3）：33－35.

付俊文，赵红，2006. 利益相关者理论综述［J］. 首都经济贸易大学学报（2）：16－21.

葛磊，吴晓晓，2013. 我国大中型工业企业知识生产函数及影响因素分析［J］. 中国市场（48）：35－37，93.

顾元媛，2011. 寻租行为与 R&D 补贴效率损失［J］. 经济科学（5）：91－103.

管怀鎏，2008. 柯布-道格拉斯产出函数与劳动价值论［J］. 河北经贸大学学报（1）：10－15.

胡桂华，2009. 论数理经济模型有别于计量经济模型——从关于柯布—道格拉斯生产函数的一个争论谈起［J］. 统计与信息论坛，24（7）：3－8.

黄钢，徐玖平，李颖，2006. 科技价值链及创新主体链接模式［J］. 中国软科学（6）：67－75.

金伟娜，张卓涵，2012. 1993—2008 年广东省经济增长的要素贡献分析——基于新柯布—道格拉斯生产函数［J］. 现代工业经济和信息化（8）：19－22.

卡尔·马克思，2013. 资本论［M］. 北京：北京联合出版公司.

柯忠义，韩兆洲，2007. 地区经济发展、市场化程度与科技投入的量化对比分析［J］. 科技管理研究（4）：68－70.

赖一飞，沈丽平，雷慧，覃冰洁，2016. 中部六省R&D活动投入产出效率研究［J］. 珞珈管理评论（2）：184－194.

李和中，2009. 新加坡、印度政府建立人才投入机制的经验及其对我国的启示［J］. 湘潭大学学报（1）：19－21.

李平，王春晖.2010. 政府科技资助对企业技术创新的非线性研究——基于中国2001—2008年省级面板数据的门槛回归分析［J］. 中国软科学（8）：138－147.

李胜文，李大胜，邱俊杰，李新春，何轩，2013. 中西部效率低于东部吗？——基于技术集差异和共同前沿产出函数的分析［J］. 经济学（季刊）（3）：777－798.

李铁明，2004. 论科技人才开发的功能目标［J］. 湖南第一师范学报（4）：1－2.

刘军，2005. 国内R&D问题研究综述［J］. 科技管理研究（12）：277－280.

刘俐妤，2013. 人力资本测量方法文献综述［J］. 经济研究导刊（12）：118－121，159.

刘茂才，1987. 人才学词典［M］. 四川：四川社会科学出版社.

刘胜强，刘星，2010. 股权结构对企业R&D投资的影响——来自制造业上市公司2002—2008年的经验证据［J］. 软科学（7）.

刘朔涛，2016. R&D投入、财政科技支出与河南省区域创新发展研究［J］. 财政经济评论（1）：158－173.

刘晓红，2011. 基于模糊关系的不确定收益投资主观决策模型［J］. 西南民族大学学报：自然科学版（3）：336－341.

刘晓红，2013. 基于商业生态系统的职业发展观［J］. 西南民族大学学报：人文社学科学版（4）.

刘晓红，2016. 基于扩展C—D生产函数的省域R&D人才投入模型——以四川省为例［J］. 西南民族大学学报：自然科学版（1）：113－118.

刘追，肖鸣政，2010. 新时期我国人才规划纲要实施的策略选择［J］. 宏观经济管理（11）：54－56.

孟庆军，许莲艳，2015. 基于C—D函数的高新技术产业科技投入产出效率分析［J］. 河北工业科技（1）：17－21.

欧文·费雪，2017. 资本和收入的性质［M］. 北京：商务印书馆.

戚尔鹏，叶鹰，2017. 用生产函数分析科技投入产出关联的初步研究［J］. 科学学研究（12）：1841－1847.

邵传林，邵姝静，2016. 制度环境、金融发展与企业研发投资：一个文献综述［J］. 首都经济贸易大学学报（3）：110－116.

邵云飞，唐小我，张杏，2006. 基于教育的人力资本投资收益率测度模型分析［J］. 预测（1）：32－35.

沈光明，王永川，2011. 我国人才投入长效机制的构建研究［J］. 成都理工大学学报（6）：105－106.

宋克勤，2011. 国外科技创新人才环境研究［J］. 中国科技奖励（8）：52－55.

谭果林，2004. 加快中国科技人才资源开发的对策［J］. 中国科技论坛（3）：109－112.

托马斯·麦克劳，2010. 创新的先知：约瑟夫·熊彼特传［M］. 北京：中信出版社.

汪群，汪应洛，1999. 科技人才素质测评理论与应用［M］. 北京：科学出版社.

汪秀，田喜洲，2012. 人力资本和产业结构互动关系研究综述［J］. 重庆工商大学学报：社会科学版（2）：28－34.

王成军，冯涛，2011. 基于调查、统计的西部科技人力资源流动状况分析［J］. 西北人口（4）：85－88，92.

王良健，李辉，2014. 中国耕地利用效率及其影响因素的区域差异——基于281个市的面板数据与随机前沿产出函数方法［J］. 地理研究（11）：1995－2004.

王琼，2009. 西部科技产业核心竞争力战略［J］. 科技创新（8）：32－34.

王通讯，2005. 基于人才强国战略的人才资源开发［J］. 中国人才（3）：18－20.

王通讯，2008. 人才发现的理论、途径与屏障［J］. 中国人才（13）：49－51.

王通讯，2009. 人才战略规划的目标定位［J］. 中国人才（23）：23－27.

王维，李仕明，李钰，2005. 2005—2010年四川省人才需求预测［J］. 电子科技大学学报：社科版（7）：44－47.

西奥多·W. 舒尔茨. 1990. 论人力资本投资［M］. 北京：北京经济学院出版社.

肖鸣政，1994. 对人力资源开发问题的系统思考［J］. 中国人力资源开发（6）：15－20.

谢兰云，王维国，2016. 我国科技创新体系产出机制的门槛效应研究［J］. 统计研究（2）：51－60.

徐玖平，蒋洪强，张勇，王楠，2003. 青年高级人力资源开发管理人才素质的综合评价［J］. 中国管理科学（1）：81－86.

徐璋勇，任保华，2017. 西部蓝皮书：中国西部发展报告（2017）［M］. 北京：社会科学文献出版社.

许冰凌，刘敏，2004. 长沙市科技人才需求开发对策研究［J］. 系统工程（9）：78－81.

闫淑敏，段兴民，2002. 人力资本参与收入分配的若干问题研究［J］. 中国人力资源开发（4）：21－23.

闫淑敏，段兴民，2002. 西部人力资本投资体制的改革与创新［J］. 中国人力资源开发（1）：14－16.

杨安仙，1982. 联合国教科文组织关于科学技术活动的分类与定义［J］. 科学学与科学技术管理（5）：16－17.

杨柳，2013. 政府主导的西部地区 R&D 人才投入机制研究［J］. 软科学（8）：123 - 126，131.

余修斌，程连珺，任若恩，2000. 前沿产出函数与企业技术非效率的测算——西安飞机制造公司的实例测算［J］. 统计研究（5）：44 - 48.

曾春媛，刘青青，王锦，杨妮娜，2013. 科技投入与区域经济发展水平协调性研究［J］. 科研管理（S1）：203 - 210.

曾雅婷，吕亚荣，王晓睿，2018. 农地流转对粮食生产技术效率影响的多维分析——基于随机前沿产出函数的实证研究［J］. 华中农业大学学报：社会科学版（1）：13 - 21，156.

张成龙，柴沁虎，张阿玲，韩维建，2009. 中国玉米生产的产出函数分析［J］. 清华大学学报：自然科学版（12）：2028 - 2031.

张春海，孙建，刘铮，2013. 区域 R&D 人才投入效率及其影响因素研究——来自我国省际面板数据的实证分析［J］. 科技与经济（3）：81 - 85.

张快，王志强，2013. 德国促进中小企业提升研究与创新能力的举措［J］. 全球科技经济瞭望，28（10）：65 - 69.

张仁侠，1998. 研究与开发战略［M］. 广州：广东经济出版社.

Abdih Y，Joutz F，2006. Relating the Knowledge Production Function to Total Factor Productivity：An Endogenous Growth Puzzle［R］. IMF Staff Papers，53（2）：242 - 271.

Balashova S，Matyushok V，2012. The Impact of Public R&D Expenditure on Business R&D：Russia and OECD Countries［M］. Institute of Economic Sciences.

Beata Coldbeck，Aydin Ozkan，2018，Comparison of Adjustment Speeds in Target Research and Development and Capital Investment：What Did the Financial Crisis of 2007 Change?［J］. Journal of Business Research，84：1 - 10.

C A Балашова，2015. The Impact of Public R&D Policy on Business-funded R&D（Case of OECD Countries）［J］. Applied Econometrics，38.

Coad A，Rao R，2011. The Firm-level Employment Affects of Innovations in High-tech US Manufacturing Industries［J］. Journal of Evolutionary Economics，21（2）：255 - 283.

Dalziel T，et al，2011. An Integrated Agency Resource Dependence View of the Influence of Directors' Human and Relational Capital on Firm's R&D Spending［J］. Journal of Management Studies，48（6）：1217 - 1242.

David Marek，Kristyna Meislová，Pavla Žížalová，2013. Emerging R&D Centres Supported by EU Structural Funds in the Czech Republic and Their Sustainability［J］. Ergo，8（1）：17 - 24.

Dejan Ravšelj, Aleksander Aristovnik, 2017. R&D Subsidies as Drivers of Corporate Performance in Slovenia: The Regional Perspective [J]. DANUBE: Law and Economics Review, 8 (2): 79 - 95.

Kastl J, Martimort D, Piccolo S, 2013. Delegation, Ownership Concentration and R&D Spending: Evidence from Italy [J]. Journal of Industrial Economics, 61 (1): 84 - 107.

Kim H, Park Y, 2008. The Impact of R&D Collaboration on Innovative Performance in Korea: A Bayesian Network Approach [J]. Scientometrics, 75 (3): 535 - 354.

Kim H, Park Y. 2009. Structural Effects of R&D Collaboration Network on Knowledge Diffusion Performance [J]. Expert Systems with Applications, 36 (5): 8986 - 8992.

Koziolnadolna K, 2013. The Analysis of R&D Internationalization-Case Study of Comarch Enterprise [J]. Folia Oeconomica Stetinensia, 13 (1): 136 - 149.

Mario Coccia, 2011. The Interaction between Public and Private R&D Expenditure and National Productivity [J]. Prometheus, 29 (2): 121 - 130.

Mishra P, 2010. R&D Efforts by Indian Pharmaceutical Firms in the New Patent Regime [J]. South East European Journal of Economics & Business, 5 (2): 83 - 94.

OECD, 2013. Supporting Investment in Knowledge Capital, Growth and Innovation [M]. Knowledge-based capital, Innovation and Resource Allocation.

Pan Hui, 2016. The Local Responsiveness of R&D Collaborations in Emerging Countries [J]. Journal of International Business, 8 (2): 141 - 158.

Paul M. Romer, 1990. Endogenous Technological Change [J]. Journal of Political Economy, 98 (5): S71 - S102.

Peters, Bettina, Martin, et al, 2017. Employment Effects of Innovations over the Business Cycle: Firm-Level Evidence from European Countries [C] // Verein für Socialpolitik. German Economic Association.

Reis A B, Sequeira T N, 2006. Human Capital Composition, R&D and the Increasing Role of Services [J]. Topics in Macroeconomics, 6 (1): 1 - 25.

Ryan H E, Wiggins R A, 2002. The Interactions between R&D Investment Decisions and Compensation Policy [J]. Financial Management, 31 (1): 5 - 29.

Szarowská I, 2016. Impact of Public R&D Expenditure on Economic Growth in Selected EU Countries [C] // Business and Management.

Zhang, Shen, 2012. Evaluation of Regional Energy Security in Eastern Coastal China Based on the DPSIR Model [J]. International Journal of Coal Science & Technology, 18 (3): 285 - 290.

附　　录

2002—2013 年西部地区 12 省（自治区、直辖市）R&D 活动的投入产出要素

附表 1　2002—2013 年四川省 R&D 活动的投入产出要素

序号	项目	2002 年	2003 年	2004 年	2005 年	2006 年	2007 年	2008 年	2009 年	2010 年	2011 年	2012 年	2013 年
1	三类专利申请数（件，Y）	5 997	7 443	7 260	10 567	13 109	19 165	24 335	33 047	40 230	49 734	66 312	82 453
2	R&D 人员全时当量（人·年，L）	59 230	61 530	63 920	66 380	68 580	78 850	86 740	85 920	83 800	82 490	98 000	109 700
3	R&D 经费内部支出（千万元，K）	619	794	780	966	1 078	1 391	1 603	2 145	2 643	2 941	3 509	4 000
4	科研环境——地方财政科技（千万元，F_0）	88.5	100.7	108	127	145.7	207.8	258.2	286.4	347.1	457.5	594	695.1
5	工资总额（千万元，S）	5 391	6 045	6 739	7 734	8 854	10 916	13 184	15 783	18 405	22 689	22 689	40 035
6	全省教育支出（千万元，$D_1=S\times2.5\%$）	134.78	151.13	168.48	193.34	221.34	272.90	329.60	394.58	460.13	567.24	567.24	1 000.87
7	全省社会保障支出（千万元，D_2）	567.65	535.91	649.99	804.60	894.10	2 721.24	4 489.55	4 559.12	5 136.52	6 457.90	6 802.08	6 802.08
8	全省医疗卫生支出（千万元，D_3）	254.28	314.24	342.54	495.64	574.95	988.71	1 435.61	2 190.98	2 633.42	3 729.60	4 242.58	4 242.58
9	R&D 人才占总职工比例（%，E）	1.231	1.217	1.278	1.295	1.317	1.462	1.574	1.522	1.469	1.343	1.529	1.296
10	R&D 人才教育支出（千万元，$F_1=D_1\times E$）	2.07	2.56	3.41	4.48	5.90	9.72	14.84	20.00	24.82	32.04	41.39	69.93
11	R&D 人才社会保障支出（千万元，$F_2=D_2\times E$）	8.73	9.08	13.14	18.65	23.83	96.92	202.12	231.03	277.08	364.80	496.36	475.24
12	R&D 人才医疗卫生支出（千万元，$F_3=D_3\times E$）	3.91	5.32	6.92	11.49	15.32	35.22	64.63	111.03	142.05	210.68	309.59	296.41
13	R&D 环境投入（千万元，$F=F_0+F_1+F_2+F_3$）	103.22	117.66	131.47	161.61	190.75	349.66	539.79	648.46	791.05	1 065.02	1 441.34	1 536.67
14	每 1 000 人三类专利申请数（件，Y/L）	101.25	120.97	113.58	159.19	191.15	243.06	280.55	384.63	480.07	602.91	676.65	751.62
15	每 1 000 人 R&D 经费支出（万元，K/L）	10.45	12.90	12.20	14.55	15.72	17.64	18.48	24.97	31.54	35.65	35.81	36.46
16	国有单位平均工资（万元/人，W/L）	1.25	1.39	1.58	1.79	2.02	2.44	2.86	3.33	3.67	4.20	4.77	5.39
17	每 1 000 人 R&D 环境投入（万元，F/L）	1.74	1.91	2.06	2.43	2.78	4.43	6.22	7.55	9.44	12.91	14.71	14.01

附表 2　2002—2013 年贵州省 R&D 活动的投入产出要素

序号	项目	2002 年	2003 年	2004 年	2005 年	2006 年	2007 年	2008 年	2009 年	2010 年	2011 年	2012 年	2013 年
1	三类专利申请数（件，Y）	1 260	1 242	1 486	2 226	2 674	2 759	2 943	3 709	4 414	8 351	11 296	17 405
2	R&D 人员全时当量（人·年，L）	7 670	8 320	9 030	9 780	10 740	11 360	11 460	13 090	15 090	15 890	18 700	23 900
3	R&D 经费内部支出（千万元，K）	61	79	87	110	145	137	189	264	300	363	417	472
4	科研环境——地方财政科技（千万元，F_0）	39.2	43.1	50.6	77.6	76.3	99.8	129.9	142.7	166.6	216.8	289.8	342.7
5	工资总额（千万元，S）	1 923.00	2093.27	2 365.99	2 841.64	3 501.58	4 392.46	5 095.49	5 880.60	6 691.23	8 568.36	8 568.36	13 870.52
6	全省教育支出（千万元，$D_1=S\times2.5\%$）	48.08	52.33	59.15	71.04	87.54	109.81	127.39	147.02	167.28	214.21	214.21	346.76
7	全省社会保障支出（千万元，D_2）	210.02	197.29	229.06	253.48	276.24	708.01	1 074.57	1 500.44	1 407.62	1947.80	2 353.96	2 353.96
8	全省医疗卫生支出（千万元，D_3）	154.06	172.99	195.47	258.16	300.38	487.89	674.38	1 028.38	1 276.78	1 732.60	2 010.50	2 010.50
9	R&D 人才占总职工比例（%，E）	0.41	0.42	0.45	0.46	0.51	0.52	0.54	0.60	0.67	0.66	0.69	0.81
10	R&D 人才教育支出（千万元，$F_1=D_1\times E$）	0.20	0.25	0.34	0.48	0.79	1.27	1.79	2.63	3.54	5.28	6.50	13.89
11	R&D 人才社会保障支出（千万元，$F_2=D_2\times E$）	0.88	0.95	1.31	1.73	2.49	8.21	15.10	26.83	29.80	47.97	71.38	94.30
12	R&D 人才医疗卫生支出（千万元，$F_3=D_3\times E$）	0.64	0.83	1.12	1.76	2.70	5.66	9.48	18.39	27.03	42.67	60.97	80.54
13	R&D 环境投入（千万元，$F=F_0+F_1+F_2+F_3$）	40.92	45.13	53.38	81.57	82.28	114.94	156.26	190.55	226.97	312.71	428.64	531.43
14	每 1 000 人三类专利申请数（件，Y/L）	164.28	149.28	164.56	227.61	248.98	242.87	256.81	283.35	292.51	525.55	604.06	728.24
15	每 1 000 人 R&D 经费支出（万元，K/L）	7.95	9.50	9.63	11.25	13.50	12.06	16.49	20.17	19.88	22.84	22.30	19.75
16	国有单位平均工资（万元/人，W/L）	1.02	1.14	1.29	1.47	1.76	2.21	2.59	2.99	3.15	3.74	4.37	4.97
17	每 1 000 人 R&D 环境投入（万元，F/L）	5.33	5.42	5.91	8.34	7.66	10.12	13.64	14.56	15.04	19.68	22.92	22.24

附表 3　2002—2013 年云南省 R&D 活动的投入产出要素

序号	项目	2002 年	2003 年	2004 年	2005 年	2006 年	2007 年	2008 年	2009 年	2010 年	2011 年	2012 年	2013 年
1	三类专利申请数（件，Y）	1 966	2 132	2 556	3 085	3 108	4 089	4 633	5 645	7 150	9 260	11 512	13 343
2	R&D 人员全时当量（人·年，L）	11 360	12 410	13 550	14 800	16 030	17 820	19 750	21 110	22 550	25 090	27 800	28 500
3	R&D 经费内部支出（千万元，K）	98	110	125	213	209	259	310	372	442	561	688	798
4	科研环境——地方财政科技（千万元，F_0）	89.8	91.7	84.4	105.2	113.8	130.6	176.7	189.9	214.3	283	326.7	425.9
5	工资总额（千万元，S）	3 009	3 150	3 445	3 772	4 586	5 665	6 837	8 120	9 305	11 763	11 763	17 867
6	全省教育支出（千万元，$D_1=S\times2.5\%$）	75.225	78.75	86.13	94.29	114.65	141.62	170.92	203.01	232.62	294.07	294.07	446.68
7	全省社会保障支出（千万元，D_2）	256.688	423.00	333.08	290.33	341.54	1 704.80	2 247.20	3 040.99	3 046.93	3 865.00	4 390.64	4 390.64
8	全省医疗卫生支出（千万元，D_3）	287.744	327.46	361.95	448.07	571.20	771.12	1 045.87	1 512.85	1 837.02	2 369.80	2 669.35	2 669.35
9	R&D 人才占总职工比例（%，E）	0.456	0.490	0.551	0.599	0.618	0.601	0.651	0.677	0.699	0.717	0.708	0.666
10	R&D 人才教育支出（千万元，$F_1=D_1\times E$）	0.43	0.52	0.73	0.95	1.42	1.95	2.98	4.20	5.39	8.15	9.04	13.93
11	R&D 人才社会保障支出（千万元，$F_2=D_2\times E$）	1.47	2.79	2.81	2.94	4.23	23.46	39.14	62.87	70.54	107.16	134.95	136.93
12	R&D 人才医疗卫生支出（千万元，$F_3=D_3\times E$）	1.65	2.16	3.05	4.54	7.07	10.61	18.22	31.28	42.53	65.70	82.05	83.25
13	R&D 环境投入（千万元，$F=F_0+F_1+F_2+F_3$）	93.34	97.17	90.99	113.63	126.52	166.63	237.03	288.24	332.76	464.02	552.74	660.01
14	每 1 000 人三类专利申请数（件，Y/L）	173.063 4	171.80	188.63	208.45	193.89	229.46	234.58	267.41	317.07	369.07	414.10	468.18
15	每 1 000 人 R&D 经费支出（万元，K/L）	8.626 761	8.86	9.23	14.39	13.04	14.53	15.70	17.62	19.60	22.36	24.75	28.00
16	国有单位平均工资（万元/人，W/L）	1.253 897	1.35	1.53	1.69	2.00	2.29	2.68	3.05	3.31	3.87	4.34	4.68
17	每 1 000 人 R&D 环境投入（万元，F/L）	8.216 818	7.83	6.72	7.68	7.89	9.35	12.00	13.65	14.76	18.49	19.88	23.16

注：专利申请数为 2003—2014 年数据。

附表 4　2002—2013 年西藏自治区 R&D 活动的投入要素

序号	项目	2002 年	2003 年	2004 年	2005 年	2006 年	2007 年	2008 年	2009 年	2010 年	2011 年	2012 年	2013 年
1	三类专利申请数（件，Y）	23	15	24	62	102	89	97	350	195	162	263	170
2	R&D 人员全时当量（人·年，L）	350	420	500	600	1 010	680	640	1 330	1 260	1 080	1 200	1 200
3	R&D 经费内部支出（千万元，K）	5	3	4	3	5	7	12	14	15	12	18	23
4	科研环境——地方财政科技（千万元，F_0）	9.1	6.1	6.9	8.5	9	19.3	29	26.9	27.1	33.8	50.9	41.7
5	工资总额（千万元，S）	364	388	445	463	529	806	848	950	1 089	1 146	1 146	1 777
6	全省教育支出（千万元，$D_1=S\times2.5\%$）	9.10	9.71	11.13	11.56	13.22	20.14	21.21	23.76	27.24	28.64	28.64	44.43
7	全省社会保障支出（千万元，D_2）	32.71	36.36	38.91	48.35	49.72	173.02	279.00	333.49	319.12	576.80	655.37	655.37
8	全省医疗卫生支出（千万元，D_3）	48.62	52.81	63.73	71.09	80.94	171.62	163.55	220.87	320.41	353.00	361.17	361.17
9	R&D 人才占总职工比例（%，E）	0.235	0.242	0.286	0.329	0.534	0.346	0.315	0.630	0.567	0.463	0.476	0.387
10	R&D 人才教育支出（千万元，$F_1=D_1\times E$）	0.06	0.06	0.10	0.11	0.23	0.33	0.33	0.72	0.79	0.67	0.71	1.03
11	R&D 人才社会保障支出（千万元，$F_2=D_2\times E$）	0.20	0.24	0.34	0.47	0.86	2.86	4.31	10.12	9.31	13.56	16.31	15.19
12	R&D 人才医疗卫生支出（千万元，$F_3=D_3\times E$）	0.30	0.35	0.55	0.69	1.40	2.84	2.53	6.70	9.35	8.30	8.99	8.37
13	R&D 环境投入（千万元，$F=F_0+F_1+F_2+F_3$）	9.65	6.76	7.88	9.78	11.49	25.33	36.16	44.45	46.55	56.34	76.90	66.29
14	每 1 000 人三类专利申请数（件，Y/L）	65.71	35.71	48.00	103.33	100.99	130.88	151.56	263.16	154.76	150.00	219.17	141.67
15	每 1 000 人 R&D 经费支出（万元，K/L）	14.29	7.14	8.00	5.00	4.95	10.29	18.75	10.53	11.90	11.11	15.00	19.17
16	国有单位平均工资（万元/人，W/L）	2.59	2.76	3.02	2.96	3.24	4.78	4.90	4.82	5.14	5.08	5.22	5.99
17	每 1 000 人 R&D 环境投入（万元，F/L）	27.57	16.10	15.76	16.30	11.37	37.24	56.50	33.42	36.94	52.17	64.09	55.24

注：专利申请数为 2001—2012 年数据。

附表 5　2002—2013 年重庆市 R&D 活动的投入产出要素

序号	项目	2002 年	2003 年	2004 年	2005 年	2006 年	2007 年	2008 年	2009 年	2010 年	2011 年	2012 年	2013 年
1	三类专利申请数（件，Y）	4 589	5 171	6 260	6 471	6 715	8 324	13 482	22 825	32 039	38 924	49 036	55 298
2	R&D 人员全时当量（人·年，L）	19 070	20 760	22 600	24 620	26 830	31 560	34 420	35 010	37 080	40 700	46 100	52 600
3	R&D 经费内部支出（千万元，K）	126	174	237	320	369	470	602	795	1 003	1 284	1 598	1 765
4	科研环境——地方财政科技（千万元，F_0）	35.8	36.9	49.9	59.9	74.9	110.5	151.3	155.5	179	250.4	298.4	386.5
5	工资总额（千万元，S）	2 196	2 540	2 940	3 458	4 034	4 999	6 138	7 431	8 977	12 988	12 988	19 603
6	全省教育支出（千万元，$D_1=S\times2.5\%$）	54.90	63.49	73.50	86.46	100.85	124.97	153.44	185.76	224.43	324.69	324.69	490.07
7	全省社会保障支出（千万元，D_2）	332.30	339.68	327.59	431.29	527.90	1 389.68	1 722.67	2 346.21	2 369.81	3 387.60	4 030.46	4 030.46
8	全省医疗卫生支出（千万元，D_3）	94.43	108.22	120.56	151.76	197.87	339.71	516.36	767.30	948.68	1 437.00	1 674.34	1 674.34
9	R&D 人才占总职工比例（%，E）	0.954	0.988	1.058	1.142	1.221	1.374	1.424	1.407	1.392	1.207	1.305	1.308
10	R&D 人才教育支出（千万元，$F_1=D_1\times E$）	0.62	0.85	1.23	1.84	2.64	4.36	6.50	8.99	11.62	17.09	21.41	35.82
11	R&D 人才社会保障支出（千万元，$F_2=D_2\times E$）	3.76	4.56	5.49	9.17	13.80	48.44	73.00	113.49	122.71	178.34	265.79	294.63
12	R&D 人才医疗卫生支出（千万元，$F_3=D_3\times E$）	1.07	1.45	2.02	3.23	5.17	11.84	21.88	37.12	49.12	75.65	110.42	122.39
13	R&D 环境投入（千万元，$F=F_0+F_1+F_2+F_3$）	41.24	43.76	58.65	74.13	96.50	175.13	252.68	315.10	362.45	521.49	696.02	839.34
14	每 1 000 人三类专利申请数（件，Y/L）	240.64	249.08	276.99	262.84	250.28	263.75	391.69	651.96	864.05	956.36	1 063.69	1 051.29
15	每 1 000 人 R&D 经费支出（万元，K/L）	6.61	8.38	10.49	13.00	13.75	14.89	17.49	22.71	27.05	31.55	34.66	33.56
16	国有单位平均工资（万元/人，W/L）	1.18	1.36	1.58	1.86	2.14	2.54	2.98	3.44	3.72	4.36	5.05	5.59
17	每 1 000 人 R&D 环境投入（万元，F/L）	2.16	2.11	2.59	3.01	3.60	5.55	7.34	9.00	9.77	12.81	15.10	15.96

注：专利申请数为 2003—2014 年数据。

附表 6　2002—2013 年陕西省 R&D 活动的投入产出要素

序号	项目	2002 年	2003 年	2004 年	2005 年	2006 年	2007 年	2008 年	2009 年	2010 年	2011 年	2012 年	2013 年
1	三类专利申请数（件，Y）	3 421	3 217	4 166	5 717	8 499	11 898	15 570	22 949	32 227	43 608	57 287	56 235
2	R&D 人员全时当量（人·年，L）	45 790	48 290	50 920	53 660	59 460	65 070	64 750	68 040	73 220	73 500	82 400	93 500
3	R&D 经费内部支出（千万元，K）	607	680	835	924	1 014	1 217	1 433	1 895	2 175	2 494	2 872	3 427
4	科研环境——地方财政科技（千万元，F_0）	44	48.2	52.8	67.8	102.6	133	171.4	208.4	252.5	290.1	349.4	380.2
5	工资总额（千万元，S）	3 332	3 662,8	4 161,8	4 779,7	5 469,2	6 986,1	8 561,8	10 380,3	12 150,0	15 369,7	15 369,7	24 094,2
6	全省教育支出（千万元，$D_1=S\times2.5\%$）	83.30	91.57	104.04	119.49	136.73	174.65	214.04	259.51	303.75	384.24	384.24	602.36
7	全省社会保障支出（千万元，D_2）	404.78	413.51	502.18	765.68	697.61	1 590.15	2 455.57	2 870.97	3 156.14	3 654.30	4 211.55	4 211.55
8	全省医疗卫生支出（千万元，D_3）	144.76	167.21	180.91	217.04	288.36	499.06	783.91	1 258.33	1 566.56	1 976.10	2 223.02	2 223.02
9	R&D 人才占总职工比例（%，E）	1.423	1.462	1.536	1.606	1.776	1.903	1.880	1.931	2.007	1.867	2.004	1.850
10	R&D 人才教育支出（千万元，$F_1=D_1\times E$）	1.28	1.58	2.13	2.92	4.16	7.20	10.67	16.03	21.05	28.94	35.05	53.92
11	R&D 人才社会保障支出（千万元，$F_2=D_2\times E$）	6.22	7.15	10.28	18.72	21.24	65.51	122.42	177.40	218.72	275.27	384.19	377.01
12	R&D 人才医疗卫生支出（千万元，$F_3=D_3\times E$）	2.22	2.89	3.70	5.31	8.78	20.56	39.08	77.75	108.56	148.86	202.79	199.00
13	R&D 环境投入（千万元，$F=F_0+F_1+F_2+F_3$）	53.72	59.83	68.92	94.74	136.78	226.27	343.57	479.58	600.84	743.17	971.44	1 010.13
14	每 1 000 人三类专利申请数（件，Y/L）	74.71	66.62	81.81	106.54	142.94	182.85	240.46	337.29	440.14	593.31	695.23	601.44
15	每 1 000 人 R&D 经费支出（万元，K/L）	13.26	14.08	16.40	17.22	17.05	18.70	22.13	27.85	29.70	33.93	34.85	36.65
16	国有单位平均工资（万元/人，W/L）	1.08	1.18	1.33	1.52	1.71	2.17	2.65	3.20	3.45	4.03	4.55	4.84
17	每 1 000 人 R&D 环境投入（万元，F/L）	1.17	1.24	1.35	1.77	2.30	3.48	5.31	7.05	8.21	10.11	11.79	10.80

注：专利申请数为 2003—2014 年数据。

附表 7　2002—2011 年甘肃省 R&D 活动的投入产出要素

序号	项目	2002 年	2003 年	2004 年	2005 年	2006 年	2007 年	2008 年	2009 年	2010 年	2011 年	2012 年	2013 年
1	三类专利申请数（件，Y）	961	910	1 759	1 460	1 608	2 178	2 676	3 558	5 287	8 261	10 976	12 020
2	R&D 人员全时当量（人·年，L）	14 870	15 490	16 130	16 800	16 700	18 770	20 120	21 160	21 660	21 330	24 300	25 000
3	R&D 经费内部支出（千万元，K）	110	128	144	196	240	257	318	373	419	485	605	669
4	科研环境——地方财政科技（千万元，F_0）	26.6	24.6	33.4	37.9	43.9	73.1	94.7	101.8	108.9	132.2	161.9	197.6
5	工资总额（千万元，S）	2 105	2 309	2 496	2 800	3 259	3 881	4 546	5 177	5 689	6 433	6 433	11 090
6	全省教育支出（千万元，$D_1=S\times2.5\%$）	52.63	57.72	62.39	69.99	81.49	97.03	113.64	129.43	142.24	160.82	160.82	277.26
7	全省社会保障支出（千万元，D_2）	187.83	370.73	396.65	475.22	425.36	1 068.68	1 536.98	1 997.49	2 150.93	2 792.20	2 946.40	2 946.40
8	全省医疗卫生支出（千万元，D_3）	106.34	118.00	134.10	178.43	232.16	410.32	583.15	883.74	1 004.02	1 431.80	1 482.10	1 482.10
9	R&D 人才占总职工比例（%，E）	0.782	0.793	0.833	0.865	0.859	0.963	1.045	1.096	1.115	1.070	1.150	0.974
10	R&D 人才教育支出（千万元，$F_1=D_1\times E$）	0.49	0.59	0.75	0.96	1.27	2.08	3.00	4.16	4.74	5.57	7.10	12.33
11	R&D 人才社会保障支出（千万元，$F_2=D_2\times E$）	1.75	3.80	4.74	6.51	6.61	22.96	40.61	64.18	71.67	96.72	130.10	130.98
12	R&D 人才医疗卫生支出（千万元，$F_3=D_3\times E$）	0.99	1.21	1.60	2.44	3.61	8.81	15.41	28.39	33.45	49.60	65.44	65.89
13	R&D 环境投入（千万元，$F=F_0+F_1+F_2+F_3$）	29.82	30.20	40.49	47.81	55.39	106.96	153.72	198.53	218.76	284.09	364.54	406.79
14	每 1 000 人三类专利申请数（件，Y/L）	64.63	58.75	109.05	86.90	96.29	116.04	133.00	168.15	244.09	387.29	451.69	480.80
15	每 1 000 人 R&D 经费支出（万元，K/L）	7.40	8.26	8.93	11.67	14.37	13.69	15.81	17.63	19.34	22.74	24.90	26.76
16	国有单位平均工资（万元/人，W/L）	1.19	1.29	1.44	1.58	1.81	2.23	2.53	2.93	2.99	3.24	3.84	4.56
17	每 1 000 人 R&D 环境投入（万元，F/L）	2.01	1.95	2.51	2.85	3.32	5.70	7.64	9.38	10.10	13.32	15.00	16.27

注：专利申请数为 2003—2014 年数据。

附表 8 2002—2013 年青海省 R&D 活动的投入产出要素

序号	项目	2002 年	2003 年	2004 年	2005 年	2006 年	2007 年	2008 年	2009 年	2010 年	2011 年	2012 年	2013 年
1	三类专利申请数（件，Y）	173	124	216	325	387	431	499	602	732	844	1 099	1 534
2	R&D 人员全时当量（人·年，L）	1 710	1 960	2 260	2 590	2 610	2 910	2 500	4 600	4 860	5 010	5 200	4 800
3	R&D 经费内部支出（千万元，K）	21	24	30	30	33	38	39	76	99	126	131	138
4	科研环境——地方财政科技（千万元，F_0）	9.4	11.2	10.2	13.2	14.7	25.2	39.7	47.8	40.8	37.6	71.8	83.9
5	工资总额（千万元，S）	614	635	697	780	931	1 121	1 369	1 636	1 896	2 506	2 506	3 305
6	全省教育支出（千万元，$D_1=S\times2.5\%$）	15.36	15.87	17.43	19.51	23.26	28.02	34.22	40.90	47.40	62.64	62.64	82.62
7	全省社会保障支出（千万元，D_2）	97.74	107.05	120.97	136.33	176.79	511.79	655.67	941.40	1 895.04	1 635.70	1 795.11	1 795.11
8	全省医疗卫生支出（千万元，D_3）	44.22	52.97	63.40	88.61	115.79	195.05	246.62	324.83	389.38	474.40	601.08	601.08
9	R&D 人才占总职工比例（%，E）	0.404	0.459	0.531	0.607	0.604	0.641	0.532	0.909	0.924	0.827	0.843	0.748
10	R&D 人才教育支出（千万元，$F_1=D_1\times E$）	0.10	0.12	0.17	0.25	0.35	0.53	0.65	1.46	1.81	2.43	2.68	3.42
11	R&D 人才社会保障支出（千万元，$F_2=D_2\times E$）	0.63	0.82	1.20	1.75	2.67	9.74	12.36	33.66	72.51	63.48	76.76	74.37
12	R&D 人才医疗卫生支出（千万元，$F_3=D_3\times E$）	0.29	0.41	0.63	1.14	1.75	3.71	4.65	11.61	14.90	18.41	25.70	24.90
13	R&D 环境投入（千万元，$F=F_0+F_1+F_2+F_3$）	10.41	12.55	12.20	16.34	19.47	39.18	57.36	94.53	130.03	121.92	176.95	186.60
14	每 1 000 人三类专利申请数（件，Y/L）	101.17	63.27	95.58	125.48	148.28	148.11	199.60	130.87	150.62	168.46	211.35	319.58
15	每 1 000 人 R&D 经费支出（万元，K/L）	12.28	12.24	13.27	11.58	12.64	13.06	15.60	16.52	20.37	25.15	25.19	28.75
16	国有单位平均工资（万元/人，W/L）	1.60	1.67	1.87	2.12	2.50	2.97	3.55	3.93	4.14	4.69	5.07	5.54
17	每 1 000 人 R&D 环境投入（万元，F/L）	6.09	6.40	5.40	6.31	7.46	13.47	22.94	20.55	26.75	24.34	34.03	38.88

注：专利申请数为 2003—2014 年数据。

附表 9　2002—2013 年宁夏回族自治区 R&D 活动的投入产出要素

序号	项目	2002 年	2003 年	2004 年	2005 年	2006 年	2007 年	2008 年	2009 年	2010 年	2011 年	2012 年	2013 年
1	三类专利申请数（件，Y）	399	516	671	838	1 087	1 277	739	1 079	1985	3 230	3 532	4 394
2	R&D 人员全时当量（人·年，L）	2 850	3 190	3 570	4 050	4 410	5 560	5 150	6 920	6 380	7 360	8 100	8 200
3	R&D 经费内部支出（千万元，K）	20	24	31	32	50	75	75	104	115	153	182	209
4	科研环境——地方财政科技（千万元，F_0）	13.7	13.4	15.3	20.3	19.5	47.9	43.3	44	59.7	78.7	96.1	106.9
5	工资总额（千万元，S）	707	794	871	1 016	1 216	1 500	1 722	1 954	2 259	2 664	2 664	3 899
6	全省教育支出（千万元，$D_1=S\times2.5\%$）	17.68	19.85	21.79	25.39	30.40	37.51	43.05	48.84	56.48	66.60	66.60	97.47
7	全省社会保障支出（千万元，D_2）	187.49	88.76	57.12	70.36	112.04	254.97	370.49	476.77	350.31	719.50	896.04	896.04
8	全省医疗卫生支出（千万元，D_3）	37.24	44.81	43.54	54.01	70.09	114.17	171.07	229.17	340.18	410.90	460.89	460.89
9	R&D 人才占总职工比例（%，E）	0.479	0.517	0.591	0.679	0.752	0.955	0.901	0.942	1.076	1.209	1.201	1.136
10	R&D 人才教育支出（千万元，$F_1=D_1\times E$）	0.11	0.14	0.20	0.30	0.49	0.96	1.21	1.55	2.15	3.32	3.75	5.53
11	R&D 人才社会保障支出（千万元，$F_2=D_2\times E$）	1.12	0.63	0.51	0.84	1.80	6.50	10.39	15.16	13.31	35.87	50.47	50.81
12	R&D 人才医疗卫生支出（千万元，$F_3=D_3\times E$）	0.22	0.32	0.39	0.65	1.13	2.91	4.80	7.29	12.93	20.48	25.96	26.14
13	R&D 环境投入（千万元，$F=F_0+F_1+F_2+F_3$）	15.15	14.49	16.40	22.09	22.91	58.26	59.70	68.00	88.09	138.37	176.27	189.38
14	每 1 000 人三类专利申请数（件，Y/L）	140.00	161.76	187.96	206.91	246.49	229.68	143.50	155.92	311.13	438.86	436.05	535.85
15	每 1 000 人 R&D 经费支出（万元，K/L）	7.02	7.52	8.68	7.90	11.34	13.49	14.56	15.03	18.03	20.79	22.47	25.49
16	国有单位平均工资（万元/人，W/L）	1.25	1.37	1.52	1.76	2.14	2.67	3.11	3.38	3.53	4.12	4.69	4.99
17	每 1 000 人 R&D 环境投入（万元，F/L）	5.32	4.54	4.59	5.45	5.20	10.48	11.59	9.83	13.81	18.80	21.76	23.09

注：专利申请数为 2004—2015 年数据。

附表 10　2002—2013 年新疆维吾尔自治区 R&D 活动的投入产出要素

序号	项目	2002 年	2003 年	2004 年	2005 年	2006 年	2007 年	2008 年	2009 年	2010 年	2011 年	2012 年	2013 年
1	三类专利申请数（件，Y）	1 492	1 851	2 256	2 270	2 412	2 872	3 560	4 736	7 044	8 224	10 210	14 105
2	R&D 人员全时当量（人·年，L）	4 600	5 290	6 090	6 990	7 410	8 860	8 810	12 660	14 380	15 450	15 700	15 800
3	R&D 经费内部支出（千万元，K）	35	38	60	64	85	100	160	218	267	330	397	455
4	科研环境——地方财政科技（千万元，F_0）	36.4	41.5	44.9	62.1	73.5	128.4	148.4	161.4	201.9	264.3	330.1	398.5
5	工资总额（千万元，S）	2 915	3 315	3 563	3 874	4 430	5 332	6 199	7 151	8 508	11 246	11 246	16 747
6	全省教育支出（千万元，$D_1=S\times2.5\%$）	72.88	82.88	89.08	96.85	110.75	133.31	154.97	178.77	212.70	281.15	281.15	418.68
7	全省社会保障支出（千万元，D_2）	236.38	188.75	208.52	236.09	322.98	909.27	1 090.60	1 774.88	1 664.04	2 016.40	2 277.89	2 277.89
8	全省医疗卫生支出（千万元，D_3）	157.26	182.21	194.92	258.92	299.46	458.15	586.40	849.38	1 035.60	1 324.30	1 458.80	1 458.80
9	R&D 人才占总职工比例（%，E）	0.190	0.216	0.250	0.286	0.302	0.358	0.355	0.508	0.564	0.553	0.544	0.510
10	R&D 人才教育支出（千万元，$F_1=D_1\times E$）	0.16	0.24	0.32	0.43	0.59	1.02	1.32	2.50	3.72	5.65	6.49	9.80
11	R&D 人才社会保障支出（千万元，$F_2=D_2\times E$）	0.52	0.54	0.75	1.04	1.73	6.95	9.30	24.87	29.10	40.49	52.61	53.30
12	R&D 人才医疗卫生支出（千万元，$F_3=D_3\times E$）	0.34	0.52	0.71	1.14	1.60	3.50	5.00	11.90	18.11	26.59	33.69	34.13
13	R&D 环境投入（千万元，$F=F_0+F_1+F_2+F_3$）	37.42	42.80	46.68	64.70	77.42	139.86	164.02	200.68	252.83	337.02	422.89	495.73
14	每 1 000 人三类专利申请数（件，Y/L）	324.35	349.91	370.44	324.75	325.51	324.15	404.09	374.09	489.85	532.30	650.32	892.72
15	每 1 000 人 R&D 经费支出（万元，K/L）	7.61	7.18	9.85	9.16	11.47	11.29	18.16	17.22	18.57	21.36	25.29	28.80
16	国有单位平均工资（万元/人，W/L）	1.15	1.32	1.45	1.54	1.77	2.14	2.40	2.76	3.10	3.63	4.25	4.58
17	每 1 000 人 R&D 环境投入（万元，F/L）	8.14	8.09	7.67	9.26	10.45	15.79	18.62	15.85	17.58	21.81	26.94	31.38

注：专利申请数为 2004—2015 年数据。

附表 11　2002—2013 年内蒙古自治区 R&D 活动的投入产出要素

序号	项目	2002 年	2003 年	2004 年	2005 年	2006 年	2007 年	2008 年	2009 年	2010 年	2011 年	2012 年	2013 年
1	三类专利申请数（件，Y）	1 457	1 455	1 946	2 015	2 221	2 484	2 912	3 841	4 732	6 388	6 359	10 672
2	R&D 人员全时当量（人·年，L）	9 410	10 610	11 970	13 500	14 750	15 370	18 260	21 680	24 770	27 600	31 800	37 300
3	R&D 经费内部支出（千万元，K）	48	64	78	117	165	242	339	521	637	852	1 015	1 172
4	科研环境——地方财政科技（千万元，F_0）	45.7	51.3	50.4	70.2	78.9	92.2	153.6	180.7	213.9	282.1	276.1	316.4
5	工资总额（千万元，S）	2 375	2 723	3 231	3 877	4 469	5 366	6 385	7 618	8 882	11 220	11 220	15 991
6	全省教育支出（千万元，$D_1=S\times2.5\%$）	59.38	68.08	80.77	96.93	111.74	134.15	159.62	190.45	222.06	280.51	280.51	399.77
7	全省社会保障支出（千万元，D_2）	220.86	244.96	418.24	324.63	401.22	1 520.24	1 915.18	2 749.74	2 924.35	3 639.70	4 354.72	4 354.72
8	全省医疗卫生支出（千万元，D_3）	124.15	170.88	174.75	208.77	282.46	438.66	598.21	1 029.39	1 207.17	1 645.90	1 779.09	1 779.09
9	R&D 人才占总职工比例（%，E）	0.387	0.434	0.492	0.555	0.608	0.623	0.746	0.882	0.994	1.052	1.174	1.228
10	R&D 人才教育支出（千万元，$F_1=D_1\times E$）	0.24	0.35	0.57	0.89	1.32	1.91	3.25	5.55	8.22	12.92	16.23	26.49
11	R&D 人才社会保障支出（千万元，$F_2=D_2\times E$）	0.89	1.27	2.93	2.99	4.73	21.63	39.02	80.20	108.29	167.64	252.02	288.56
12	R&D 人才医疗卫生支出（千万元，$F_3=D_3\times E$）	0.50	0.89	1.22	1.92	3.33	6.24	12.19	30.02	44.70	75.81	102.96	117.89
13	R&D 环境投入（千万元，$F=F_0+F_1+F_2+F_3$）	47.32	53.81	55.11	76.01	88.28	121.98	208.06	296.48	375.12	538.47	647.32	749.34
14	每 1 000 人三类专利申请数（件，Y/L）	154.84	137.13	162.57	149.26	150.58	161.61	159.47	177.17	191.04	231.45	199.97	286.11
15	每 1 000 人 R&D 经费支出（万元，K/L）	5.10	6.03	6.52	8.67	11.19	15.74	18.57	24.03	25.72	30.87	31.92	31.42
16	国有单位平均工资（万元/人，W/L）	1.04	1.19	1.42	1.66	1.94	2.28	2.73	3.31	3.73	4.38	4.93	5.40
17	每 1 000 人 R&D 环境投入（万元，F/L）	5.03	5.07	4.60	5.63	5.98	7.94	11.39	13.68	15.14	19.51	20.36	20.09

注：专利申请数为 2004—2015 年数据。

附表 12　2002—2013 年广西壮族自治区 R&D 活动的投入产出要素

序号	项目	2002 年	2003 年	2004 年	2005 年	2006 年	2007 年	2008 年	2009 年	2010 年	2011 年	2012 年	2013 年
1	三类专利申请数（件，Y）	2 202	2 379	2 784	3 480	3 884	4 277	5 117	8 106	13 610	23 251	32 298	43 696
2	R&D 人员全时当量（人·年，L）	11 880	13 620	15 610	17 950	18 940	20 140	23 240	29 860	33 990	40 140	41 300	40 700
3	R&D 经费内部支出（千万元，K）	90	112	119	146	182	220	328	472	629	810	972	1 077
4	科研环境——地方财政科技（千万元，F_0）	60.5	88.7	68.1	78.2	92.7	131.9	162.1	180.7	216.6	282.5	428.1	543.6
5	工资总额（千万元，S）	2 804	3 053	3 522	4 101	4 775	5 872	6 938	8 107	9 527	11 135	11 135	16 342
6	全省教育支出（千万元，$D_1=S\times2.5\%$）	70.10	76.32	88.06	102.53	119.38	146.80	173.46	202.67	238.18	278.39	278.39	408.55
7	全省社会保障支出（千万元，D_2）	197.03	220.78	199.29	309.19	319.89	1 106.70	1 289.77	2 036.89	2 170.73	2 506.40	2 823.28	2 823.28
8	全省医疗卫生支出（千万元，D_3）	178.60	210.16	220.17	259.93	334.04	507.55	787.68	1 161.47	1 654.91	2 328.80	2 531.74	2 531.74
9	R&D 人才占总职工比例（%，E）	0.458	0.501	0.565	0.633	0.668	0.699	0.794	1.991	1.073	1.175	1.154	1.010
10	R&D 人才教育支出（千万元，$F_1=D_1\times E$）	0.36	0.47	0.70	1.05	1.51	2.40	3.80	12.16	8.33	11.41	12.11	17.56
11	R&D 人才社会保障支出（千万元，$F_2=D_2\times E$）	1.01	1.36	1.59	3.15	4.05	18.08	28.29	122.18	75.93	102.74	122.82	121.33
12	R&D 人才医疗卫生支出（千万元，$F_3=D_3\times E$）	0.92	1.30	1.76	2.65	4.23	8.29	17.28	69.67	57.88	95.46	110.13	108.80
13	R&D 环境投入（千万元，$F=F_0+F_1+F_2+F_3$）	62.78	91.84	72.16	85.05	102.50	160.67	211.47	384.71	358.74	492.10	673.16	791.29
14	每 1 000 人三类专利申请数（件，Y/L）	185.35	174.67	178.35	193.87	205.07	212.36	220.18	271.47	400.41	579.25	782.03	1 073.61
15	每 1 000 人 R&D 经费支出（万元，K/L）	7.58	8.22	7.62	8.13	9.61	10.92	14.11	15.81	18.51	20.18	23.54	26.46
16	国有单位平均工资（万元/人，W/L）	1.12	1.23	1.41	1.61	1.90	2.34	2.76	3.01	3.26	3.49	3.77	4.26
17	每 1 000 人 R&D 环境投入（万元，F/L）	5.28	6.74	4.62	4.74	5.41	7.98	9.10	12.88	10.55	12.26	16.30	19.44

注：专利申请数为 2004—2015 年数据。

附表 13　2002—2013 年西部地区 R&D 活动的投入产出要素

序号	项目	2002 年	2003 年	2004 年	2005 年	2006 年	2007 年	2008 年	2009 年	2010 年	2011 年	2012 年	2013 年
1	三类专利申请数（件，Y）	25 376	25 912	34 053	40 587	50 941	64 152	84 721	112 713	153 545	206 046	271 064	304 711
2	R&D 人员全时当量（人·年，L）	188 790	201 890	216 150	231 720	247 470	276 950	295 840	321 380	339 040	355 640	400 600	441 200
3	R&D 经费内部支出（千万元，K）	1 840	2 230	2 530	3 121	3 575	4 413	5 408	7 249	8 744	10 411	12 404	14 205
4	科研环境——地方财政科技（千万元，F_0）	498.7	557.4	574.9	727.9	845.5	1 199.7	1 558.3	1 726.2	2 028.4	2 609	3 273.3	3 919
5	工资总额（千万元，S）	27 735	30 708	34 478	39 495	46 054	56 837	67 823	80 188	93 380	117 728	117 728	184 621
6	全省教育支出（千万元，$D_1=S\times2.5\%$）	693.39	767.71	861.95	987.39	1 151.36	1 420.91	1 695.59	2 004.70	2 334.50	2 943.19	2 943.19	4 615.52
7	全省社会保障支出（千万元，D_2）	2 931.48	3 166.78	3 481.58	4 145.55	4 545.40	13 658.55	19 127.26	24 628.38	26 591.54	33 199.30	37 537.49	37 537.49
8	全省医疗卫生支出（千万元，D_3）	1 631.71	1 921.95	2 096.03	2 690.43	3 347.69	5 382.01	7 592.80	11 456.67	14 214.11	19 214.20	21 494.66	21 494.66
9	R&D 人才占总职工比例（%，E）	0.758	0.784	0.841	0.889	0.940	1.016	1.074	1.200	1.170	1.124	1.196	1.126
10	R&D 人才教育支出（千万元，$F_1=D_1\times E$）	7.51	9.45	12.81	17.21	24.54	40.75	59.16	87.75	107.25	146.89	175.49	287.20
11	R&D 人才社会保障支出（千万元，$F_2=D_2\times E$）	31.75	38.97	51.75	72.27	96.88	391.73	667.31	1 078.04	1 221.62	1 656.88	2 238.19	2 335.74
12	R&D 人才医疗卫生支出（千万元，$F_3=D_3\times E$）	17.67	23.65	31.15	46.90	71.35	154.36	264.90	501.49	653.00	958.93	1 281.63	1 337.49
13	R&D 环境投入（千万元，$F=F_0+F_1+F_2+F_3$）	555.64	629.46	670.61	864.28	1 038.28	1 786.54	2 549.66	3 393.48	4 010.27	5 371.69	6 968.61	7 879.43
14	每 1 000 人三类专利申请数（件，Y/L）	134.41	128.35	157.54	175.16	205.85	231.64	286.37	350.72	452.88	579.37	676.65	690.64
15	每 1 000 人 R&D 经费支出（万元，K/L）	9.75	11.05	11.70	13.47	14.45	15.93	18.28	22.56	25.79	29.27	30.96	32.20
16	国有单位平均工资（万元/人，W/L）	1.43	1.57	1.77	1.96	2.27	2.82	3.25	3.65	3.93	4.44	4.99	5.53
17	每 1 000 人 R&D 环境投入（万元，F/L）	2.94	3.12	3.10	3.73	4.20	6.45	8.62	10.56	11.83	15.10	17.40	17.86

注：专利申请数为 2003—2014 年数据。